高等职业教育"十二五"规划教材

PHP+MySQL 开发项目教程

王咸锋　黄妙燕　主　编

曾德生　张　娜　张晓琦　副主编

清华大学出版社

北　京

内 容 简 介

本书共分为 8 个项目，循序渐进地讲解了初学 PHP 编程时所要掌握的基础内容，其中包括初步认识 PHP 及相关配置、PHP 编程基础学习、PHP 中函数的学习、初识 MySQL 数据库、PHP+MySQL 编程和 PHP 面向对象编程，在本书的最后讲解了两个经典案例——投票系统开发（PHP+MySQL）和支持多用户的博客系统开发，以供读者理解和实践前面的基础内容。

本书以项目任务式方法进行编写，对每个知识点都进行了针对性的讲解，同时在内容选取上以实用性为原则，做到不求面广，但求实用。本书突出案例教学，避免空洞的描述，每个项目任务的内容都通过对案例的深入分析和上机操作加深读者对所学知识的理解，提高学习效果和动手能力。

本书定位为高等院校计算机类专业的专业课教材，也可以作为学习 Web 开发技术人员的入门自学教材，还是初、中级 PHP 开发者首选的参考书。

本书封面贴有清华大学出版社防伪标签，无标签者不得销售。

版权所有，侵权必究。侵权举报电话：010-62782989　13701121933

图书在版编目（CIP）数据

PHP+MySQL 开发项目教程/王咸锋，黄妙燕主编. —北京：清华大学出版社，2013（2019.1 重印）
高等职业教育"十二五"规划教材

ISBN 978-7-302-32980-0

I. ①P…　II. ①王…　②黄…　III. ①PHP 语言-程序设计-高等职业教育-教材　②关系数据库系统-高等职业教育-教材　IV. ①TP312　②TP311.138

中国版本图书馆 CIP 数据核字（2013）第 148235 号

责任编辑：杜长清
封面设计：刘　超
版式设计：文森时代
责任校对：张兴旺
责任印制：刘祎淼

出版发行：清华大学出版社
网　　　址：http://www.tup.com.cn，http://www.wqbook.com
地　　　址：北京清华大学学研大厦 A 座　　邮　　编：100084
社 总 机：010-62770175　　　　　　　　邮　　购：010-62786544
投稿与读者服务：010-62776969，c-service@tup.tsinghua.edu.cn
质 量 反 馈：010-62772015，zhiliang@tup.tsinghua.edu.cn
印 装 者：北京鑫海金澳胶印有限公司
经　　销：全国新华书店
开　　本：185mm×260mm　　印　张：17.5　　字　数：407 千字
版　　次：2013 年 8 月第 1 版　　　　　印　次：2019 年 1 月第 6 次印刷
定　　价：49.80 元

产品编号：051925-02

丛书编委会

丛书编委会院校名单

（按拼音排序）

阿坝师范高等专科学校	江苏食品职业技术学院
安徽中医学院医药信息工程学院	军事经济学院襄樊分院
包头轻工职业技术学院	昆明工业职业技术学院
北京城市学院	兰州外语职业学院
北京农业职业学院	辽宁信息职业技术学院
北京印刷学院	聊城市高级技工学校
长沙商贸旅游职业技术学院	临汾职业技术学院
成都大学	临沂职业学院
重庆第二师范学院数学与信息工程系	吕梁学院
重庆教育学院	罗定职业技术学院
大连海洋大学职业技术学院	洛阳师范学院
大连理工大学城市学院	内蒙古机电职业技术学院
大连艺术学院	宁夏工商职业技术学院
广东创新科技职业学院	青海畜牧兽医职业技术学院
广东建设职业技术学院	日照职业技术学院
广东科技学院	山东省潍坊商业学校
广东省惠州市惠城区技工学校	山东师范大学
广西工商职业技术学院	山东信息职业技术学院
广西玉林师范学院	山西青年职业学院
河北青年管理干部学院	首钢工学院
河北省沙河市职教中心	四川大学锦江学院
河南工业职业技术学院	四川职业技术学院
河南化工职业学院	太原大学
河南中医学院信息技术学院	泰山职业技术学院
黑龙江农业工程职业学院	唐山工业职业技术学院
衡水职业技术学院	天津青年职业学院
湖北文理学院	潍坊职业学院
湖南省衡阳技师学院	武汉商业服务学院
湖南信息技术学院	武汉商业服务学院现代教育技术中心
湖南信息职业技术学院	厦门软件学院
华南师范大学	烟台工程职业技术学院
黄河水利职业技术学院	扬州工业职业技术学院
黄山学院信息工程学院	营口职业技术学院
吉林大学应用技术学院	张家口职业技术学院
吉林电子信息职业技术学院	郑州轻工业学院
吉林省四平市四平职业大学	郑州铁路职业技术学院
江苏经贸职业技术学院	淄博职业学院

前　言

近几年来，PHP 成为流行的 Web 开发语言之一。它在国内的发展非常迅速，几乎所有的虚拟主机和大部分服务器都支持 PHP。PHP 作为功能强大的 Web 编程语言，以其简单易学、安全性高和跨平台等诸多特性越来越受到广大 Web 开发者的关注和喜爱。

现在，越来越多的人开始关注、学习和使用 PHP，但是与其他 Web 开发语言相比，专门介绍 PHP 的书籍却很少，很多 PHP 初学者都苦于找不到一本通俗易懂、简单实用的 PHP 入门教材。笔者最近几年都在使用 PHP，积累了丰富的经验，并在此基础上组织多名有丰富开发经验的人员共同编写了本书，希望引导初学者快速入门，帮助那些喜爱 PHP 的朋友走上学习 PHP 的捷径。

本书响应教学需求，以项目任务式方法编写，对每个知识点都进行了针对性的讲解。在内容选取上以实用性为原则，做到不求面广，但求实用。本书突出案例教学，避免空洞的描述，每个项目任务的内容都通过对案例的深入分析和上机操作加深读者对所学知识的理解，提高学习效果和动手能力。本书最后的两个实用案例将全书内容与典型的实际应用联系起来，也将全书的案例体系串联起来，使读者能够学到最贴近应用前沿的知识和技能。

本书共分为 8 个项目，循序渐进地讲解了在初学 PHP 编程时所要掌握的基础内容，其中包括搭建 PHP 开发环境、PHP 编程基础的学习、PHP 中函数的学习、初识 MySQL 数据库、PHP+MySQL 编程、PHP 面向对象编程等内容，并在最后讲解了两个经典案例，以帮助读者理解前面的基础内容并进行实践。

本书由广东建设职业技术学院王咸锋、黄妙燕主编，广东创新科技职业学院曾德生、郑州轻工业学院张娜、辽宁信息职业技术学院张晓琦为副主编。其中项目一、项目二由王咸锋编写，项目三由黄妙燕编写，项目四、项目五由曾德生编写，项目六、项目七由张娜编写，项目八由张晓琦编写。

本书可作为高等院校计算机类专业的专业课教材，也可以作为学习 Web 开发技术人员的入门自学教材，还是初、中级 PHP 开发者首选的参考书。

本书在编写时力求完美、准确，但是由于作者水平有限，编写时间仓促，书中不足之处在所难免，敬请各位同行和广大读者批评指正。

编　者

目 录

项目 1
初步认识 PHP 及相关配置

知识点、技能点

- ➢ 静态网页与动态网页
- ➢ PHP 的简介与发展
- ➢ PHP 代码
- ➢ PHP 开发环境要求
- ➢ PHP 开发环境搭建

学习要求

- ➢ 掌握静态网页与动态网页的区别
- ➢ 了解 PHP 代码的发展
- ➢ 掌握 PHP 代码编程的基本结构
- ➢ 掌握 PHP 编程的开发环境的搭建

教学基础要求

- ➢ 掌握 PHP 代码编程的基本结构
- ➢ 掌握 PHP 编程的开发环境的搭建

任务 1　初识 PHP

任务描述

- ☑　了解静态网页与动态网页
- ☑　了解 PHP 的发展简史
- ☑　初步认识 PHP 代码及 PHP 编程

要想学习 PHP，首先要了解什么是 PHP、如何使用 PHP。任务 1 将回答这些问题，使读者对 PHP 及其发展有一个大致的了解，同时将初步学习如何把 PHP 代码加入到普通的 Web 页中，如何为 PHP 代码加入注释以及 PHP 的文件引用的特性。在任务 1 的学习中需要注意以下几点：一是谨慎使用代码<?php　?>和<script language="php"></script>；二是不要使用多重注释；三是使用 include 和 require 方法引用文件时文件必须存在。

知识汇总

1.1.1　静态网页与动态网页

目前，网页有静态和动态两种形式。在讲解这两种网页之前，先了解一下网络构成中的客户机（Browser）与服务器（Server）。服务器是安装有服务软件，可以向客户机提供诸如网页浏览、数据库查询等服务的设备。而客户机与之相反，它通过客户端软件，如网页浏览器从服务器上获得网页浏览、软件下载等服务。简单地讲，服务器就是服务提供者，而客户机则是服务获得者。

1. 传统的静态网页 HTML

在 WWW 发展的早期阶段，由于受技术条件的制约，服务器提供给用户的网页基本都是静态的 HTML 网页。这种网页通常只包含 HTML 标识，没有脚本代码，在视觉上也可能出现"动"的效果，如通过 GIF 动画、Flash、JavaScript 特效等内容来丰富网页，但是用户每次浏览，该网页的内容都是一成不变的。

静态网页服务的实现流程如下：客户端通过浏览器向服务器发出请求，服务器根据请求从服务器端的网页中选出合适的网页传回给客户端浏览器。该过程中所发送的页面都是事先编辑好的，并不能自动生成。静态网页的实现模式如图 1.1 所示。

图 1.1　静态网页的实现模式

静态网页有以下特点：

☑ 静态网页不能自动更新。由于不能自动更新，所以如果要对静态网页进行更新，就要重新编写 HTML 页面然后上传。因此静态网页制作和维护的工作量相当大。

☑ 静态网页的内容不随浏览用户、浏览时间等条件的变化而变化。无论何人、何时、何地浏览网页，其内容都是一成不变的（不包括使用 JavaScript 实现一些简单特效）。

☑ 静态网页一经发布，无论浏览者浏览与否，它都是实实在在的一个文件，都对应一个 URL（即统一资源定位符，指 Internet 文件在网上的地址）。

☑ 用静态网页实现人机交互有相当大的局限性。由于不能动态生成页面，所以用静态网页来实现人机交互是很困难的，它在功能上有很大的限制。

2. 动态网页与静态网页的区别

随着网络技术的不断发展，各种动态网页技术纷纷显示出它们的不凡魅力。先是早期出现的 CGI，又有现在流行的 ASP、PHP、JSP、ASP.NET、ColdFushion 等。虽然这些动态语言分属于不同公司开发（其中 ASP 与 ASP.NET 同属微软公司），也有着不同的运行环境和使用方法，但它们的目标是一致的，就是实现网页浏览者与网页之间的互动。

与静态网页的实现方法不同，动态网页服务的实现过程如下：客户端向服务器提出申请，服务器根据用户请求，先把动态网页内部的代码在服务器上进行相应的处理，再把生成的结果传回给客户端。其模式如图 1.2 所示。

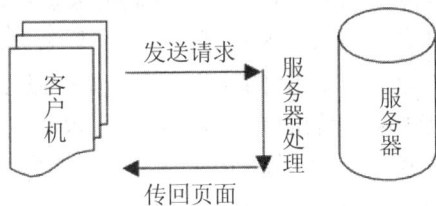

图 1.2 动态网页的实现模式

通过以上分析，与静态网页相比，动态网页有以下特点：

☑ 动态网页在服务器端运行。客户机上看到的只是网页文件的返回结果，不能看到源文件。而静态网页则只能通过服务器把网页文件原封不动地传给客户机，本身不进行任何处理。

☑ 不同的用户、不同的时间或不同的地点浏览同一个动态网页，根据代码处理结果不同，会返回不同的内容。

☑ 动态网页只有用户浏览时才会返回一个完整的网页，而其本身并不是一个独立存在于服务器的网页文件。

☑ 与静态网页相比，动态网页更容易实现人机交互。它与数据库相联系，能实现更为强大的功能。

☑ 由动态网页构建的网站维护起来比静态网页更容易，只需要更新调用的数据（如数据库内容）即可。

1.1.2 PHP 简介及其发展

1.1.1 节介绍了静态网页与动态网页,而 PHP 是动态网页技术中的一种,那么到底什么是 PHP?它的发展历史又是怎么样的?与其他动态网页技术相比,PHP 都有些什么特点?本节将解答这些问题。

1. 什么是 PHP

早期有人将 PHP 解释为 Personal Home Page,即个人主页。也有人将 PHP 称做 PHP:Hypertext Preprocessor。那么到底什么是 PHP 呢?通俗地说,PHP 是一种服务器端、跨平台、HTML 嵌入式的脚本语言。服务器端执行的特性表明它是动态网页的一种。跨平台,则是指 PHP 不仅可以运行在 Linux 系统上,同时也可以运行在 UNIX 或者 Windows 系统上。另外,它还可以很简单地嵌入到普通的 HTML 页中,用户所要做的只是在普通 HTML 页中加入 PHP 代码即可。

2. PHP 的发展历史

1995 年早期,以 Personal Home Page Tools(PHP Tools)开始对外发表 PHP 第一个版本,Rasmus Lerdorf 写了一些介绍此程序的文档,并且发布了 PHP 1.0。在早期的版本中,提供了访客留言本、访客计数器等简单的功能。以后越来越多的网站使用了 PHP,并且强烈要求增加一些特性,如循环语句和数组变量等。在新的成员加入开发行列之后,Lerdorf 在 1995 年 6 月 8 日将 PHP/FI 公开发布,希望可以透过社群来加速程序开发与寻找错误。该版本被命名为 PHP 2,已经有今日 PHP 的一些雏形,如类似 Perl 的变量命名方式、表单处理功能以及嵌入到 HTML 中执行的能力。程序语法上也类似 Perl,有较多的限制,不过更简单、更有弹性。PHP/FI 加入了对 MySQL 的支持,从此建立了 PHP 在动态网页开发上的地位。到了 1996 年底,有 15000 个网站使用 PHP/FI。1997 年,任职于 Technion IIT 的两个以色列程序设计师 Zeev Suraski 和 Andi Gutmans 重写了 PHP 的剖析器,成为 PHP 3 的基础。而 PHP 也在这时改称为 PHP:Hypertext Preprocessor。经过几个月测试,开发团队在 1997 年 11 月发布了 PHP/FI 2。随后便开始 PHP 3 的开放测试,最后在 1998 年 6 月正式发布 PHP 3。Zeev Suraski 和 Andi Gutmans 在 PHP 3 发布后开始改写 PHP 的核心,并在 1999 年发布名为 Zend Engine 的剖析器,他们也在以色列的 Ramat Gan 成立了 Zend Technologies 来管理 PHP 的开发。2000 年 5 月 22 日,以 Zend Engine 1.0 为基础的 PHP 4 正式发布,2004 年 7 月 13 日则发布了 PHP 5,PHP 5 使用了第二代的 Zend Engine。PHP 包含了许多新特色,如强化的面向对象功能、引入 PDO(PHP Data Objects,一个存取数据库的延伸函数库)以及许多效能上的增强。目前 PHP 4 已经不再继续更新,以鼓励用户转移到 PHP 5。2008 年,PHP 5 成为 PHP 唯一的在开发的 PHP 版本,PHP 5.3 加入了 Late static binding 和一些其他的功能强化。PHP 6 的开发也正在进行中,主要的改进有移除 register_globals、magic quotes 和 Safe mode 的功能。

3．PHP 与其他 CGI 程序的比较

同样作为服务器端的编程语言，PHP 与其他 CGI 程序，如 ASP、JSP 等相比较有其自身的特点，主要表现在以下几个方面：

- ☑ Web 服务器支持方面。PHP 能够被 Apache、IIS 等多种服务器支持，而 ASP 只能被 Windows 系统下的 IIS、PWS 所支持。
- ☑ 运行平台的支持。PHP 能够很好地运行于 Linux、UNIX、Windows、FreeBSD 等多种操作系统上，而 ASP 只能运行于 Windows 系统上。虽然 JSP 也能够得到多种系统的支持，但必须有 Java 虚拟机作为前提条件。
- ☑ 脚本语言的不同。PHP 本身就是一种编程语言，它是吸收了 C、Java 等语言的综合优势而创建开发的一种新语言。ASP 严格来说并不是一种单纯的编程语言，而是一种网络编程支持环境，它支持 VBScript、JavaScript、Perl 等多种语言，但一般默认使用 VB 作为主要编程语言。而 JSP 使用 Java 语言或 JavaScript 作为其脚本语言。
- ☑ 数据库支持不同。PHP 通常与 MySQL 数据库结合使用，同时它还支持 Oracle、Sybase、ODBC 等多种数据库。ASP 则通常与同属微软公司的 Access、MSSQL 等数据库配合使用。JSP 则使用 JDBC 来实现与数据库的连接。
- ☑ 面向对象的支持不同。ASP 基本上是由组件所构成的，而组件是对象的使用模式，因此 ASP 中对象的使用频率非常高，可以说处处都是对象。JSP 是建立在可重用的、跨平台的组件之上的，所以其面向对象特性也非常明显。在 PHP 5 出现以前，PHP 系列基本是属于面向过程的，PHP 5 的出现改变了这种状况，真正实现了面向对象。

1.1.3　初识 PHP 代码

学习一门新的编程语言，都需要从最基本的程序开始，约定俗成的、最基本的程序就是"HELLO WORLD!"。本节就来介绍如何在 PHP 编程环境中实现这一个最基本的程序（在学习本节之前请先保证已经构建了 PHP 运行环境，如果没有请参看本项目任务 2 中的相关内容）。

1．在页面中加入 PHP 代码

PHP 是一种可嵌入式的语言。也就是说，它可以很方便地加入到一般常见的 HTML 页面中。用户请求 PHP 文件时，相关的 PHP 代码先在服务器端解释执行，生成新的 HTML 信息，再连同原有的 HTML 代码一起发送给用户。下面通过一个实例来讲解怎样向普通的 HTML 页中加入 PHP 代码。

【例 1.1】

```
<html>
<head>
<title>hello world</title>
</head>
```

```
<body>
<!--以上为普通的 HTML 代码，以下为 PHP 代码-->
<?php
echo"HELLO WORLD!";
?>
<!--以上为 PHP 代码-->
</body>
</html>
```

把以上代码保存为一个 PHP 文件 1.1.php。在 PHP 运行环境下执行以上代码，结果如图 1.3 所示。

单从执行结果来看，例 1.1 中的代码确实没有比单纯的 HTML 代码多执行任何东西。而事实并非如此，页面中显示的"HELLO WORLD!"是经过服务器的解释才转到客户端的。其执行机理如图 1.4 所示。

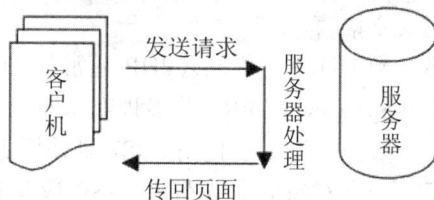

图 1.3　代码的执行结果　　　　　　　图 1.4　PHP 执行机理

经过例 1.1 可以发现，把 PHP 代码加入普通 HTML 页中，只需要在 HTML 页中加入 PHP 代码的标记"<?php"、"?>"符号，这两个符号中间即为 PHP 代码。这些代码会先在服务器上解释，然后把结果连同普通 HTML 一起返回给客户浏览器。例 1.1 中的 PHP 代码即为通过 PHP 中的 ECHO 语句，打印出一段字符串 HELLO WORLD!。

当然，"<?php...?>"标记只是把 PHP 代码加入到普通 HTML 页方法中的一种。除此之外，还可以使用<script language="php"></script>标记来把 PHP 代码加入到 HTML 页面中。

注意

初学者要切记，无论使用哪种编程语言，在编程时一定要使用英文输入法。

2. 在 PHP 页中加入注释

每种语言都有自己的注释方法，PHP 也不例外。注释的内容并不被执行，它可以是任何内容。通常，注释的目的是为了向别人说明自己的程序，所以应该是对程序、语句的解释。一个好的程序不仅要有友好的、完善的代码，同时也要有清晰的、易于理解的注释。在程序中加入注释是对自己工作的总结，也是对别人的一种尊重。

下面用例 1.1 来说明怎样在 PHP 代码中加入注释。

【例 1.2】

```
<html>
```

```
<head>
<title>hello world</title>
</head>
<body>
<?php
echo"HELLO WORLD!";                        //用 echo 打印字符串
?>
<!--以上为 PHP 代码-->
</body>
</html>
```

为 PHP 代码加入注释通常有两种方法：一种是单行注释，使用"//"标记，如例 1.2 第 7 行所示；另一种是多行注释，使用"/**/"标记，主要用于注释文字比较多的情况。

注意

在使用多行注释标识时，一定不要使用多重注释。例如下面注释的使用，必然会引起错误。

```
<?
/*
这里是注释
/*
又有注释出现了，这是错误的
*/
*/
?>
```

在 PHP 中，多行注释并不支持嵌套。

3. 文件的引用

PHP 支持文件的引用，这意味着用户可以把一些全局变量、专用函数放到专门的文件中，需要时来引用这个文件，就可以使用其中的变量和函数，就像在一个 PHP 文件中一样方便。PHP 有两种引用文件的方法：require 和 include。下面通过实例来说明这两种方法。

【例 1.3】

```
<?php
$string="HELLO WORLD! ";                        //定义变量
?>
```

这段代码只是定义了一个字符串变量，把上面的代码保存为 1.2.php。

```
<html>
<head>
<title>使用 include 引用文件</title>
</head>
<body>
<?php
```

```
include("1.2.php");                                    //使用 include 引用文件
echo$string;
?>
</body>
</html>
```

把上面的代码保存为 1.3.php，与 string.php 放在同一个目录下。在 PHP 环境里运行 test.php，执行结果与图 1.3 是一样的。

同理，还可以用 require"文件名";来引用文件，使用效果与 include("文件名");是一样的。

任务实施

明确动态网页与静态网页的区别，正确识别网页是动态网页还是静态网页；正确认识 PHP 代码的书写。

练习

1．简述静态网页与动态网页的区别。

2．简述 PHP 区别于其他 CGI 程序的地方。

任务 2　PHP 的开发环境及安装

任务描述

正确安装、配置 PHP 开发工具。

PHP 是一种服务器端编程语言，所以要想运行 PHP 代码，必须要有相应的服务器环境及解释器。PHP 能够在多种服务器环境上运行，但是 PHP 的"黄金搭配"还是 PHP+Apache+Linux。作为通用操作系统．Linux 远没有 Windows 流行，所以本书的环境采用 PHP+Apache+Windows 这样的形式。本任务将介绍怎样在 Windows 操作系统下安装、配置 PHP 的运行环境。

知识汇总

1.2.1　PHP 开发环境简介

PHP 是生成动态网页的工具之一，PHP 的开发需要相应的开发环境及解释器，下面就简单介绍一下 PHP 开发过程中需要用到的工具及组件。

调试 PHP 程序需要安装以下组件：

☑ Apache：运行 Web 页面的服务器程序。Apache http server 是世界使用排名第一的 Web 服务器软件，可以运行在几乎所有广泛使用的计算机平台上。Apache 源于 NCSAhttpd 服务器，经过多次修改，成为世界上最流行的 Web 服务器软件之一。

☑ PHP：PHP 程序的解释器。PHP 页面会先通过该解释器解释，再发送给用户。

☑ MySQL：MySQL 数据库程序。调试数据库程序的必备程序。

☑ phpMyAdmin：用 PHP 编写的管理 MySQL 数据库的程序。使用该程序可以有效管理 MySQL 数据库。

☑ EditPlus：PHP 文件的编辑器。可以编辑任何二进制文件。

1.2.2 Windows 平台下 Wamp 的下载安装

1. Wamp 的下载安装

WampServer 2.1a 是 PHP+Apache+MySQL 在 Windows 下的集成环境，拥有简单的图形和菜单安装。该版本集成了 PHP 5.3.3、MySQL 5.5.8、Apache 2.2.17 和 phpMyAdmin 3.2.0.1，满足了大部分 PHP 开发人员的需求。

在这里说明一下为什么选择 Wamp 而不是自己安装配置各个环境工具。对于初学者来说，一方面，Wamp 集成的环境虽然有很多地方没有自己完全安装的那样全面，但是已经足够应用；另一方面，自己逐个下载、配置环境的确非常繁琐，对于大部分用户来讲是完全没有必要的。

本书使用的 Wamp 5 可以在 PHP 的专业网站上下载，推荐 http://php100.com/，下面讲解下载 Wamp 5 的过程。

（1）打开网站 http://php100.com/，如图 1.5 所示，在上面的分类栏中找到"相关下载"。

图 1.5 PHP100 中文网

（2）单击"相关下载"超链接，进入下载页面，如图 1.6 所示。

（3）在"热点内容"栏中找到 WampServer 2.1a（为 Wamp 5 的一个版本）或在工具下载中查找，单击进入下载界面进行下载。

（4）下载完成后进行解压安装，方法与安装一般软件一样。

图 1.6　PHP100 下载页面

2. Wamp 的配置

Wamp 的安装非常简单，在安装完成之后需要用户自己配置文件，以方便使用。下面将详细讲解如何配置 Wamp。

（1）调整语言。

程序安装好之后，默认语言为英语，为了符合大家的语言习惯，可以把语言改成中文，方法是在系统托盘中右击 Wamp 的图标，按图 1.7 所示选择 chinese。

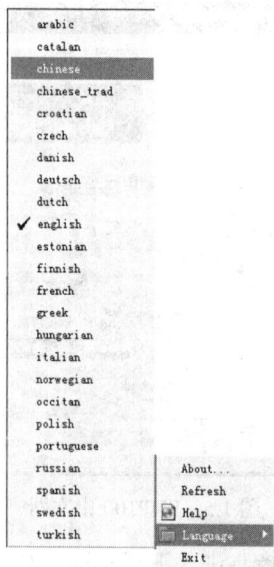

图 1.7　调整语言图示

（2）配置 WampServer 的 www 目录。

WampServer 安装完成之后，默认的 www 目录在程序安装所在文件夹的 www 子文件

夹下，为了管理方便，一般将该目录设置为用户自己的 web 主目录，假设 web 主目录的路径为 D:\web\，设置方法如下：

① 首先进入程序所在的文件夹，找到 scripts 文件夹，进入后有一个名为 config.inc.php 的文件，如图 1.8 所示。

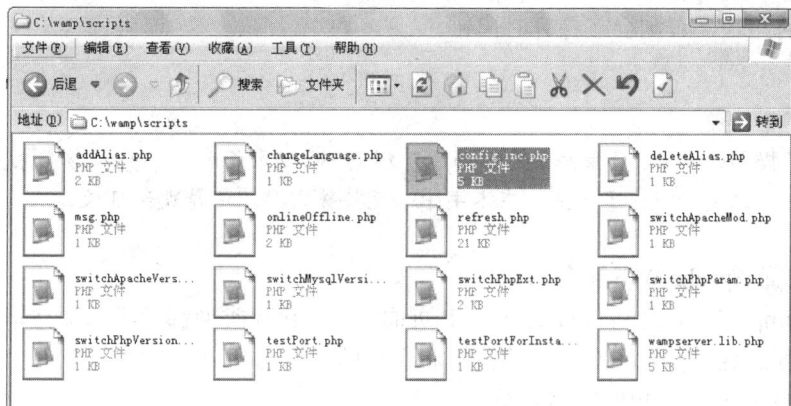

图 1.8　scripts 文件夹

② 右击该文件，在弹出的快捷菜单中选择用记事本程序打开此文件，找到如图 1.9 所示选中的部分代码或直接使用查找功能进行查找，默认为安装目录的 www 文件夹，将 "=" 后面内容修改为如图 1.10 所示即可。

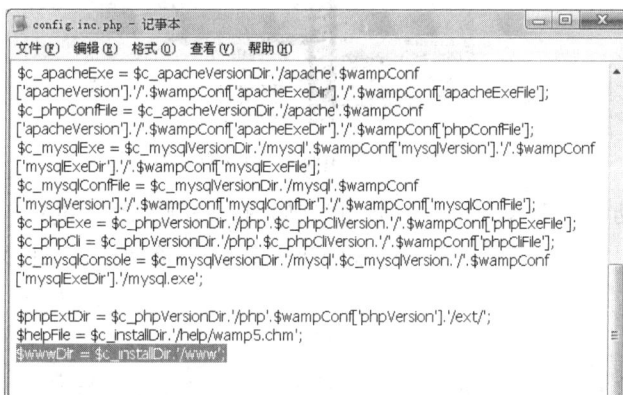

图 1.9　安装目录代码图示

图 1.10　修改 www 主目录代码

注意

> Windows 系统里的文件夹路径表示为 D:\web，这里输入的是 D:/web。

③ 关闭并保存文件，退出 WampServer，再次进入即可生效。设置之前应确保系统中存在被设置的路径，否则会在打开时出错。

说明

> 这里所提到的 www 目录纯属为了简化管理 www 目录而配置，并不影响 Web 服务的主目录。这里只是介绍一下方法，在本书中如无特殊需要均保持默认目录。

（3）配置 Apache Web 服务器。

因为 Wamp 安装好之后直接支持 PHP 页面，文件解释类型都已经添加完毕，所以不需要太多的设置，这里只设置主目录的位置和主页的文件名即可，另外再介绍一下如何配置虚拟目录（Alias 目录，也叫别名目录）。

① 设置主目录。

单击系统托盘中的 WampServer 图标，选择 Apache→httpd.conf 选项，如图 1.11 所示。

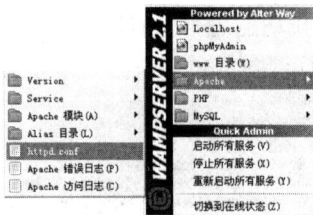

图 1.11　设置 Apache Web 服务器

配置文件会自动以记事本的方式打开，找到如图 1.12 所示选中的代码，该代码是要设置的 Web 主目录，客户访问域名或者 IP 时，Apache Web 服务器会在该文件夹检索相应的文件。

注意

> Windows 路径里面的"\（反斜杠）"都要替换成"/（正斜杠）"，路径外面的双引号要保留。

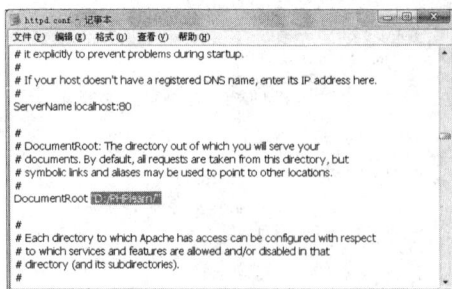

图 1.12　httpd 代码 1

高等职业教育"十二五"规划教材

还有一条代码，其中设置的目录要和上面所设置的目录一致，如图 1.13 所示。

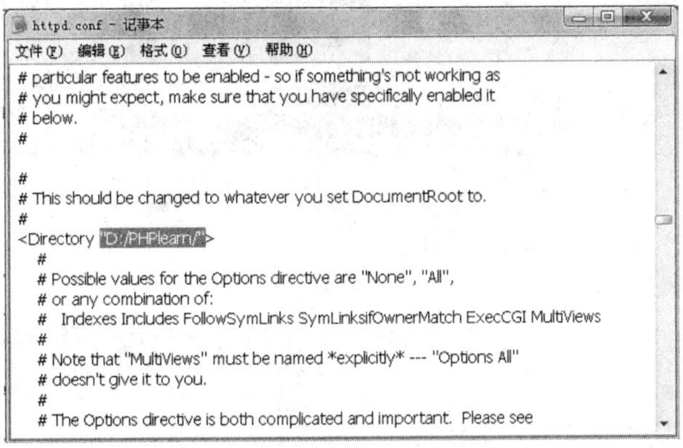

图 1.13　httpd 代码 2

WampServer 默认的网站起始页面为 index.php、index.php3、index.html、index.htm，客户在访问服务器时，Apache Web 服务器会自动在web主目录里寻找列表中相匹配的文件名，并按优先级高低返回给客户。例如，web 主目录里既有 index.php 文件，又有 index.html 文件，那么 Apache Web 服务器会执行 index.php，并将执行结果传送给客户，而不会自动传送 index.html。Apache Web 服务器还允许用户自定义起始页面的文件名和优先级，设置方法为：找到如图 1.14 所示的代码，在 DirectoryIndex 后面添加主页的文件名，名称之间用空格隔开，优先级从左到右依次递减。

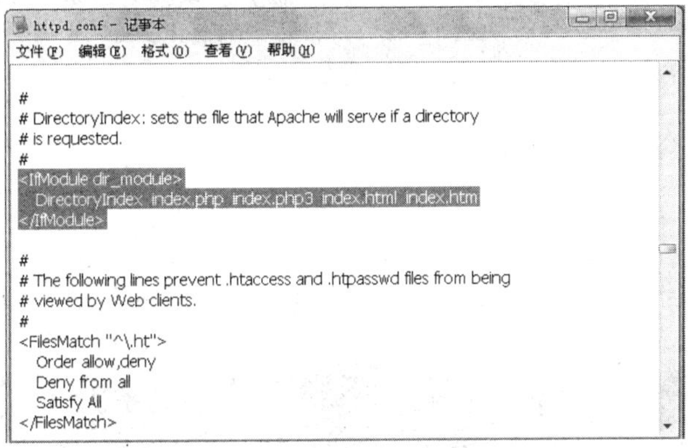

图 1.14　优先级代码图示

② 设置虚拟目录（Alias 目录）。

一般设置了 web 主目录后，该目录下的结构会随之一并应用于 Web 服务。例如，在 web 主目录 lfl 中有 admin 文件夹，其中包含一个 admin_index.php 文件，那么可以通过输入 http://localhost/admin/admin_index.php 来执行该页面。然而，为了方便管理庞大的应用系统，有时候会把不同的应用放到不同的文件夹下，并且该文件夹不在 web 主目录中。那么，可以通过映射一个虚拟目录来达到相同的效果。具体操作如下。

单击系统托盘中的 WampServer 图标，在"Alias 目录"菜单项中选择"添加一个 Alias"，如图 1.15 所示。

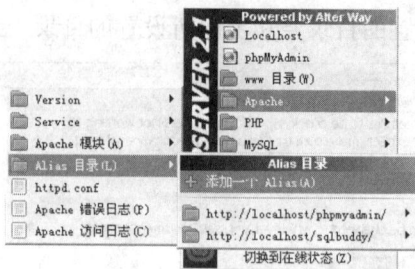

图 1.15　添加 Alias 目录示例

出现如图 1.16 所示的界面，在冒号后边输入虚拟目录名称（可以和真实目录名称不同），这里以 admin 为例。

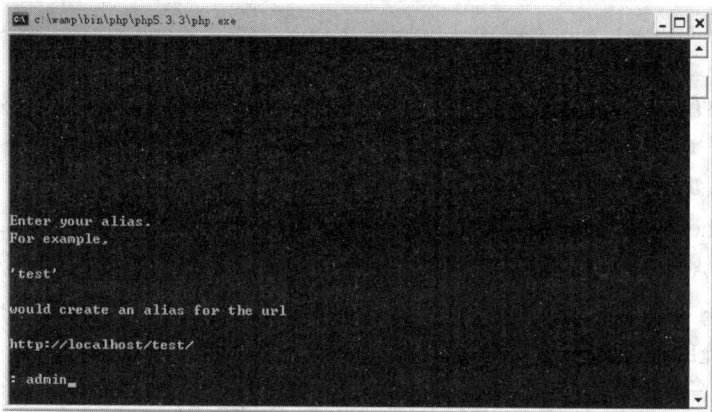

图 1.16　输入虚拟目录名称

按 Enter 键，输入要映射的真实地址。

注意

若 Windows 里的文件夹为 c:\admin\，这里应该输入 c:/admin/，如图 1.17 所示。

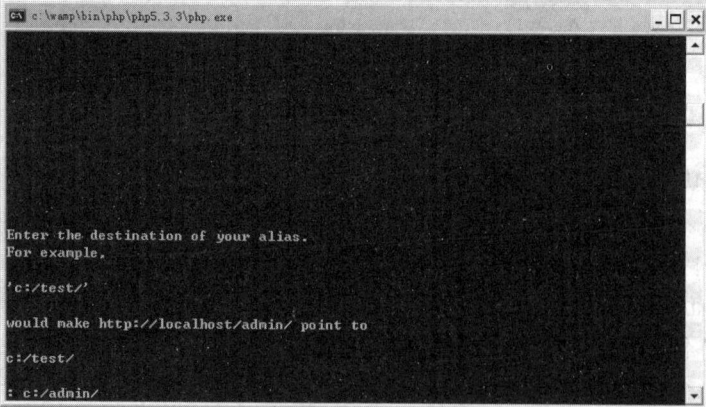

图 1.17　输入映射地址

按 Enter 键后即可创建成功，按任意键退出创建程序，如图 1.18 所示。

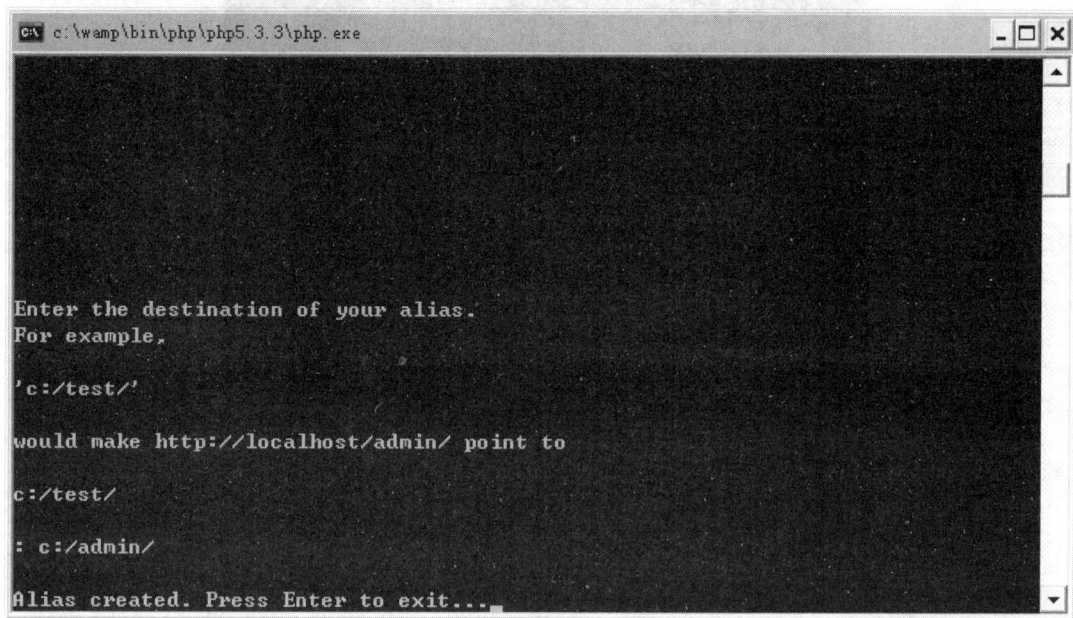

```
Enter the destination of your alias.
For example,

'c:/test/'

would make http://localhost/admin/ point to

c:/test/

: c:/admin/

Alias created. Press Enter to exit...
```

图 1.18　创建成功

要使设置生效，需要重新启动 Apache Web 服务器，但是 WampServer 没有提供单独停止某一服务的选项，所以选择"重新启动所有服务"。

注意一个特例：假设 web 主目录中有 admin 文件夹，而恰巧用户又设置了一个名为 admin 的虚拟目录，那么 Apache Web 服务器会打开哪个文件夹中的内容呢？再假如，在 web 主目录的 admin 文件夹中有一个名为 Admin_index.php 的文件，而在名为 admin 的虚拟目录下恰巧也有 Admin_index.php 文件，那么 Apache Web 服务器又会执行哪一个呢？经过实验，结果是如果没有在虚拟目录里面找到 Admin_index.php，那么就会自动在 web 主目录下的 admin 文件夹下查找，如果都没找到，就会提示"HTTP404 文件未找到"，如果找到就执行。反之，没有在 web 主目录的 admin 文件夹找到文件，服务器就会去虚拟目录里寻找，若两个目录中有相同文件名的文件，虚拟目录的优先级高，会执行虚拟目录下的文件。

③ 删除虚拟目录（Alias 目录）。

删除虚拟目录（Alias 目录）的方法为：单击系统托盘中的 WampServer 图标，选择 Apache→"Alias 目录"→http://localhost/admin/（要删除的 Alias 目录）→Delete alias 命令，如图 1.19 所示。

程序会提示是否真的要删除该 Alias 目录，如果确认删除，输入 yes 后按 Enter 键即可，如图 1.20 所示。

同样，在删除虚拟目录后，要重启所有服务才能生效。

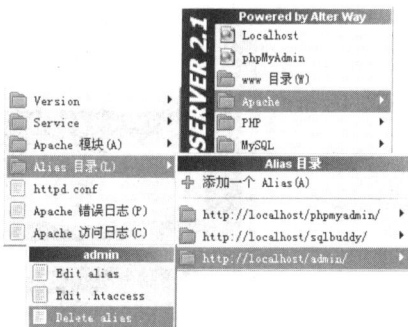

图 1.19　删除虚拟目录图示

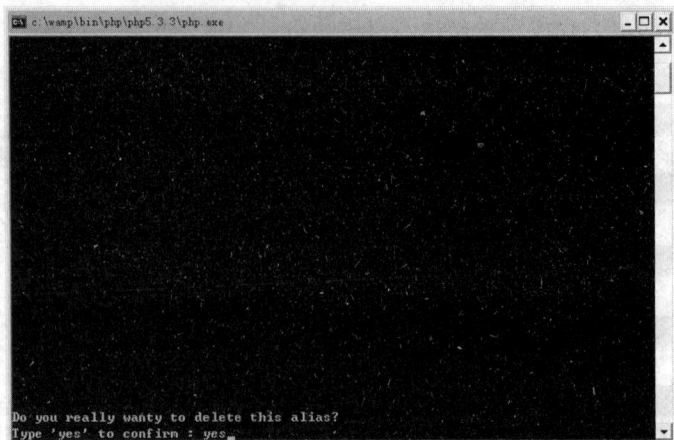

图 1.20　删除虚拟目录操作

说明

　　本节中的配置方法只是为了方便管理，对于初学者用处不大，建议安装 Wamp 后保持默认设置即可。对从事编程的读者来讲，重新配置有助于自己编程的管理及提高效率，可以按照上述方法进行配置。

1.2.3　editplus 的安装

　　文本编辑器的下载也非常简单，只要在搜索引擎中搜索 editplus 即可。在这里，简单介绍一下 editplus 的下载与安装。

　　本书中所用的文本编辑器是在 XP 下载乐园下载的，网址是 http://www.xp500.com/。如图 1.21 所示，在搜索文本框中输入 editplus，然后选择相应的版本即可进入下载界面，如图 1.22 所示。

图 1.21　XP 下载乐园网站首页

图 1.22 editplus 下载页面

下载完成后进行解压安装，如图 1.23 所示。一直单击"下一步"按钮按提示方法操作即可。

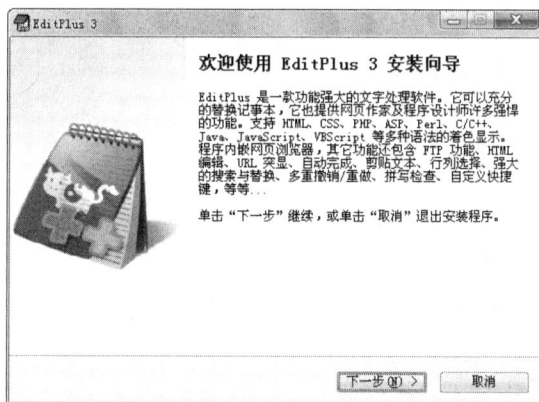

图 1.23 editplus 安装向导

任务实施

正确下载、安装、配置 PHP 编程开发相关环境及编写工具。

练习

PHP 开发环境主要包括什么？

项目 2
PHP 编程基础学习

知识点、技能点

- ➤ PHP 中的数据类型
- ➤ PHP 中的变量与常量
- ➤ PHP 中的运算符
- ➤ PHP 中的表达式
- ➤ PHP 中的流程控制语句

学习要求

- ➤ 掌握和理解 PHP 中的数据类型
- ➤ 掌握 PHP 中的变量与常量
- ➤ 掌握 PHP 中的运算符
- ➤ 掌握 PHP 中的表达式
- ➤ 掌握和理解 PHP 中的流程控制语句

教学基础要求

- ➤ 掌握和理解 PHP 中的数据类型
- ➤ 掌握 PHP 中的变量与常量
- ➤ 掌握 PHP 中的运算符
- ➤ 掌握 PHP 中的表达式
- ➤ 掌握和理解 PHP 中的流程控制语句

任务 1   了解 PHP 中数据类型、常量与变量

任务描述

数据类型、常量与变量是构成程序的基石，所以每种编程语言中都会有本类语言所对应的数据类型、常量与变量。作为一门网络编程语言，PHP 也不例外。本任务将详细介绍 PHP 中数据类型、常量与变量的知识。通过本任务的学习，读者会了解 PHP 中的数据类型；掌握什么是常量、变量；在 PHP 中如何使用预定义常量与变量，如何自定义常量与变量等。

知识汇总

2.1.1   PHP 中的数据类型

数据类型是学习一种编程语言最基础同时也是极为重要的一部分，每一位编程人员都要对数据类型进行深入的学习和透彻的研究。下面就对 PHP 中的数据类型进行介绍。

首先介绍一下 PHP 支持的 8 种原始类型。

- ☑ 4 种标量类型：
  - ➢ boolean（布尔型），理解为真假型
  - ➢ integer（整型）
  - ➢ float（浮点型，也作 double），理解为小数型
  - ➢ string（字符串）
- ☑ 两种复合类型：
  - ➢ array（数组）
  - ➢ object（对象）
- ☑ 两种特殊类型：
  - ➢ resource（资源）
  - ➢ NULL（空值）

在 PHP 中主要就是这 8 种数据类型，当然对于数据类型之间的综合应用，为了确保代码的易读性，还定义了 3 种伪类型：mixed（混合）、number（数字）和 callback（回馈），但这只是数据类型之间的交叉混合使用，是建立在以上 8 种数据类型基础上的，在这里不再详细讲述，如果读者想要深入学习相关知识，可以在网络上搜索相关资源或参考 PHP 手册。

下面详细介绍 PHP 中的 8 种基本数据类型。

1. boolean（布尔型）

布尔型是最简单的数据类型，它表达了真值，可以为 TRUE 或 FALSE（注意：布尔类型是 PHP 4 引进的），下面是赋值为布尔型的示例。赋值关键字 TRUE 或 FALSE 是不区分大小写的。

```
<?php
$foo=True;                          //给 foo 赋值为真
?>
```

要将一个值转换成 boolean，可以用 bool 或者 boolean 来强制转换。但是很多情况下不需要强制转换，因为当运算符、函数或者流程控制需要一个 boolean 参数时，该值会被自动转换。

当转换为 boolean 时，以下值被认为是 FALSE：

- ☑ 布尔值 FALSE
- ☑ 整型值 0
- ☑ 浮点型值 0.0
- ☑ 空白字符串和字符串"0"
- ☑ 没有成员变量的数组
- ☑ 没有单元的对象
- ☑ 特殊类型 NULL（包括尚未设定的变量）

所有其他值都被认为是 TRUE（包括任何资源）。

【例 2.1】

```
<?php
echo gettype((bool)"");
echo gettype((bool)1);
echo gettype((bool)-2);
echo gettype((bool)0);
echo gettype((bool)0.0);
echo gettype((bool) "0");
echo gettype((bool) "foo");
echo gettype((bool) "3.14e");
echo gettype((bool)array(12));
echo gettype((bool)array());
?>
```

以上代码中，echo 是输出字符串内容的指令，gettype 是取得变量类型的指令，gettype 后面括号中的内容是更改数据类型的命令。

上面代码输出的内容如图 2.1 所示。

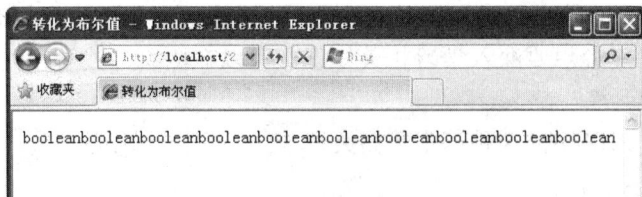

图 2.1　转化为布尔值执行结果

输出的结果是后面各个类型数据更改之后的数据类型。对于数据类型的转换同样适用于其他的数据类型。

2. integer（整型）

一个 integer 是集合 Z = {..., –2, –1, 0, 1, 2, ...} 中的一个数。

整型值可以用十进制、十六进制或八进制符号指定，前面可以加上可选的符号"–"或"+"。

如果用八进制符号，数字的前面必须加上 0；用十六进制符号，数字前面必须加上 0x，如例 2.2 所示。

【例 2.2】

```php
<?php
$a=123;                          //十进制数
$a=-123;                         //一个负数
$a=0123;                         //八进制数（等于十进制的 83）
$a=0x1A;                         //十六进制数（等于十进制的 26）
?>
```

例 2.2 是对 a 赋值各种整型数据。

需要注意整数溢出的问题，整数溢出指的是一些很大的数字超出了 integer 的范围。

如果指定一个数超出了 integer 的范围，将会被解释为 float。同样，如果执行的运算结果超出了 integer 范围，也会返回 float，如例 2.3 所示。

【例 2.3】

```php
<?php
$large_number = 2147483647;
var_dump($large_number);         //输出为 int(2147483647)

$large_number = 2147483648;
var_dump($large_number);         //输出为 float(2147483648)

//同样也适用于十六进制表示的整数
var_dump( 0x80000000 );          //输出为 float(2147483648)

$million = 1000000;
$large_number = 50000 * $million;
var_dump($large_number);         //输出为 float(50000000000)
?>
```

执行结果如图 2.2 所示。

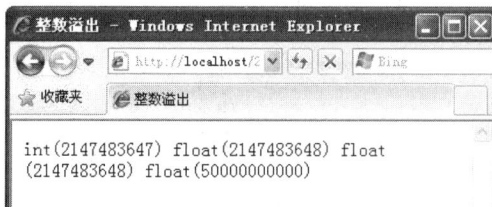

图 2.2　整数溢出执行结果

另外，PHP 中没有整除的运算符。1/2 产生出浮点数据，用户可以总是舍弃小数部分，或者使用 round() 函数。

【例 2.4】

```php
<?php
var_dump(14/3);                    //输出 float(4.6666666666667)
var_dump((int) (14/3));            //输出 int(4)
var_dump(round(14/3));             //输出 float(5)
?>
```

输出结果如图 2.3 所示。

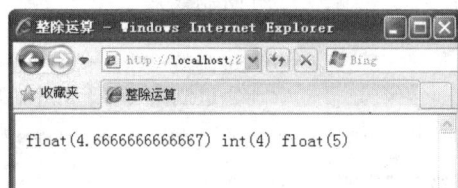

图 2.3　整除运算结果

3．float（浮点型）

浮点型（也称为 floats、doubles 或 real numbers）可以用以下任何语法定义：

```php
<?php
$a=1.234;
$a=1.2e3;
$a=7E-10;
?>
```

浮点数的字长和平台相关，不过通常最大值是 1.8e308，并具有 14 位十进制数字的精度（64 位 IEEE 格式）。

需要注意的是浮点数的精度问题。显然，简单的十进制分数（如 0.1 或 0.7）不能在不丢失精度的情况下转换为内部二进制的格式，这就会造成混乱的结果。例如，floor((0.1+0.7)*10) 通常会返回 7 而不是预期中的 8，因为该结果内部的表示其实是 7.9999999999...。

这和一个事实有关，那就是不可能精确地用有限位数来表达某些十进制分数。例如，十进制的 2/3 变成了 0.6666666...。所以永远不要相信浮点数结果精确到了最后一位，也永远不要比较两个浮点数是否相等。如果确实需要更高的精度，应该使用任意精度数学函数库或 gmp 函数库。

4．string（字符串）

string 是一系列字符。在 PHP 中，字符与字节是一样的，也就是说，一共有 256 种不同字符的可能性，这也暗示 PHP 对 Unicode 没有本地支持。这样，一个字符串变得非常巨大也没有问题，PHP 没有给字符串的大小强加实现范围，所以不必担心长字符串。

字符串有 3 种定义方法：单引号、双引号、定界符。

（1）单引号：指定一个简单字符串的最简单的方法是用单引号（'）括起来。要表示一个单引号，需要用反斜线（\）转义，和很多其他语言一样，如果要在单引号之前或字符串结尾出现一个反斜线，需要用两个反斜线表示。

📝 注意

> 如果试图转义任何其他字符，反斜线本身也会被显示出来，所以通常不需要转义反斜线本身。

（2）双引号：可以用双引号（"）括起字符串，PHP 中特殊字符的转义序列如表 2.1 所示。

表 2.1　PHP 中特殊字符转义序列

序　列	含　义
\n	换行（LF 或 ASCII 字符 0x0A（10））
\r	回车（CR 或 ASCII 字符 0x0D（13））
\t	水平制表符（HT 或 ASCII 字符 0x09（9））
\\	反斜号
\$	美元符号
\"	双引号
\[0-7]{1,3}	此正则表达式序列匹配一个用八进制符号表示的字符
\x[0-9A-Fa-f]{1,2}	此正则表达式序列匹配一个用十六进制符号表示的字符

此外，如果试图转义任何其他字符，反斜线本身也会被显示出来。双引号字符串中的变量名会被变量值替代。

（3）定界符：另一种给字符串定界的方法是使用定界符语法（<<<）。应该在 <<<之后提供一个标识符，然后是字符串，最后是同样的标识符结束字符串。结束标识符必须从行的第一列开始。同样，标识符也必须遵循 PHP 中其他任何标签的命名规则：只能包含字母数字下划线，而且必须以下划线或非数字字符开始。

很重要的一点必须指出，结束标识符所在的行不能包含任何其他字符，可能除了一个分号（;）之外。这意味着该标识符不能被缩进，而且在分号之前和之后都不能有任何空格或制表符。同样重要的是要意识到在结束标识符之前的第一个字符必须是所使用操作系统中定义的换行符，如在 Macintosh 系统中是\r。如果破坏了这条规则，则它不会被视为结束标识符，PHP 将继续寻找下去。如果找不到合适的结束标识符，将会导致一个在脚本最后一行出现的语法错误。

定界符文本与双引号字符串一样，只是没有双引号。这意味着在定界符文本中不需要转义引号，不过仍然可以用表 2.1 中的转义代码。变量会被展开，当在定界符文本中表达复杂变量时和字符串一样也要注意。

> ### 注意
>
> 在字符串转化为数值时，当一个字符串被当作数字来求值时，根据以下规则来决定结果的类型和值：
>
> 如果包括.、e 或 E 中任何一个字符，字符串被当作 float 来求值，否则，被当作整数。该值由字符串最前面的部分决定。如果字符串以合法的数字数据开始，就用该数字作为其值，否则其值为 0。合法数字数据由可选的正负号开始，后面跟着一个或多个数字（可选的包括十进制分数），然后是可选的指数。指数是一个 e 或者 E 后面跟着一个或多个数字。

【例 2.5】

```php
<?php
$foo = 1 + "10.3";              //$foo is float (11.3)
echo "\$foo==$foo; type is " . gettype ($foo) . "<br />\n";
$foo = 1 + "-1.3e3";            //$foo is float (-1299)
echo "\$foo==$foo; type is " . gettype ($foo) . "<br />\n";
$foo = 1 + "abcd-1.3e3";        //$foo is integer (1)
echo "\$foo==$foo; type is " . gettype ($foo) . "<br />\n";
$foo = 1 + "abcd3";             //$foo is integer (1)
echo "\$foo==$foo; type is " . gettype ($foo) . "<br />\n";
$foo = 1 + "10 abcde";          //$foo is integer (11)
echo "\$foo==$foo; type is " . gettype ($foo) . "<br />\n";
$foo = 2 + "10.2 abcde";        //$foo is float (12.2)
echo "\$foo==$foo; type is " . gettype ($foo) . "<br />\n";
$foo = "10.0 abcd " + 1;        //$foo is float (11)
echo "\$foo==$foo; type is " . gettype ($foo) . "<br />\n";
$foo = "10.0 abcd " + 1.0;      //$foo is float (11)
echo "\$foo==$foo; type is " . gettype ($foo) . "<br />\n";
?>
```

运行结果如图 2.4 所示。

图 2.4　字符串转换为数值

5. array（数组）

PHP 中的数组实际上是一个有序图。图是一种把 values 映射到 keys 的类型。此类型

在很多方面做了优化，因此可以把它当成真正的数组来使用，或列表（矢量）、散列表（是图的一种实现）、字典、集合、栈、队列以及更多可能性。因为可以用另一个 PHP 数组作为值，也可以很容易地模拟树。

可以用 array 语言结构来定义一个 array，它接受一定数量用逗号分隔的 key=>value 参数对，如下所示：

```php
<?php
$a=array('key'=>'abcd',3=>true);
echo $a['key'];    //abcd
echo $a[3];        //1
?>
```

其中 key 和 3 是数组 a 的元素，key 被赋值为 abcd，3 被赋值为布尔值 true。输出结果就是注释的内容。

对数组的操作将会在数组型变量中讲述。

6. object（对象）

（1）对象的初始化。

要初始化一个对象，用 new 语句将对象实例到一个变量中，如例 2.6 所示。

【例 2.6】

```php
<?php
class foo
{
function do-foo()
{
    echo"do foo. ";
}
}
$bar=new foo;
$bar->do-foo();
?>
```

相关内容将在项目 6 的类与对象中详细讲解。

（2）转换为对象。

如果将一个对象转换成另一个对象，它将不会有任何变化；如果将其他任何类型的值转换成对象，内置类 stdClass 的一个实例将被建立。如果该值为 NULL，则新的实例为空。对于任何其他的值，名为 scalar 的成员变量将包含该值，例如：

```php
<?php
$obj=(object)'abcd';
echo $obj->scalar;                    //输出'abcd'
?>
```

7. resource（资源）

一个资源是一个特殊变量，保存了到外部资源的一个引用。资源是通过专门的函数来建立和使用的。由于资源类型变量保存有为打开文件、数据库连接、图形画布区域等的特殊句柄，因此无法将其他类型的值转换为资源。

8. NULL

特殊的 NULL 值表示一个变量没有值。NULL 类型唯一可能的值就是 NULL。

有 3 种情况会认定一个变量是 NULL：被赋值为 NULL、尚未被赋值、被 unset。

NULL 类型只有一个值，就是区分大小写的关键字 NULL。

2.1.2　PHP 中的常量

常量是在程序运行中值始终不会发生改变的一类量。在进行 PHP 编程时经常要用到这类数据，如打开文件的文件名、文件的路径等系统常量以及用户自定义的一些常量。

1. 定义和使用常量

常量在使用前必须定义，否则程序在执行时就会出错。在 PHP 中使用 define()函数来定义常量，其语法格式如下：

```
define("name","value");
```

其中的 name 为定义常量的常量名，value 为常量代表的值。

下面通过一个实例来介绍一下 PHP 中常量的定义与使用。

【例 2.7】

```
<html>
<head>
<title>PHP 中常量的定义与使用</title>
</head>
<body>
<?php
define("abcd","hello world!");          //定义常量 abcd，并赋值为 hello world!
echo abcd;
?>
</body>
</html>
```

执行结果如图 2.5 所示。

图 2.5　常量定义代码执行结果

常量的命名不是随意的，必须符合一定的规则。PHP 中常量的命名有以下规则：合法的常量名以字母或下划线开始，后面可跟任何字母、数字或下划线。

常量与变量的不同之处体现在以下几个方面：

☑　常量前面没有符号$，而变量则必须以$开头。

☑　常量只能用 define()函数定义，而不能通过赋值语句定义。

☑　常量可以不用理会变量范围的规则，可以在任何地方定义和访问。

☑　常量一旦定义就不能被重新定义或者取消定义，并且其值不能发生改变，而变量的值可以随时发生改变。这也是常量与变量最根本的不同。

☑　常量的值只能是标量，即整型、浮点型、字符串 3 种类型。

2．PHP 中的预定义常量

除了使用自定义常量之外，PHP 还为用户预定义了系统常量，常见的预定义常量及其含义如表 2.2 所示。

表 2.2　PHP 中的预定义常量

常　量　名	说　　　明
FILE	PHP 文件的文件名
LINE	PHP 文件的行数
PHP_VERSION	PHP 程序的版本
PHP_OS	执行 PHP 解释器的操作系统名称，如 windows
TRUE	真
FALSE	假
E_ERROR	最近的错误处
E_WARNING	最近的警告处
E_PARSE	剖析语法有潜在问题处
E_NOTICE	发生不寻常但不一定是错误处

下面通过一个实例来实际应用一下 PHP 中的预定义常量。

【例 2.8】

```
<html>
<head>
<title> PHP 中预定义常量的使用 </title>
</head>
<body>
<?php
echo"所使用的文件名是：";
echo __FILE__;                          //当前文件名
echo"<br>";                             //输出换行符
echo"文件行数是：";
echo __LINE__;                          //输出文件行数
echo"<br>";
echo"PHP 的版本是：";
echo PHP_VERSION;                       //输出 PHP 版本
```

```
echo"<br>";
echo"所使用的操作系统是: ";
echo PHP_OS;                                          //输出操作系统类型
?>
</body>
</html>
```

运行结果如图 2.6 所示。

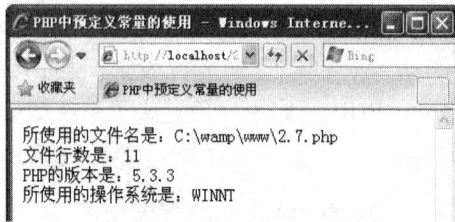

图 2.6   PHP 中预定义常量的使用

当然, 实际的执行结果会因为使用的操作系统、PHP 版本的不同而与图 2.6 所示不同, 但一定是所用计算机上的相应数据。

注意

不论是使用自定义常量还是系统预定义常量, 大小写都必须要一致。如使用系统预定义常量时把大写改为小写, 就不能正确返回预定义常量 PHP_VERSION 预定义的 PHP 版本号, 而是返回给字符串 php_vevsion 添加单引号的提示。代码如下:

```
<?php
echo PHP_VERSION;
echo"<p>";
echo php_version;
?>
```

运行结果如图 2.7 所示。

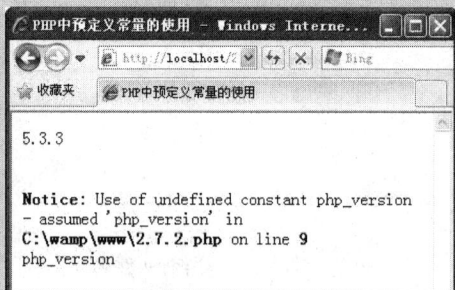

图 2.7   PHP 输出预定义常量区分大小写图示

由此可见, 在使用系统预定义常量时, 一定要注意大小写的问题。

2.1.3 PHP 中的变量

变量是指在程序运行过程中其值可以随时发生改变的一类值。PHP 是一个弱类型的语言（弱类型语言是指在使用变量时不用指定变量的类型，在使用时也没有类型检查的一类编程语言），所以在使用变量时，不用事先指定变量类型，而是在使用时根据上下文由系统解释器来判断变量的类型。另外，PHP 也不像其他编程语言要先定义变量才能使用，在 PHP 中，变量不用事先定义即可使用。

1. PHP 的变量类型

PHP 的变量类型有以下几种：整型变量（integer）、浮点型变量（double）、字符型变量（string）、数组型变量（array）和对象型变量（object）。

☑ 整型变量在 32 位操作系统中的有效范围是-2147483648～+2147483647。要使用十六进制整数可以在前面加 0x。

☑ 浮点型变量在 32 位操作系统中的有效范围是 1.7E–308～1.7E+308。

☑ 字符型变量不同于其他编程语言，有字符与字符串之分，在 PHP 中，统一使用字符型变量来定义字符或者字符串。

☑ 数组型变量是一种比较特殊的变量类型，将在 2.1.5 节进行详细的介绍。

☑ 对象变量也是一种比较特殊的变量类型。在 PHP 5 之前，PHP 面向对象编程的功能还不是很强大，PHP 5 改变了这种状况。类概念的引入使 PHP 真正成为一种面向对象的编程语言。

定义一个变量的方法很简单，在该变量名前加上符号$即可。下面的例子就分别定义了两个整型变量和两个字符型变量。

【例 2.9】

```
<?php
$a=0;                          //定义一个整型变量，赋值为 0
$int1=1234;                    //定义一个整型变量，赋值为 1234
$string="a";                   //定义一个字符型变量，赋值为 a
$string 1="hello world! "      //定义一个字符串变量，赋值为 hello world!
?>
```

通过上面的例子能够发现，在 PHP 中定义一个变量是一件非常简单的事情。

2. 变量类型的转换

在实际使用 PHP 的过程中，有时需要对变量的类型进行强制转换，如要把字符型变量改变为数值型变量，把数值型变量变为字符型变量等。与数据类型的强制转换一样，在 PHP 中可通过 settype()函数来设置一个变量的类型。其使用方式如下所示：

settype(mixed var,string type)

其作用是将变量 var 的类型设置成 type。type 的可能值（即能够转变的类型）为 boolean（或为 bool）、integer（或为 int）、float、string、array、object、NULL。

如果类型转换成功则返回 TRUE，失败则返回 FALSE。

下面通过一个实例来说明 settype()函数是如何实现变量类型设置的。

【例 2.10】

```php
<html>
<head>
<title> 变量类型转换 </title>
</head>
<body>
<?php
$foo="5abc";                        //定义一个字符串变量
$bcd=true;                          //定义一个逻辑型变量
echo $foo;                          //输出变量$foo
echo "<p>";                         //输出 HTML 回车换行
echo $bcd;                          //输出变量$bcd
echo "<p>";
settype($foo,"int");                //重新设置$foo 的类型为整型
settype($bcd,"string");             //重新设置$bcd 的类型为字符型
echo $foo;                          //重新输出$foo
echo "<p>";
echo $bcd;                          //重新输出$bcd
?>
</body>
</html>
```

运行结果如图 2.8 所示。

图 2.8　变量类型转换结果

在使用 settype()函数前，$foo 变量值为字符串、$bcd 变量值为逻辑真值，所以输出结果为 5abc、1；在使用 settype()函数后，$foo 变量值改变为整型数、$bcd 变量值改变为字符串，所以输出结果为 5、1。

3. 可变变量

有时使用可变变量名是很方便的。就是说，一个变量的名称可以动态地设置和使用。一个普通的变量通过声明来设置，例如：

```php
<?php
$a="hello";
?>
```

一个可变变量获取了一个普通变量的值作为其变量名。在上面的示例代码中，hello 使用了两个$符号以后，就可以作为一个可变变量了。例如：

```php
<?php
$$a="world";
?>
```

这时，两个变量都被定义：$a 的内容是 hello，$hello 的内容是 world。因此，可以表述为：

```php
<?php
echo"$a ${$a}";
?>
```

以下写法更准确并且会输出同样的结果：

```php
<?php
echo"$a$hello";
?>
```

输出结果如图 2.9 所示。

图 2.9　可变变量输出结果

要将可变变量用于数组，必须解决一个问题，这就是当写下 $$a[1] 时，解析器需要知道是想要 $a[1] 作为一个变量，还是想要 $$a 作为一个变量并取出该变量中索引为 [1] 的值。解决此问题的语法是，对第一种情况用 ${$a[1]}，对第二种情况用 ${$a}[1]。

注意

可变变量不能用于 PHP 的超全局变量数组，即不能使用${$_GET}。

4. 变量范围

和其他编程语言一样，PHP 中的变量也有全局变量与局部变量之分。所谓全局变量指在程序运行期间都能使用的变量，而局部变量只在子函数或过程中有效。在 PHP 程序执行时，系统会在内存中保留一块全局变量的区域。实际运用时，可以通过$GLOBALS["变量名称"]的数组调用方法将需要的全局变量调出。不过需要注意的是，PHP 的变量有大小写之分，如果搞错了大小写是不能调出来的。

$GLOBALS 数组是 PHP 程序中比较特殊的变量，不必声明，系统会自动匹配相关的变量在里面。在函数中，也不必管$GLOBALS 数组是否已经被声明，就可以直接使用。

和$GLOBALS 变量类似的还有$php_errormsg 字符串变量。若 PHP 的配置文件 php.ini 中的 track_errors 选项值为 True，使用全局变量$php_errormsg 可以看到错误的信息。

在 PHP 中，全局变量的有效范围只限于主程序中，不会影响到函数中同名的变量，也就是全局变量与局部变量互不干扰。若要全局变量也能在子函数中使用，就要用到 $GLOBALS 数组或是使用 globals 宣告。

2.1.4 PHP 中的预定义变量

PHP 在系统中内置了大量与系统、正在运行的 PHP 文件、HTTP 等相关的变量，如表 2.3 所示。了解和使用这些内置变量对提高编程效率有很大帮助。下面将介绍一些常用的 PHP 预定义变量，更多的变量请参考 Phpinfo()函数所列出的内容。

表 2.3　PHP 预定义变量

名　称	作　用
$_SERVER[PHP_SELF]	当前正在执行的文件名。返回值与 document.root 相关
$_SERVER[REQUEST_METHOD]	访问页面时的请求方法，如 GET
$_SERVER[DOCUMENT_ROOT]	当前运行脚本所在的文档根目录。在 APACHE 配置文件中定义
$_SERVER[HTTP_REFERER]	链接到当前页面的前一页的 URL 地址。不是所有的用户代理（浏览器）都会设置该变量，而且有的还可以手工修改 HTTP_REFERER。因此，该变量不总是正确真实的
$_SERVER[REMOTE_ADDR]	正在浏览当前页面用户的 IP 地址
$_COOKIE	通过 HTTP cookies 传递的变量组成的数组，是自动全局变量
$_GET	通过 HTTP GET 方法传递的变量组成的数组，是自动全局变量
$_POST	通过 HTTP POST 方法传递的变量组成的数组，是自动全局变量
$_FILES	通过 HTTP POST 方法传递的已上传文件项目组成的数组，是自动全局变量
$_REQUEST	此关联数组包含$_GET、$_POST 和$_COOKIE 中的全部内容
$_SESSION	包含当前脚本中已经注册的 session 变量的数组
$GLOBALS	由所有已定义全局变量组成的数组。变量名是该数组的索引

2.1.5 PHP 中的数组型变量

数组型变量是一组具有相同类型和名称的变量的集合。数组型变量是一种独特的变量，PHP 中的数组可以是一维也可以是多维的，数组内元素的类型可以是数字、字符甚至数组。

1. 数组型变量的初始化

在 PHP 中初始化数组一般有两种方法，一种是同时给数组中所有元素赋值，另一种是单独给数组每个元素赋值。下面通过实例来具体了解这两种方法。

【例 2.11】

方法一：同时给数组元素赋值

高等职业教育"十二五"规划教材

```
<html>
<head>
<title>同时给数组所有元素赋值例子</title>
</head>
<body>
<?php
$string=array(
"string1",
"string2",
"string3",
"string4",
"string5",
);                                    //定义一个数组同时给数组所有元素赋值
for($i=0;$i<count($string);$i++)      //循环读取数组内容
{
 echo $string[$i];                    //显示数组元素
 echo"<br>";                          //输出 HTML 换行符
 }
 ?>
 </body>
 </html>
```

方法二：单独给数组每个元素赋值

```
<html>
<head>
<title>单独给数组元素赋值例子</title>
</head>
<body>
<?php
$string[0]="string1";                 //定义数组，给数组每个元素单独赋值
$string[1]="string2";
$string[2]="string3";
$string[3]="string4";
$string[4]="string5";
for($i=0;$i<count($string);$i++)      //循环读取数组内容
{
echo $string[$i];                     //显示数组元素
echo "<br>";                          //输出 HTML 换行符
}
?>
</body>
</html>
```

两种方法的运行结果如图 2.10 所示。

从图中可以看到，除表头不一样外，输出的结果是相同的，即两种给数组元素赋值的方法所实现的结果是一样的。

（a）方法一结果   （b）方法二结果

图 2.10 数组赋值图示

注意

  在单独赋值时一定要注意数组元素的编号，数组的第一个元素的编号是 string[0]，依次向后排，包括多维数组中也是一样的，在赋值与输出数组元素时一定不要弄错。

2. 动态增加数组元素

  一个数组在定义后，其元素个数并不是一成不变的，在程序运行中可以动态地为数组增加元素。要给一个数组动态增加元素，所要做的只是给数组新的元素赋值。下面仍然通过实例来说明这一问题。

【例 2.12】

```php
<html>
<head>
<title>动态增加数组元素</title>
</head>
<body>
<?php
$string=array(
"string1",
"string2",
"string3",
"string4",
"string5",
);                                    //定义一个数组
echo "数组的第三个元素为：";
echo $string[2];                      //获取数组元素
echo "<br>";
echo "数组的第五个元素为：";
echo $string[4];
echo "<br>";
$string[5]="string6";                 //为数组动态增加元素
$string[6]="string7";
echo 下面是新增加的数组元素：<br>";
echo "数组的第六个元素为：";
echo $string[5];                      //获取新增加的元素
echo "<br>";
echo "数组的第七个元素为：";
```

```
echo $string[6];
?>
</body>
</html>
```

执行结果如图 2.11 所示。

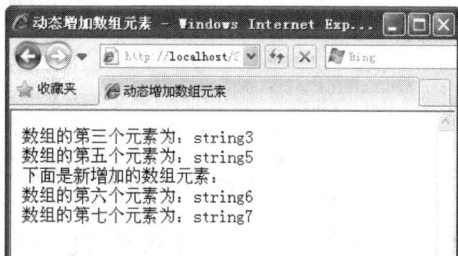

图 2.11　动态增加数组元素执行结果

3．创建多维数组

一维数组的格式是 Array[]，二维数组的格式是 Array[][]，多维数组的格式是 Array[][]...[]。和一维数组一样，给多维数组赋值也有两种方法。下面分别通过实例来具体说明。

先来了解一下同时给多维数组所有元素赋值。例 2.13 要完成的功能是在定义数组的同时，给数组所有元素赋值。

【例 2.13】

```
<html>
<head>
<title>同时给多维数组所有元素赋值</title>
</head>
<body>
<?php
$string=array(
0=>array(0,1,2),
1=>array("string1","string2","string3","string4"),
2=>array("你好","我好","大家好")
);                                    //创建二维数组，数组元素也是数组
for($i=0;$i<count($string);$i++)
{
for($j=0;$j<count($string[$i]);$j++)
{
echo $string[$i][$j];
echo",";
}
echo "<br>";
}
?>
</body>
</html>
```

简单地讲，多维数组的数组元素也是由数组来组成的，上面的例子是一个二维数组，如果该二维数组中的某一个元素为数组，那么就变成了三维数组。由此便是多维数组的组成。例 2.13 的运行结果如图 2.12 所示。

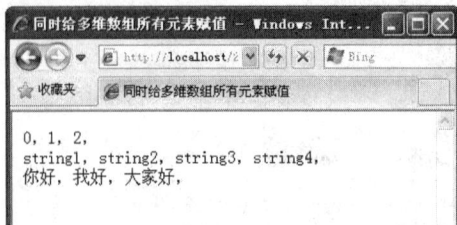

图 2.12　多维数组示例

例 2.13 是同时给多维数组元素赋值的示例，多维数组也可以与一维数组一样，单独给数组元素赋值，也就是 array[i][j]="string"，这里不再赘述。

练习

1．PHP 中的数据类型有哪些？
2．如何定义与使用常量？
3．PHP 中有哪些变量类型？
4．在使用 PHP 变量时应注意哪些内容？
5．如何给数组元素赋值？

任务 2　认识 PHP 中运算符及流程控制语句

任务描述

流程控制在任何编程语言中的基础性和重要性都是毋庸置疑的，本任务中所讲述的 PHP 中的流程控制同样是 PHP 编程学习的重点内容，PHP 的语法继承于 C 语言的语法，在流程控制方面也非常类似。本任务将介绍 PHP 中的判断与循环语句，包括 if...else 判断、switch...case 多重判断、while 循环、do...while 循环、for 循环等内容。通过对本任务的学习，读者可掌握 PHP 流程控制知识，为编写大型程序奠定坚实的基础。

知识汇总

2.2.1　运算符

运算符与表达式是 PHP 中十分重要的概念。在 PHP 编程中，表达式是 PHP 程序最重要的基石，而运算符又是构成表达式的基础。可以说，任何复杂的 PHP 程序都是由最基本的运算符和表达式组成的。熟练运用 PHP 中的运算符与表达式，是进行 PHP 编程的基本功。在本节中将进行运算符的学习。

1. PHP 中的运算符

PHP 中的运算符可分为算术运算符、递增递减运算符、比较运算符、逻辑运算符、位运算符和其他运算符 6 种。

（1）算术运算符：即加、减、乘、除以及取余（又称取模）5 种运算，如表 2.4 所示。

表2.4　算术运算符

运 算 符	名　　称	结　　果
$a+$b	加法	$a 与 $b 的和
$a-$b	减法	$a 与 $b 的差
$a*$b	乘法	$a 与 $b 的积
$a/$b	除法	$a 除以 $b 的商
$a%$b	取余	$a 除以 $b 的余数

简单地讲，算术运算符就是四则运算的表现，是最简单的运算符。

（2）递增递减运算符：又称加 1 减 1 运算符，如表 2.5 所示。

表2.5　递增递减运算符

运 算 符	名　　称	结　　果
++$a	前加	$a 的值加 1，然后进行操作
$a++	后加	$a 的值先进行操作，后加 1
--$a	前减	$a 的值减 1，然后进行操作
$a--	后减	$a 的值先进行操作，后减 1

【例2.14】

```
<html>
<head>
<title>递增递减运算符</title>
</head>
<body>
<?php
$a=10;
$b=3;
echo $a%$b;              //输出余值 1
echo "<br>";
echo $a++;               //先输出$a 的值，然后加 1 并重新赋值给$a
echo "<br>";
echo ++$a;               //先加 1 赋值给$a，然后输出$a
echo "<br>";
echo $b--;               //先输出$b 的值，然后减 1 并重新赋值给$b
echo "<br>";
echo --$b;               //先减 1 赋值给$b，然后输出$b
?>
</body>
</html>
```

以上代码输出的结果如图 2.13 所示。

图 2.13　递增递减运算示例

首先赋给$a 的值为 10，$a++则是先输出$a 的值，然后加 1 并重新赋值给$a，故第二行的输出结果为 10，输出结果之后$a 的值变为 11，下面++$a 是先加 1 再输出，所以输出结果为 12，下面的递减运算也是同样的道理。

（3）比较运算符：一个常用的表达式类型是比较表达式，这些表达式的值为 FALSE 或 TRUE，如表 2.6 所示。

表 2.6　比较运算符

运　算　符	名　　称	结　　果
$a==$b	等于	TRUE，如果$a 等于$b
$a===$b	全等于	TRUE，如果$a 等于$b，并且它们的类型也相同
$a!=$b	不等于	TRUE，如果$a 不等于$b
$a<>$b	不等于	TRUE，如果$a 不等于$b
$a!==$b	非全等于	TRUE，如果$a 不等于$b，或者它们的类型不同
$a<$b	小于	TRUE，如果$a 严格小于$b
$a>$b	大于	TRUE，如果$a 严格大于$b
$a<=$b	小于等于	TRUE，如果$a 小于或者等于$b
$a>=$b	大于等于	TRUE，如果$a 大于或者等于$b

（4）逻辑运算符：PHP 中的逻辑运算符有与、或、异或、非 4 种。其中的逻辑与和逻辑或有两种表现形式，如表 2.7 所示。

表 2.7　逻辑运算符

运　算　符	名　　称	结　　果
$a and $b	And（逻辑与）	TRUE，如果$a 与$b 都为 TRUE
$a or $b	Or（逻辑或）	TRUE，如果$a 或$b 任一为 TRUE
$a xor $b	Xor（逻辑异或）	TRUE，如果$a 或$b 任一为 TRUE，但不同时是
! $a	Not（逻辑非）	TRUE，如果$a 不为 TRUE
$a && $b	And（逻辑与）	TRUE，如果$a 与$b 都为 TRUE
$a || $b	Or（逻辑或）	TRUE，如果$a 与$b 任一为 TRUE

下面通过实例来说明逻辑运算符的运用。由于&&等价于 and，||等价于 or，所以就不

再单独说明了。

【例 2.15】

```html
<html>
<head>
<title>逻辑运算符使用实例</title>
<body>
<?php
$a=TRUE;                                    //定义逻辑变量真
$b=FALSE;                                   //定义逻辑变量假
if($a and $b) echo "这里为假 1！";          //求与
echo "<br>";
if($a or $b) echo "这里为真 1！";           //求或
echo "<br>";
if($a xor $b) echo "这里为真 2！";          //求异或
echo "<br>";
if(!$a) echo "这里为假 2!";                 //求非
?>
</body>
</html>
```

在 PHP 执行环境中执行以上代码，执行结果如图 2.14 所示。从图中可以发现，以上代码中只有两句 echo 语句成功运行。下面分析一下以上程序 4 个 if 语句的运行过程：

- ☑ 第 1 个判断对一真一假两项求与。因两者不同时为真，所以返回"假"。
- ☑ 第 2 个判断对一真一假两项求或。因二者有一个为真，所以返回"真"。
- ☑ 第 3 个判断对一真一假两项求异或。因两者状态不同，所以返回"真"。
- ☑ 第 4 个判断对一个真值求非，则返回"假"。

把以上代码做如下改动：把 if($a and $b)改为 if(!($a and $b))，把 if(!$a)改为 if(!$b)。然后运行代码，结果如图 2.15 所示。

图 2.14   逻辑运算符使用实例执行结果 1

图 2.15   逻辑运算符使用实例执行结果 2

（5）位运算符：位运算符允许对整型数中指定的位进行置位。如果左右参数都是字符串，则位运算符将操作字符的 ASCII 值，如表 2.8 所示。

表 2.8   位运算符

表 达 式	名 称	结 果
$a&$b	And（按位与）	将在$a 和$b 中都为 1 的位设为 1
$a | $b	Or（按位或）	将在$a 或者$b 中为 1 的位设为 1

续表

表达式	名称	结果
$a ^ $b	Xor（按位异或）	将在$a 和$b 中不同的位设为 1
~$a	Not（按位非）	将$a 中为 0 的位设为 1，反之亦然
$a<<$b	Shift left（左移）	将$a 中的位向左移动$b 次（每一次移动都表示"乘以 2"）
$a>>$b	Shift right（右移）	将$a 中的位向右移动$b 次（每一次移动都表示"除以 2"）

（6）其他运算符：上面介绍的运算符是比较常用的运算符，另外还有几种运算符在这里简单地说明一下。

☑ 字符串运算符：有两个字符串运算符。一个是连接运算符（.），它返回其左右参数连接后的字符串；另一个是连接赋值运算符（.=），它将右边参数附加到左边的参数后。

☑ 错误抑制操作符：在最常见的数据库连接与文件创建操作或出现除 0 等异常时，可以用@符号来抑制函数错误信息输出到浏览器端，如$a=@(5/0)。

☑ 数组运算符：PHP 仅有的一个数组运算符是 + 运算符。它把右边的数组附加到左边的数组后，但是重复的键值不会被覆盖。

☑ 三目运算符：其运行机制为(expr1)?(expr2):(expr3)，其中的 expr1、expr2 及 expr3 均为表达式。当表达式 expr1 为真时，则执行后边的 expr2，反之则执行 expr3。从分析中不难看出，三目运算符实际上是 if...else 的简化版。

☑ 外部命令执行：使用`来运行外部系统命令。注意不是单引号，是键盘上 esc 下面那个按键，如例 2.16 所示。

【例 2.16】

```php
<?php
$out=`dir c:`;
print_r($out);
?>                                      //不建议使用
```

【例 2.17】

```php
<?php
$a="hello";
$a.=" world! ";                         //等同于$a=$a." world!";
echo $a;                                //输出：hello world!
echo "<br>";
$m = 3;
$m += 5;                                //等同于$m=$m+5;
echo $m;                                //输出 8
echo "<br>";
$c = ($b = 4) + 5;
echo $c;                                //输出：9
?>
```

运行结果如图 2.16 所示。

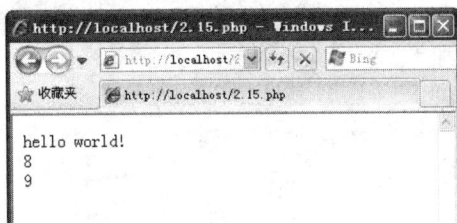

图 2.16　其他运算符实例执行结果

2.　运算符优先级

运算符优先级指定表达式的运算顺序。例如，表达式 1+2*3 的结果是 7 而不是 9，是因为乘号（*）的优先级比加号（+）高。必要时可以用括号来强制改变优先级。例如，(1+2)*3 的值为 9。

表 2.9 从低到高列出了运算符的优先级。

表 2.9　运算符优先级

结 合 方 向	运　算　符	附 加 信 息
左	or	逻辑运算符
左	xor	逻辑运算符
左	and	逻辑运算符
右	=、+=、-=、*=、/=、.=、%=、&=、|=、^=、~=、<<=、>>=	赋值运算符
左	?:	三目运算符
左	||	逻辑运算符
左	&&	逻辑运算符
左	|	位运算符
左	^	位运算符
左	&	位运算符和引用
无	==、!=、===、!==	比较运算符
无	<、<=、>、>=	比较运算符
左	<<、>>	位运算符
左	+、-、.	算术运算符和字符串运算符
左	*、/、%	算术运算符
右	!、~、++、--、(int)(float)(string)(array)(object)@	类型
右	[	array()
无	new	New

结合方向为左表示表达式从左向右求值，方向为右则相反。从表 2.9 中可以发现，PHP 中的运算符有严格的运算优先级。只有搞清楚了它们的优先级，才能正确得出由运算符构成的表达式的值。下面通过实例来说明 PHP 中运算符的优先级在实际中的运用。

【例 2.18】

```
<html>
<head>
<title>运算符优先级示例</title>
</head>
<body>
<?php
$a=3*4+5%2;                          //语句 1
echo $a,"<br>";
$a=true?0:true?1:2;                  //语句 2
echo $a."<br>";
$a=1;
$b=2;
$a-=$b+=3*$b+$a;                     //语句 3
echo $a.",".$b."<br>";
?>
</body>
</html>
```

运行结果如图 2.17 所示。

图 2.17　运算符优先级示例

不管多么复杂的表达式，只要按优先级把它分解为简单的表达式，就可以分析其结果了。下面对例 2.17 中的 3 个语句逐一分析。

第 1 个语句相对简单，只需分解为 (3*4)+(5%2) 即可。3*4 等于 12，5 除以 2 余数为 1，所以就是 12+1，等于 13。

第 2 个语句稍微复杂，可以分为两个三目运算符：(true?0:true)?1:2=2。第 1 个三目运算符执行后，前面括号内容为 0，而 0 相当于 FALSE，所以执行第 2 个三目运算符第 2 个表达式，所以就有$a 等于 2。

第 3 个语句比较复杂。$a-=$b+=3*$b+$a 分解后等价于这样一组表达式：$b*3 等于 6，6+$a 等于 7，$b+7 等于 9，$b=9，$a-9 等于-8，$a=-8。通过分解可以发现，输出的结果为$a=-8、$b=9。

通过上面的例子发现，只有掌握了 PHP 运算符的优先级，才能把复杂的表达式转化为简单的表达式，从而得出表达式的正确结果。

2.2.2　表达式

表达式是 PHP 最重要的基石。在 PHP 中，几乎用户所写的任何东西都是一个表达式。

简单但却最精确地定义一个表达式的方式就是 anything that has a value。

最基本的表达式形式是常量和变量。当输入$a = 5 时，即将值 5 分配给变量$a。很明显，5 的值为 5。换句话说，5 是一个值为 5 的表达式（既然如此，5 是一个整型常量）。赋值之后，你所盼望的情况是$a 的值为 5，因而如果写下$b = $a，期望的是它犹如$b = 5 一样。换句话说，$a 也是一个值为 5 的表达式。如果一切运行正确，那这正是将要发生的正确结果。函数是稍微复杂一点的表达式形式。例如下面的函数：

```php
<?php
function foo()
{
return 5
}
?>
```

那么输出$a=foo()就相当于写下$a=5。函数也是表达式，表达式的值即为它们的返回值。

1. 表达式中变量的可能值

表达式赋值给一个变量，其中的值可能为 PHP 支持的 4 种标量值（标量值不能拆分为更小的单元，和数组、对象不同）类型：整型值（integer）、浮点数值（float）、字符串值（string）和布尔值（boolean），还包括两种复合类型（数组和对象）。所以表达式的值可能为 PHP 中所有的变量类型。

2. 赋值表达式的值

一个赋值表达式通常涉及到两个值，如$a=3。这样一个表达式涉及到整型常量 3 的值以及变量$a 的值，它也被更新为 3。还有一个赋值语句本身的值。赋值语句本身求值为被赋的值即 3。因而，$b=($a=3)和$a=3;$b=3;是一样的。因为赋值操作的顺序是由右到左的，也可以写作$b=$a=3。

通过以上介绍知道，赋值表达式牵涉 3 个值：赋值变量值、被赋的常量值及表达式自身的值。

3. 递增（减）表达式

递增（减）表达式是一种比较特殊的表达式，这类表达式是一个很好的面向表达式的例子。该类表达式有前、后递增和递减。本质上来讲，前递增和后递增均增加了变量的值，并且对于变量的影响是相同的，不同的是递增表达式的值。前递增写作++$variable，求增加后的值；后递增写作$variable++，求变量未递增之前的原始值。

下面举例说明这个问题。

【例 2.19】

```php
<html>
<head>
<title></title>
<body>
<?php
```

```
$a=3;
echo "\$a=3  ";
echo "++\$a 为： ";
echo ++$a;                        //$a 前递增
echo "<p>";
$a=3;                             //$a 重新赋值为 3
echo "\$a=3  ";
echo "\$a++为： ";
echo $a++;                        //$a 后递增
?>
</body>
</html>
```

在 PHP 环境下执行代码，其执行结果如图 2.18 所示。

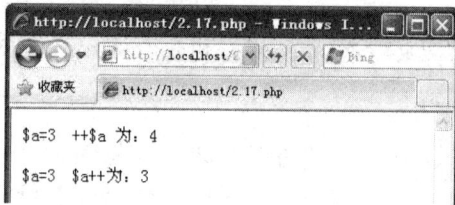

图 2.18　前递增表达式与后递增表达式的比较

4．比较表达式

比较表达式是一个常用到的表达式类型。这些表达式求值 FALSE 或 TRUE。PHP 支持 >（大于）、>=（大于等于）、==（等于）、!=（不等于）、<（小于）、<=（小于等于）。PHP 还支持全等运算符===（值和类型均相同）和非全等运算符!==（值或者类型不同）。这些比较表达式都是在条件判断语句（如 if 语句）中最常用的，通常被当作条件判断语句的判断条件。

如变量$a 的值为 3，变量$b 的值为 4，则表达式$a<$b 的值就为真。因为 3 小于 4。反之，$a>$b 的值为假。

5．组合的运算赋值表达式

通过前面对 PHP 表达式的介绍知道，如果想要为变量$a 加 1，可以简单地写$a++或者++$a。但是如果想为变量增加大于 1 的值，如 3，其做法是$a=$a+3。$a+3 计算$a 加上 3 的值，并且得到的值重新赋予变量$a，于是$a 的值增加了 3。该式还可以用一种更加简短的形式$a+=3 表示，意思是取变量$a 的值加 3，得到的结果再次分配给变量$a。除了更简略和清楚外，运行也可以更快。$a+=3 的值如同一个正常赋值操作的值，是赋值后的值。注意它不是 3，而是$a 的值加上 3 后的值（此值将被赋给$a）。任何二元运算符都可以用运算赋值模式，例如$a-=5（从变量$a 的值中减去 5），$b*=7（变量$b 乘以 7）等。

2.2.3　流程控制语句

无论在何种编程语言中，流程控制都是非常基础且重要的内容。由于 PHP 大部分都继

承 C 语言的特点，因此在流程控制方面，PHP 与 C 语言类似。PHP 的流程不像 ASP 那样可以使用 goto 的 BASIC 语法。本节将介绍 PHP 中的判断与循环语句，通过对语句的学习来了解 PHP 中的流程控制。

1. 判断语句

判断语句主要是通过 if 和 switch 两种条件语句来实现的。

（1）if 语句。

if 语句是流程控制中判断执行的一种，该语句执行时先对某条件进行判断，然后根据判断结果做出相应的操作。if 语句可以分为 3 种：简单的 if 语句、if...else 语句、if...elseif...else 语句。

① 简单的 if 语句。

if 判断是流程控制中最简单的一种。它只判断某条件是否为真，如果为真，就会执行特定的语句。例如：

```
if(expr)
{
statement
}
```

如果要执行的 statement（语句）多于一句，就要使用"{}"把它们括起来，表示一个区段；如果要执行的语句只有一句，就可以省略"{}"标记。下面通过一个简单的实例来说明 if 语句的使用方法。

【例 2.20】

```
<html>
<head>
<title>if 语句示例</title>
</head>
<body>
<?php
if ($score<60)                    //如果分数不到 60
echo "不及格！";
?>
</body>
</html>
```

在 PHP 运行环境中执行以上语句，会出现一个提示和执行结果，因为在这段代码中没有定义变量$score，没有定义的变量的值就是空值，作为数值就是 0。0 小于 60，符合 if 后面的判断语句，所以得到的结果是一个对 score 的说明同时还有执行结果。在 if 语句之前加入代码：

```
$score=59;
```

再执行代码得到的就是正常的判断输出结果，如图 2.19 所示。

图 2.19　if 语句示例

此时，变量$score 有定义的值并且符合后面 if 语句中的判断条件，故得到正确的执行结果而不出现未定义变量时的提示。但如果定义的变量的值不符合 if 判断条件会出现什么情况呢？例如定义$score=61，执行结果会是怎样？经过执行发现，当$score>=60 时，echo 输出语句是不会执行的，即代码执行后什么都没有显示。

② if...else 语句。

简单的 if 语句只在判断结果为真的情况下有执行操作，这在大多数情况下是不够的，于是就出现了 if...else 这种形式的判断语句。if...else 语句不仅会在判断结果为真的情况下执行操作，同时在非真的情况下也会执行相应的操作。

下面对例 2.21 中代码做简单的修改，来说明 if...else 语句。

【例 2.21】

```
<html>
<head>
<title>if...else 语句示例</title>
</head>
<body>
<?php
$score=61;
if ($score<60)                    //如果分数不到 60
echo "不及格！";
else
echo "合格";
?>
</body>
</html>
```

运行结果如图 2.20 所示。

图 2.20　if...else 语句示例

③ if...elseif...else 语句。

虽然 if...else 语句比单纯的 if 语句多了一重判断，但现实情况可能还要复杂，要判断的情况会超过两种。如判断学生成绩，不能只判断及格或不及格，还要判断优、良、中、差。

这时，不管是使用简单的 if 判断，还是 if...else 判断都不能实现，要用到 if...elseif...else 的多重判断。

if...elseif...else 语句的使用方法如下：

```
if(expr)
{
statement
}
elseif(expr)
{
statement
}
...
elseif(expr)
{
statement
}
else
{
statement
}
```

其运行原理是：先进行一次判断，如果值为真，那么就执行语句并跳出，否则就继续进行判断，一直持续到值为真，执行语句并跳出，或者执行完所有的判断结束。

下面通过实例来说明 if...elseif...else 语句的使用。

【例 2.22】

```
<html>
<head>
<title>if...elseif...else 语句示例</title>
</head>
<body>
<?php
$score=80;
if ($score>90)                        //如果分数高于 90
echo "优！";
elseif($score>70)                     //分数在 70～90 之间
echo "良！";
elseif($score>60)                     //分数在 60～70 之间
echo "中！";
else
echo "差！";
?>
</body>
</html>
```

实例中定义变量 score 的值为 80，故判断语句中判断到$score>70 便执行输出语句并跳出判断，执行结果如图 2.21 所示。

图 2.21　if...elseif...else 语句示例

（2）switch...case 语句。

多重判断除了上面介绍的 if...elseif...else 语句外，还有一种就是 switch...case 语句。相对于 if 多重判断语句，switch...case 更加简单明了。switch...case 语句的使用方法如下：

```
switch(expr){
    case (expr1):
        statement1;
        break;
    case (expr2):
        statement2;
        break;
    ...
    default:
        statementN;
        break;
}
```

其中，expr 通常是变量名称，case 后的 exprN 通常是变量的值，statementN 为符合该值时执行的语句，default 为除了以上判断情况之外的情况，最后使用 break 跳出过程。

下面通过实例来实际使用 switch...case 语句。

【例 2.23】

```
<html>
<head>
<title>switch...case 语句示例</title>
</head>
<body>
<?php
switch(date("D")){                    //当前星期作为判断条件
    case"mon":                        //星期一的情况
        echo"星期一";
    break;
    case"tue":                        //星期二的情况
        echo"星期二";
    break;
    case"web":                        //星期三的情况
        echo"星期三";
    break;
    case"thu":                        //星期四的情况
        echo"星期四";
```

```
        break;
    case"fri":                        //星期五的情况
        echo"星期五";
        break;
    default:                          //除以上之外的其他情况
        echo"周末";
        break;
    }
?>
</body>
</html>
```

在 PHP 运行环境下执行，就会返回中文的星期。运行结果如图 2.22 所示。

图 2.22 switch...case 语句示例图示

该例如果用 if 语句来实现就会比较复杂。从该例也能够看出 if 判断与 switch...case 的不同。在使用 switch...case 语句时，要把出现几率大的情况放到最前边，这样可以提高程序执行效率。因为在进行完一次判断后，如果符合条件，执行完相关语句就跳出整个过程。如果把出现几率大的情况放到最后，就得执行完所有判断，这样效率就低得多。

2. 循环语句

前面介绍了 PHP 流程控制中的判断，下面介绍循环。循环也是很重要的一类流程控制，通过循环执行某些特定语句要比多次执行效率高。PHP 中的循环可分为 while 循环、do...while 循环和 for 循环三大类。

（1）单纯的 while 循环。

在循环控制中，有一种最简单的循环模式，即先判断条件是否符合特定要求，如果符合就执行特定操作，然后再判断，直到条件不符合则退出循环。但如果一开始条件就不符合要求，则一次也不执行，直接跳出循环。这种循环模式在 PHP 中的表现就是 while 循环。while 循环的使用模式如下：

```
while(expr)
{
statement
}
```

其中的 expr 为特定的条件，statement 为执行的操作。下面通过一个简单的实例来说明 while 循环的使用方法。

【例 2.24】

```
<head>
```

```
<title>单纯的 while 循环示例</title>
</head>
<body>
<?php
$i=1;                                    //初始化变量
while($i<10)                             //判断变量是否小于 10
{
echo "第".$i."次循环";                   //执行操作 1
echo "<br>";                             //执行操作 2
$i++;                                    //变量增加
}
?>
</body>
</html>
```

上面代码的运行过程为：程序先初始化一个变量$i=1，然后判断变量是否小于 10，如果小于 10，就执行大括号内的操作。当然，现在的变量的值小于 10，于是就打印出"第 1 次循环"，并自增 1，变量值变为 2。依此类推，当循环执行到第 10 次时，变量值为 10，不再符合条件，于是跳出循环，结束整个过程。执行结果如图 2.23 所示。

图 2.23　while 循环运行示例

注意

在使用 while 循环时，必须在 while 执行体中使判断条件的对象有所改变。如果没有变化，就成为死循环，一直执行。如例 2.26 中如果不让变量自增，则变量的值永远等于 1，循环就会无休止地执行下去，直到耗尽系统资源。

（2）break 跳出循环。

在使用 while 循环时，有时并不需要执行到满足 while 要求的条件。在循环执行过程中就可以对执行情况进行判断，如果满足某一条件就使用 break 跳出循环。其实现过程如下：

```
while(expr)
{
statement
if(expr)
{
break;
```

```
    }
    }
```

break 的作用就是跳出当前循环，下面将例 2.23 中的代码进行修改来说明 break 的使用。

【例 2.25】

```
<head>
<title>break 跳出循环示例</title>
</head>
<body>
<?php
$i=1;                              //初始化变量
while($i<10)                       //判断变量是否小于 10
{
echo "第".$i."次循环";            //执行操作 1
echo "<br>";                       //执行操作 2
$i++;                              //变量增加 1
if($i==5)                          //判断变量情况
break;                             //满足条件就跳出循环
}
?>
</body>
</html>
```

在该例中，当变量$i 为 5 时，就不再返回继续循环，而是跳出循环结束。执行结果如图 2.24 所示。

图 2.24 break 跳出循环示例

可以发现，与例 2.23 相比，例 2.25 少执行了几次。如果没有语句 if($i==5) break;，程序会一直执行到$i<10，即当$i = 9 时依然是满足条件的。使用 if($i==5) brcak; 后，循环在$i = 5 时跳出，不再执行，所以看不到第 5、6、7、8、9 次循环。该例说明了 break 是如何起作用的。

另外，break 除了可以运用到 while 循环中之外，还能运用到 for 循环以及前面提到的 switch...case 多重判断中，作用都是跳出当前运行的过程。

（3）continue 语句。

在循环结构中，continue 用来跳过本次循环中剩余的代码，并在条件求值为真时，无条件执行下一次循环。

下面通过一个实例来说明 continue 的工作原理（仍然采用前几例的代码，只是做少许

改动，这样能更明白地认识 continue 语句是如何起作用的）。

【例 2.26】

```
<head>
<title>continue 语句示例</title>
</head>
<body>
<?php
$i=0;                                      //初始化变量
while($i<10)                               //判断变量是否小于 10
{
$i++;                                      //变量自增
if($i==5)                                  //判断变量是否为 5
    {
    continue;                              //如果满足条件就跳出本次循环
    }
echo "第".$i."次循环";                       //执行操作 1
echo "<br>";                               //执行操作 2
}
?>
</body>
</html>
```

在 PHP 环境下运行代码，执行结果如图 2.25 所示。

图 2.25　continue 语句示例

从图 2.25 中可以发现，语句的第 5 次循环并没有执行输出语句操作 1 和操作 2，执行结果为输出循环变量不为 5 的内容。

与 break 一样，continue 同样可以用在 while、for、switch 语句中，其作用原理也是一样的。另外，在使用 continue 时还要注意一点，即 continue 后面的 "；" 是不能省略的，如果省略会导致不希望的结果出现。

通过例 2.25 和例 2.26 可以发现 break 和 continue 语句的不同。简单地讲，break 跳出循环后，后面的循环也不再进行，即循环彻底结束，而 continue 语句则只是跳出了一次循环，条件后面的循环继续进行直至循环结束。

（4）do...while 循环。

下面介绍一下 do...while 循环。do...while 循环与单纯的 while 循环不同，单纯的 while

循环是先判断条件是否为真，如果为真则执行，否则就不执行。也就是说，while 循环有可能一次也不执行（初始条件是非真的情况）。而 do...while 循环则与此不同，它是先执行一次循环，然后再判断条件是否为真，如果为真继续执行，否则就跳出循环。其执行模式如下：

```
do
{
statement
}while(expr);
```

下面通过一个实例来说明 do...while 是如何起作用的（还是使用前面的代码，只是做了少许改动，这样可以更清楚地了解它们之间的异同）。

【例 2.27】

```
<head>
<title>do...while 语句示例</title>
</head>
<body>
<?php
$i=1;
do
{
    echo "第".$i."次循环";          //执行操作 1
    echo "<br>";                   //执行操作 2
    $i++;                          //变量自增
}
while($i<10)                       //判断变量是否小于 10
?>
</body>
</html>
```

执行结果如图 2.26 所示。

运行结果和例 2.24 运行结果一样。如果将代码中的 while($i<10)改为 while($i<1)，可以分析一下，如果是在例 2.24 中，那么循环不会执行，没有任何输出结果，而在例 2.27 中运行结果如图 2.27 所示。

图 2.26　do...while 语句示例   图 2.27　修改条件后执行结果

（5）for 循环。

和 C 语言类似，for 循环是 PHP 中最复杂的循环结构，for 循环的执行模式如下：

```
for(expr1;expr2;expr3)
{
statement
}
```

表达式中，expr1 在循环开始前无条件地求值 1 次；expr2 在每次循环开始前求值，如果值为 TRUE，则继续循环，执行 statement 语句，如果值为 FALSE，则终止循环，expr3 在每次循环结束后被执行。

每个表达式都可以为空。如果 expr2 为空，循环无限执行，当然任何使用者都不想出现这种结果，这时可以在循环体中加入 break 语句。当某个条件为真时，就执行 break 语句来跳出 for 循环。

下面通过实例来实现 for 循环。

【例 2.28】

```
<head>
<title>for 语句示例</title>
</head>
<body>
<?php
for($i=1;$i<10;$i++)
{
    echo "第".$i."次循环";              //执行操作 1
    echo "<br>";                       //执行操作 2
}
?>
</body>
</html>
```

在 PHP 环境中运行，执行结果与图 2.23 一样（除了 HTML 显示的标题）。

3. 流程控制的替换语法

PHP 提供了一些流程控制的替代语法，包括 if、while、for、foreach 和 switch。替代语法的基本形式是把左花括号"{"换成冒号":"，把右花括号"}"分别换成 endif;、endwhile;、endfor;、endforeach; 以及 endswitch;。例如：

```
<?php if ($a == 5): ?>
A is equal to 5
<?php endif; ?>
```

在上面的代码中，HTML 内容 A is equal to 5 用替代语法嵌套在 if 语句中。该 HTML 内容仅在 $a = 5$ 时显示。

替代语法同样可以用在 else 和 elseif 中。下面是一个包括 elseif 和 else 的 if 结构用替代语法格式书写的实例。

【例 2.29】

```php
<?php
if ($a == 5):
    print "a equals 5";
    print "...";
elseif ($a == 6):
    print "a equals 6";
    print "!!!";
else:
    print "a is neither 5 nor 6";
endif;
?>
```

4. 流程控制综合运用实例

下面通过一个实例，把判断与循环两种方法结合起来。通过该实例，巩固本章所学的内容。

例 2.30 实现的功能是根据二维数组的内容，以表格的形式分类打印出数组的全部内容，并以不同的背景颜色显示大类别及小类别。

【例 2.30】

```php
<html>
<head>
<title>流程控制综合运用实例</title>
<head>
<body>
<?php
//首先定义一个数组——图书类型数组
$type[0][0]="学生用书";            //第 1 个大类别
$type[0][1]="学生教材";            //第 1 大类中的第 1 小类
$type[0][2]="教辅用书";
$type[0][3]="课外读物";
$type[0][4]="考试题集";
$type[1][0]="名著";                //第 2 个大类别
$type[1][1]="中国古典";            //第 2 大类中的第 1 小类
$type[1][2]="世界名著";
$type[1][3]="英文原著";
$type[2][0]="考试用书";            //第 3 个大类别
$type[2][1]="公务员";              //第 3 大类中的第 1 小类
$type[2][2]="会计师";
$type[2][3]="医药师";
$type[3][0]="儿童读物";            //第 4 个大类别
$type[3][1]="看图识字";            //第 4 大类中的第 1 小类
$type[3][2]="动漫人物";
$type[4][0]="武侠小说";            //第 5 个大类别
$type[4][1]="金庸小说";            //第 5 大类中的第 1 小类
$type[4][2]="古龙小说";
$type[4][3]="玄幻小说";
```

```
echo "<table border=\"1\">";                              //打印表格头
for($i=0;$i<count($type);$i++)                            //外层循环
{
$s=0;                                                     //定义循环标识变量
for($j=0;$j<count($type[$i]);$j++)                        //内层循环
{
    if($s%2==0) echo "<tr>";                              //如果标识为偶数新起一行
$s++;                                                     //标识自增
if($j==0)                                                 //判断是否为大类别
echo "<td colspan=2 bgcolor=\"#cccc00\">";                //打印大类别的表格
else echo "<td bgcolor=\"#ccccff\">";                     //打印小类别的表格
echo $type[$i][$j];                                       //输出数据
echo "</td>";                                             //表格结束
if($j==0)                                                 //判断是否为大类别
{
$s++;                                                     //如果为大类别则标识再次自增
}
if($s%2==0) echo "</tr>";                                 //如果大类别一格或小类别两格则表格行结束
if($s==(count($type[$i])+1) && count($type[$i])%2==0)     //判断小类别项为奇数的情况
echo "<td bgcolor=\"#ccccff\"> </td></tr>";          //在后面添加空表格
}
}?>
</body>
</html>
```

该例中的流程控制比较复杂，要考虑多种情况，如大类别只占一格的情况、小类别占两格的情况、小类别结尾不足两格的情况等。该例运用了本章学习的判断、循环知识，同时也使读者了解到，在使用 PHP 编程时如何使用流程控制来处理复杂的问题。其运行结果如图 2.28 所示。

图 2.28　流程控制综合运用实例

练习

1. 运算符如何分类？

2. 列举判断语句的分类。

3. 列举几种 while 循环。

4. 下面的代码循环了几次？

```php
<?php
$i=1;
do
{
    echo "第".$i."次循环";          //执行操作 1
    echo "<br>";                    //执行操作 2
    $i++;                           //变量自增
}
while($i<10)                        //判断变量是否小于 10
?>
```

项目 3
PHP 中函数的学习

知识点、技能点

- ➤ PHP 中的函数及用法
- ➤ PHP 中内部函数
- ➤ PHP 中加载外部函数
- ➤ PHP 中自定义函数
- ➤ PHP 中的常用函数

学习要求

- ➤ 掌握 PHP 中的函数及用法
- ➤ 了解 PHP 中内部函数和加载外部函数
- ➤ 掌握自定义函数用法
- ➤ 掌握 PHP 中的几种常用函数

教学基础要求

- ➤ 掌握 PHP 中的函数及用法
- ➤ 掌握自定义函数用法
- ➤ 了解 PHP 中的几种常用函数

任务 1　初步认识 PHP 中的函数

任务描述

函数是 PHP 最重要的组成部分。如果说前面介绍的变量、表达式、流程控制是 PHP 的基础，那么可以说函数就是 PHP 的主体。什么是函数呢？简单地说，函数就是为了完成特定功能而作为一个整体存在的代码块。PHP 中有大量的库函数，同时也允许用户自定义函数。下面就带领读者来认识一下函数。本任务内容包括什么是函数、函数的参数、函数的返回值、PHP 内部函数的使用、PHP 加载外部函数、自定义函数等。

知识汇总

3.1.1　什么是函数

简单地说，函数是为了完成特定功能，而作为一个整体存在的代码块。例如，求绝对值函数 abs()完成的功能是求一个数的绝对值，而且它也是独立存在的，并不受其他变量或函数的影响。函数采用以下方法来定义。

```
function f_name($arg)
{
expr;
return $retval;
}
```

以上代码中，f_name 为函数名，以名字来区别于其他函数。$arg 为函数的参数，是在函数执行中要传递的值，在函数名后面的圆括号里。例如，如果要求-3 的绝对值，就要用参数来传递-3，如 abs(-3)。expr 为函数执行的语句。$retval 为函数的返回值，指完成函数后返回到主程序中的值，但不是每个函数都有。如 abs(-3)的返回值为-3 的绝对值 3。其中函数名的命名规则与 PHP 中的变量命名规则相同。有效的函数名以字母或下划线开始，后面跟字母、数字或下划线。

在 PHP 3 中，一个函数在调用之前必须已经被初始化。如果调用一个未被定义的函数，将会导致错误。从 PHP 4 开始，就不再有这种限制，这意味着可以先调用一个并未被定义的函数，然后再去定义函数。但是如果函数的定义是有条件的，那么在这有条件的定义发生前，是不能被调用的。

1. 有条件的定义

下面以一个实例来说明有条件的定义。

【例 3.1】

```
<?php
$makefoo=true;
```

```
//不能在这里调用函数 foo()，因为它现在并不存在，但是可以调用函数 bar
bar();                                          //调用函数 bar()
if($makefoo)                                     //定义函数的条件
{
function foo()                                   //定义函数 foo()
{
echo "I don't exist until program execution reaches me.\n";    //输出字符串
}
}
//现在可以调用函数 foo()了，因为它已经被定义
if ($makefoo) foo();                             //调用函数 foo()
function bar()                                    //无条件定义函数 bar()
{
echo "I exist immediately upon program start.\n";
}
?>
```

运行结果如图 3.1 所示。

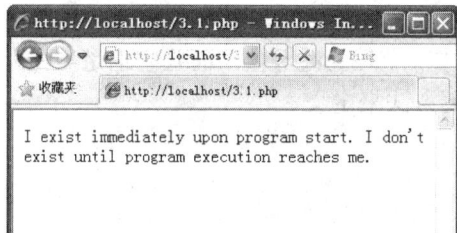

图 3.1 定义函数图示

以上为第 1 种情况，虽然定义函数的条件为真，但是在有条件的定义前，函数是不能被调用的。即如果某条件为真，则再去考虑是否去做某件事；如果条件不存在，就不考虑去做这件事，更不用说怎么去做了。

这里举一个形象的例子。例如，一个家长叫小孩去买东西，小孩如何去买东西可以看作是一个函数。但是小孩也给家长提了条件，如果给 1 元辛苦费才去买。即只有满足了给 1 元钱的条件，才去执行买东西这个函数，也才去考虑怎么去买。如果条件根本不存在，那么函数就相当于没有定义，当然也不会执行了。

2. 函数的嵌套定义

第 2 种情况是在某一函数体中定义另一个函数。只有当外层函数被调用时，内层函数才会被正确定义。所以也只有在调用外层函数后，才能调用内层函数。下面举例说明。

【例 3.2】

```
<?php
function foo()
{
function bar()
{
echo "I don't exist until foo() is called.\n";
```

```
}
}
//现在不能调用函数 bar()，因为它还未被定义
foo();
//现在可以调用函数 bar()，因为随着函数 foo()的调用，函数 bar 也被正确定义了
bar();
?>
```

这种情况也很容易理解，与第 1 种情况存在某些相似之处。只是把定义函数的条件转化为了某一函数的执行。

如果不把上面例子中"家长给钱"看成一个条件，而是一个函数，就变成了第 2 种函数的嵌套定义了。即家长给钱的函数执行了，那么孩子去买东西这个函数就会被定义，然后就可以调用函数，如怎么去买东西了。

另外，在使用函数时还有一点需要注意。与变量不同，函数名是大小写不敏感的。如定义的函数为 bar()，实际使用时完全可以通过 Bar()来调用它。但通常情况下，为了避免混淆，调用时还是使用定义时的名字。

3.1.2　函数的参数

在 3.1.1 节介绍函数的定义时，提到了函数的参数。定义代码中的$arg 就是一个参数。PHP 中的函数按有无参数可分为有参数函数和无参数函数两种。函数参数只存在于有参数的函数之中，是指函数名称后圆括号内的常量值、变量、表达式或函数。当定义函数时，这时的参数因为无实际值，所以称为形式参数，形式参数不能是常量值。当调用该函数时，这时的参数有实际的值，称为实际参数。形式参数的类型说明在函数名后的括号之内。

下面通过一个简单的实例来说明函数参数的使用。

【例 3.3】

```
<html>
<head>
<title>函数参数的使用实例</title>
</head>
<body>
<?php
function B_I_text($text)                      //定义有参数函数
{
echo "<b><i>".$text."</i></b>";               //打印字符并加入粗体、斜体效果
}
$string="PHP 编程是一件很有趣的事情";        //定义变量
echo $string;                                 //打印变量
echo "<br>";
B_I_text($string);                            //用实际参数调用函数
?>
</body>
</html>
```

运行结果如图 3.2 所示。

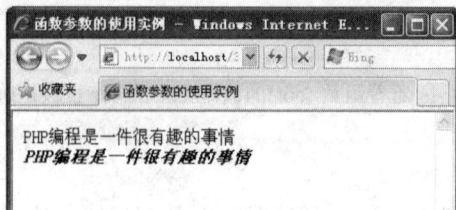

图 3.2　函数参数的使用实例

例 3.3 中，先定义了有形式参数的函数，然后定义变量。先显示变量，再通过实际参数调用函数。从这个例子中，读者可以了解到函数的参数是如何传递值到函数体的。在使用函数参数时还应该注意一个问题，函数的参数是有类型限制的，即某一函数的参数可能只对应某一种类型。如果参数的类型与函数要求的类型不一致，就会发生错误，可能会返回用户不希望的结果。如函数 abs() 的作用是计算一个数的绝对值，所以它的参数只能为整型或者浮点型数。如果用字符或者数组作为函数的参数，则一定会出现用户不希望的结果。另外，有的函数有默认值参数，这时的参数就变成了可选参数，即调用该函数时可以不加有默认值的参数，函数将用默认值来替换该参数。下面举一个例子来说明。

【例 3.4】

```php
<html>
<head>
<title>函数有默认值参数的使用实例</title>
</head>
<body>
<?php
function B_I_text($text,$color="#000000")      //定义有参数函数，其中$color 参数有默认值
{
echo "<font color=".$color.">";                //使用颜色参数
echo "<b><i>".$text."</i></b>";                //打印字符并加入粗体、斜体效果
echo "</font>";
}
$string="PHP 编程是一件很简单的事情";         //定义变量
echo $string;                                  //打印变量
echo "<br>";
B_I_text($string);                             //调用函数，无$color 参数
Echo "<p>";
B_i_text($string,"red");                        //调用函数，加入$color 参数
?>
</body>
</html>
```

运行结果如图 3.3 所示。

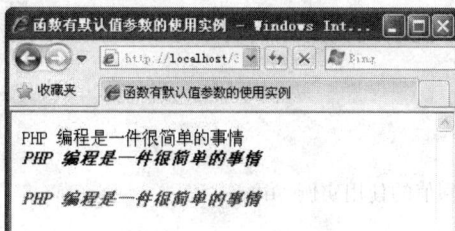

图 3.3　函数有默认值参数的使用实例

例 3.4 先定义了一个有两个参数的函数，其中$color 参数有默认值。即当调用函数时，如果不加可选参数$color，将使用默认值#000000，即用黑色打印字体。所以第 1 次调用该函数时没有使用$color，打印出的字体是黑色的。第 2 次调用时使用了 red 作为$color 参数，则打印出的字体就是红色的。

3.1.3　函数的返回值

函数定义代码中的$retval 为函数的返回值。函数通过 return 来返回值。函数的返回值可以是数值、字符等变量。下面通过一个实例来说明函数的返回值是如何使用的。

【例 3.5】

```
<html>
<head>
<title>函数返回值的使用实例</title>
</head>
<body>
<?php
function cube($num)                //定义有参数函数
{
return $num*$num*$num;             //将参数连乘 3 次的值作为返回值
}
$i=2;
echo $i."的三次方为：".cube($i);    //有实际参数调用函数
?>
</body>
</html>
```

保存以上代码，运行结果如图 3.4 所示。

图 3.4　函数返回值的使用实例

另外，函数不能有多个返回值，但是为了返回多个值，可以将数组作为一个函数的返回值。下面通过一个实例来说明函数是如何将一个数组作为其返回值的。

【例 3.6】

```
<html>
<head>
<title>函数将数组作为返回值的使用实例</title>
</head>
<body>
<?php
function E_num($num1,$num2)              //定义函数有两个参数
{
if($num1>$num2)                          //如果前面数大两者互换
{
$temp=$num1;
$num1=$num2;
$num2=$temp;
}
for($i=$num1;$i<$num2;$i++)              //循环比较两数之间的值
{
if($i%2==0)                             //选出其中的偶数
{
$t[$j]=$i;                               //把结果赋值给数组元素
$j++;
}
}
return $t;                               //把数组$t 作为函数返回值
}
$a=3;                                    //定义变量
$b=20;
$c=E_num($a,$b);                         //调用函数
echo $a."到".$b."之间的偶数为：";
for($i=0;$i<count($c);$i++)              //遍历数组
{
echo $c[$i];                             //显示结果
echo "<br>";
}
?>
</body>
</html>
```

上面代码定义了一个函数 E_num($num1,$num2)，其作用是求出两个数之间所有的偶数。因为两数之间的偶数可能有多个，所以要返回多个数值。这就要在函数中把这些数值定义到数组中，然后把数组当作函数的返回值返回。当然函数的返回值也可能是字符串等，这里就不再一一举例演示了。

3.1.4 PHP 内部函数

PHP 为用户提供了丰富的库函数，即内部函数，能否熟练地使用 PHP 的内部函数，是

衡量一个 PHP 程序员合格与否的标准。那么如何使用 PHP 的内部函数呢？由于内部函数是集成在 PHP 解释器中的，所以无须定义，可以直接使用。使用时注意函数的参数类型、调用方法、返回值及格式即可。相对于用户自定义函数来说，PHP 的内部函数使用更简单。一是因为不用定义；二是不用担心函数体本身会出错。如果在使用库函数时返回了不希望出现的结果，那么不要怀疑是系统函数有问题。因为这些函数都是经过反复实践证明的，是绝对正确的。下面就通过实例来说明在 PHP 中如何使用库函数。

【例 3.7】

```
<html>
<head>
<title>PHP 库函数的使用实例 2</title>
</head>
<body>
<?php
$a[0]=1;
$a[1]=3;
$a[2]=2;
$a[3]=1;
$a[4]=2;
$a[5]=1;
$a[6]=4;
$a[7]=3;
print_r(array_count_values ($a));
?>
</body>
</html>
```

运行结果如图 3.5 所示。

图 3.5 库函数的使用实例

这是一个调用数组函数的实例，可以看出，PHP 的库函数有的需要参数，有的不需要参数，有的需要多个参数。所以在使用函数前，了解该函数的使用方法是很有必要的。

3.1.5 PHP 加载外部函数

PHP 有很多库函数，还有一些函数需要和特定的 PHP 扩展模块一起编译，否则在使用它们时就会得到一个致命的"未定义函数"错误。例如，要使用图像函数 imagecreatetruecolor()，就需要在编译 PHP 时加上对 GD 库的支持。具体做法就是修改 php.ini 文件。找到代码行：

;extension=php_gd.dll

把行首的";"去掉,这样 PHP 解释器在启动时就会加载 GD 库函数,然后就可以像使用内部库函数一样使用 GD 库函数了。

对其他外部函数的使用也是如此,要使用相应的函数,就要先加载相应的模块。有很多核心函数已包含在每个版本的 PHP 中,如字符串和变量函数等。调用 Phpinfo()函数,可以了解 PHP 加载了哪些扩展库。同时还应该注意,很多扩展库默认就是有效的。

下面通过一个实例,来说明如何加载并使用外部函数。因为要使用 GD 库函数,所以第 1 步要修改 php.ini 文件,去掉";extension=php_gd.dll"行首的";"。另外,在该例中要用到 wingdings.ttf 字体,所以要把 wingdings.ttf 字体文件复制到 PHP 文件的同一个目录下。该实例要实现的功能是创建一个图像文件,并在图像上画出一些图形,具体如下。

【例 3.8】

```php
<?php
Header("Content-type: image/png");                        //输出一个 PNG 图像文件
$im=imagecreate(440,100);                                 //初始化图形区域
$black=imagecolorallocate($im, 0,0,0);                    //定义黑色
$white= imagecolorallocate($im, 255,255,255);            //定义白色
$yellow= imagecolorallocate($im,255,255,0);              //定义黄色
$blue = imagecolorallocate($im,0,0,255);                 //定义蓝色
$red= imagecolorallocate ($im,255,0,0);                  //定义红色
$zi= imagecolorallocate($im,255,0,255);                  //定义紫色
$color=$blue;                                             //定义$color 变量为蓝色
$font="wingdings.ttf";                                    //定义字体文件
imagefilledrectangle($im, 5, 5, 435, 95, $color);        //用蓝色画一个矩形
imagestring($im,5,7,10,"I:send",$white);                 //用白色写字符
for($i=0;$i<5;$i++)                                       //用循环画字符
{
imagettftext($im,40,0,90+$i*50,57,$yellow,$font,"Z");    //将文字写入图像
}
imagestring($im,5,270,60,"to:YOU As a gift",$white);     //用白色写字符
imagestring($im,5,305,80,date(Y).".".date(m).".".date(d),$white);   //写出当前日期
imagepng($im);                                            //创建图形
imagedestroy($im);                                        //关闭图形
?>
```

大家可以自己在 PHP 环境中运行,看一下效果。

3.1.6 自定义函数

在实际进行 PHP 编程时,由于要面对的情况可能十分复杂,仅仅依靠 PHP 内置的库函数有时不能达到用户的目的。这时就要用户自己构造函数来解决实际问题。PHP 允许用户使用自定义函数。那么,自定义函数应该如何使用?本节就来解决如何使用自定义函数及函数的动态调用、函数的递归等问题。

1．如何自定义函数

在 PHP 中，自定义函数是一件很简单的事情，只需使用以下语法格式就可以完成对函数的自定义：

```
function functionname()
{
statement;
return $retval;
}
```

从以上代码可见，要自定义函数，就是使用 function 语句，后面跟函数名加"()"。如果函数需要参数，就把参数加在括号内。函数体部分用"{}"包括起来，以使之与其他语句分开，其中包括所要执行的内容、返回值等。

下面通过一个实例来说明，如何完成函数的自定义。

【例 3.9】

```
<html>
<head>
<title>函数的自定义实例</title>
</head>
<body>
<?php
function my_f($num1,$num2)              //定义函数求两个数的最小公倍数
{
if($num1>$num2)                        //如果前面数大两者互换
{
$temp=$num1;
$num1=$num2;
$num2=$temp;
}
$s=$num2;                              //定义变量备用
$i=1;                                  //定义变量备用
while($s%$num1!=0)                     //是否满足最小公倍数
{
$s=$num2*$i;                           //大数翻倍
$i++;
}
return $s;                             //返回结果
}
echo my_f(1,3);                        //输出 1 与 3 的最小公倍数
echo "<p>";
echo my_f(6,8);                        //输出 6 与 8 的最小公倍数
echo "<p>";
echo my_f(13,29);                      //输出 13 与 29 的最小公倍数
echo "<p>";
echo my_f(5,100);                      //输出 5 与 100 的最小公倍数
echo "<p>";
echo my_f(35,3);                       //输出 35 与 3 的最小公倍数
```

```
echo "<p>";
?>
</body>
</html>
```

运行结果如图 3.6 所示。

图 3.6 函数自定义实例

可以看到，在代码的第 7 行就是自定义的函数，函数作用为求两个数的最小公倍数。

2. 使用自定义函数

自定义函数在完成定义后，就可以使用了。使用的方法也非常简单，就像使用 PHP 库函数一样。代码如下：

```
function functionname();
```

函数名后面加上括号，里面带上适当的参数即可。

例 3.9 中在输出结果时 echo my_f()中的 my_f()就是调用的代码第 7 行中自定义的函数。

3. 函数的动态调用

由于 PHP 支持可变化的函数概念，所以如果在一个变量的名称后面加上一对圆括号"()"，那么 PHP 将去寻找与这个变量名字相同的函数。无论这个变量的数值是什么，函数都会被执行。这个过程就实现了函数的动态调用。

为了形象地说明函数的动态调用问题，下面通过实例来介绍。

【例 3.10】

```
<html>
<head>
<title>函数的动态调用实例</title>
</head>
<body>
<?php
function my_f_1($text)                     //定义函数 1
{
echo "<font size=5pt>";                    //以 20 号字体输出文字
echo $text;
```

```
echo "</font>";
}
function my_f_2($text)                    //定义函数 2
{
echo "<font size=5pt>";                   //以 20 号字体输出文字
echo "<u>";                               //给文字加上下划线效果
echo $text;
echo "</u>";
echo "</font>";
}
$test="my_f_1";
$test("I LIKE PHP!");                      //动态调用 my_f_1()
echo "<p>";
$test="my_f_2";
$test("用 PHP 编程，其实很简单！");          //动态调用 my_f_2()
?>
</body>
</html>
```

运行结果如图 3.7 所示。

图 3.7　函数的动态调用实例

以上代码先定义了两个函数，然后把函数名称赋值为变量。变量名后加上括号，PHP
就会去寻找同名的函数，找到后则运行，从而实现了函数的动态调用。

4. 函数的递归

下面介绍 PHP 函数的递归。那么什么是递归呢？其实递归就像大家熟悉的一个歌谣那
样：从前有座山，山里有座庙，庙里有个老和尚和一个小和尚。老和尚给小和尚讲故事，
故事里说从前有座山，山里有座庙……就像这样无限循环。回过头来继续说递归，递归简
单地说就是函数自身调用自身。

有时通过函数的递归来处理问题是十分有效的。如求斐波纳契数列第 N 项的值，如果
采用传统方法效率很低。但如果使用函数的递归，解决起来就会容易得多。

下面就通过实例来说明函数的递归问题。在列出具体代码前，先来了解一下斐波纳契
数列的特点。斐波纳契数列即"兔子生兔子的问题"：有一个人把一对兔子放在封闭的地
方。假定每个月一对兔子生下另外一对，而这新生的一对在两个月后生下另外一对，这样
一年后会有多少对兔子？这里对该数列做一改动，设第一项与第二项为 1，于是形成这样
一组数列：1，1，2，3，5，8，13，21，34，55，89，144……即某一项为它前面两项之和。

在了解了数列的特点后，下面就通过使用函数的递归来解决这一问题。

【例 3.11】

```
<html>
<head>
<title>函数的递归实例</title>
</head>
<body>
<?php
function Fibanacci($num)                        //定义 Fibanacci 函数
{
if($num==1|| $num==2)                           //如果为第 1 项和第 2 项
return 1;                                       //返回值为 1
else                                            //除 1、2 外的其他项
{
return Fibanacci($num-1)+Fibanacci($num-2);     //递归调用前两项之和
}
}
echo "斐波纳契数列的第 1 项为：";
echo Fibanacci(1);
echo "<p>";
echo "斐波纳契数列的第 12 项为：";
echo Fibanacci(12);
echo "<p>";
echo "斐波纳契数列的第 7 项为：";
echo Fibanacci(7);
echo "<p>";
echo "斐波纳契数列的第 20 项为：";
echo Fibanacci(20);
?>
</body>
</html>
```

运行结果如图 3.8 所示。

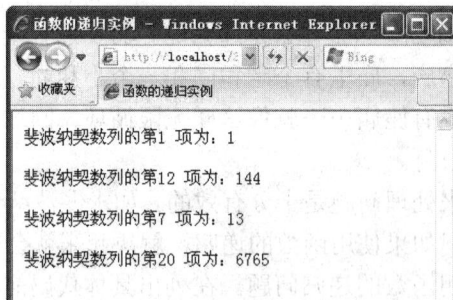

图 3.8　函数递归实例

以上代码中，当参数为 1 或 2 的情况很容易理解，直接返回 1 即可。除此以外的情况直接返回和数组定义完全相同的公式：某一项为其前两项之和，从而实现了函数的递归。可以看出，使用函数的递归解决此类问题相对于用迭代法来说是简单的、有效的。

另外，在使用函数递归时要注意以下两个问题：

- ☑ 在递归中要有使递归终止的代码，不能使递归陷入无限循环之中。
- ☑ 要避免递归函数调用超过 100～200 层的范围，因为可能会破坏堆栈从而使当前脚本终止。

练习

1．简述函数的定义方法。
2．定义函数时包括几个部分？
3．简述自定义函数的方法。

任务 2　了解 PHP 中的常用函数

任务描述

熟悉各种类型的函数，以方便以后的调用，包括数组函数、字符串处理函数、时间日期函数、数学函数、图像处理函数、文件系统函数、知识汇总等。

知识汇总

3.2.1　数组函数

数组是编程中的重要元素，在 PHP 中也不例外。在 PHP 语法部分已经介绍了数组的定义和使用，对数组有了一定了解。PHP 中还为用户提供了一系列用来操作数组的函数，这些函数为标准函数，可以直接使用。表 3.1 列出了 PHP 5.1.6 提供的常用数组函数。

表 3.1　PHP 5 中常用数组函数

函　数　名	功　　能
array_change_key_case	返回字符串键名全为小写或大写的数组
array_chunk	将一个数组分割成多个
array_combine	创建一个数组，用一个数组的值作为其键名，另一个数组的值作为其值
array_count_values	统计数组中所有的值出现的次数
array_fill	用给定的值填充数组
array_flip	交换数组中的键和值
array_keys	返回数组中所有的键名
array_map	将回调函数作用到给定数组的单元上
array_merge_recursive	递归地合并一个或多个数组
array_merge	合并一个或多个数组
array_multisort	对多个数组或多维数组进行排序
array_pad	用值将数组填补到指定长度
array_pop	将数组最后一个单元弹出（出栈）
array_product	计算数组中所有值的乘积

函 数 名	功 能
array_push	将一个或多个单元压入数组的末尾（入栈）
array_rand	从数组中随机取出一个或多个单元
array_reverse	返回一个单元顺序相反的数组
array_shift	将数组开头的单元移出数组
array_slice	从数组中取出一段
array_splice	把数组中的一部分去掉并用其他值取代
array_sum	计算数组中所有值的和
array_unique	移除数组中重复的值
array_unshift	在数组开头插入一个或多个单元
array_values	返回数组中所有的值
array_walk_recursive	对数组中的每个成员递归地应用用户函数
array_walk	对数组中的每个成员应用用户函数
array	新建一个数组
arsort	对数组进行逆向排序并保持索引关系
asort	对数组进行排序并保持索引关系
compact	建立一个数组，包括变量名和它们的值
count	计算数组中的单元数目或对象中的属性个数
current	返回数组中的当前单元
each	返回数组中当前的键/值对并将数组指针向前移动一步
end	将数组的内部指针指向最后一个单元
extract	从数组中将变量导入到当前的符号表
in_array	检查数组中是否存在某个值
key	从关联数组中取得键名
krsort	对数组按照键名逆向排序
ksort	对数组按照键名排序
list	把数组中的值赋给一些变量
natcasesort	用自然排序算法对数组进行不区分大小写字母的排序
natsort	用自然排序算法对数组排序
next	将数组中的内部指针向前移动一位
prev	将数组中的内部指针倒退一位
range	建立一个包含指定范围单元的数组
reset	将数组中的内部指针指向第一个单元
rsort	对数组逆向排序
shuffle	将数组打乱
sizeof	count()的别名
sort	对数组排序
uasort	使用用户自定义的比较函数对数组中的值进行排序并保持索引关联
uksort	使用用户自定义的比较函数对数组中的键名进行排序
usort	使用用户自定义的比较函数对数组中的值进行排序

实际上，PHP 提供的数组操作函数多达 110 多个，表 3-1 中并未列出全部函数，而只列出了其中较为常用的函数。即使是表中列出的函数，这里也不可能一一讲解其使用方法。下面将着重讲解其中最为常用的几个，关于其他函数，读者可以参考 PHP 手册来学习。

说明

有些读者可能会被这密密麻麻的函数吓倒，认为学习 PHP 很难。实际上每一个学习者都不可能把所有的函数都记住。除了少量的极为常用的函数需要记住以外，其他大多数函数都没有必要去死记硬背。一种比较好的学习方法是将所有函数浏览一遍，并大体记住其功能。等到编程中遇到类似问题时，可以通过查找函数手册找到函数的使用方法，然后应用到程序中。实际上很多编程语言的函数库、类库都很庞大，不可能短时间内全部掌握，都有一个逐渐熟悉、积累的过程。

1. array()函数

array()函数用来建立一个新数组，函数的参数可以是混合类型。下面看一个例子。

【例 3.12】

```
<html>
<head>
<title>array 函数的使用</title>
</head>
<body>
<?php
$arr1=array(0,1,2,3,4);
$arr2=array("a"=>0,"b"=>1,"c"=>2,"d"=>3,"e"=>4);
echo "\$arr1[0]=".$arr1[0];
echo "<br>";
echo "\$arr2[\"a\"]=".$arr2["a"];
?>
</body>
</html>
```

运行结果如图 3.9 所示。

图 3.9　array()函数的使用

上述代码中，首先用 array()函数定义了拥有 5 个元素的数组$arr1，并且每个元素分别赋值 0，1，2，3，4。然后定义了同样拥有 5 个元素的数组$arr2，并分别赋值 0，1，2，3，4。两个数组的差别是第一个数组用了默认的数字作为下标，第二个数组用了自定义的字符作为下标。因此，最后输出数组元素时也使用了各自对应的下标。

2. count()函数

count()函数可以用来统计一个数组中元素的个数，在循环遍历一个未知长度的数组时非常有用。下面举例说明。

【例 3.13】

```
<html>
<head>
<title>count 函数的使用</title>
</head>
<body>
<?php
$arr1=array(0,1,2,3,4);
Echo "数组\$arr1 中元素的个数为：".count($arr1);
?>
</body>
</html>
```

程序运行后将输出"数组$arr1 中元素个数为：5"。

3. each()函数

each()函数可以返回一个数组中当前元素的键和值，并将数组指针向前移动一步，常用来在循环中遍历一个数组。下面举例说明。

【例 3.14】

```
<html>
<head>
<title>each 函数的使用</title>
</head>
<body>
<?php
$arr = array("name"=>"Bob","age"=>20,"sex"=>"male", "postcode"= >"100000");
for($i=0;$i<count($arr);$i++){
$keyAndValue=each($arr);
echo $keyAndValue["key"]."=>".$keyAndValue["value"];
echo "<br>";
}
?>
</body>
</html>
```

在上面程序中，首先定义了一个数组$arr，并且为其赋值。值得注意的是，数组下标不是按顺序递增的数字，而是毫无规律的字符串，所以不能直接用一个递增的数字作为下标来输出，循环输出遇到了困难。但是使用 each()函数可以获得该数组的下标以及下标对应的值，因此可以使用循环输出每一个元素的下标和值。函数 each($arr)将$arr 数组中当前元素的下标和值都存放到另外一个数组$keyAndValue 中，然后将数组指针指到下一个元素。

$keyAndValue 数组的下标分别为 key 和 value。这样只需要调用$keyAndValue["key"]和
$keyAndValue["value"]即可获得该元素的下标和值。输出这两个值后本次循环结束，执行下
一次循环，这样又输出了下一个元素的值，依此类推，整个数组都被动态循环输出了。

　　通过例 3.14 大家可以看到 each()函数的妙用，其实在 count()函数的例子中也可以通过
each()来实现，看下面的实例。

【例 3.15】

```
<html>
<head>
<title>each 函数的使用</title>
</head>
<body>
<?php
$arr = array ("name" = >"Bob", "age"=>20, "sex" = >"male", "postcode"=> "100000");
While($kav=each($arr)){
echo $kav["key"]."=>".$kav["value"];
echo "<br>";
}
?>
</body>
</html>
```

　　可以看到，例 3.15 比用 count()函数更加简洁，但实现的效果却是一样的。上面的代码
利用了 each()函数的一个重要性质，就是当数组到达末尾时，each()函数返回 FALSE。通过
前面所学的知识知道，FALSE 是一个布尔值，表示"否"。因此它正好可以作为 while 循环
的结束条件。这样，可以用一个 while 循环来每次读取$arr 数组中的一个元素，不管数组有
多少个元素，当指针到达末尾时，each($arr)返回 FALSE，循环结束，程序执行完成。同样
实现了动态输出未知长度的数组的功能。

　　在这里大家可以看到，有时候实现同一个功能可以选择多种途径。作为程序开发人员，
应该尽量选择更加简洁、高效的途径。

　　4．current()、reset()、end()、next()和 prev()函数

　　之所以要将这 5 个函数并列起来介绍，是因为这 5 个函数的作用相似，都用来操作数
组内部的指针。在 PHP 中，使用一个内部指针来指向一个数组。需要访问数组中的某一元
素时，只需要将指针移动到该元素的位置，即可取出该元素，这大大方便了用户对数组的
操作。下面先详细说明这 5 个函数的作用，然后通过一个实例来验证其使用效果。

　　☑　current()：返回当前内部指针所指的元素的值。当到达数组末尾时返回 FALSE。
　　☑　reset()：将内部指针指向数组的第一个元素并返回其值。数组为空时返回 FALSE。
　　☑　end()：将内部指针指向数组的最后一个元素并返回其值。
　　☑　next()：将数组指针指向当前元素的下一个元素并返回其值。到达末尾时返回
　　　　FALSE。
　　☑　prev()：将数组指针指向当前元素的上一个元素并返回其值。到达顶端时返回
　　　　FALSE。

上面 5 个函数的返回值均为 mixed 类型，根据数组元素值的类型不同而返回不同的类型。在这里要注意 current()和 next()函数的区别。它们虽然都是取出一个元素值，但是 current()函数并不移动指针。也就是说，current()函数返回的是未移动指针之前所指向元素的值，而 next()函数返回的是移动指针之后所指向元素的值。下面来看一个实例。

【例 3.16】

```
<html>
<head>
<title>数组内部指针移动函数的综合应用</title>
</head>
<body>
<?php
$arr=array(1,2,3,4,5,6,7,8,9,10);
echo "调用 current():".current($arr);
echo "<br>";
echo "再次调用 current():".current($arr);
echo "<br>";
echo "调用 next():".next($arr);
echo "<br>";
echo "调用 reset():".reset($arr);
echo "<br>";
echo "调用 end():".end($arr);
echo "<br>";
echo "调用 prev():".prev($arr);
?>
</body>
</Html>
```

运行结果如图 3.10 所示。

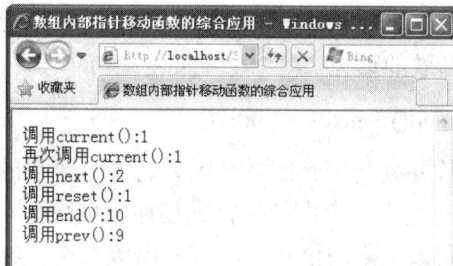

图 3.10　数组内部指针移动函数的综合应用

上面程序中定义了一个数组$arr，并且用 10 个数字对其进行了初始化，然后分别调用上述 5 个函数来观察其运行效果。为了使输出结果直观，在每一次调用之后都输出一个换行。

下面来分析程序的运行流程和对应的输出结果。

（1）数组初始化完成，内部指针指向第一个元素（元素值为 1）。

（2）第一次调用 current()函数，返回当前元素值 1，指针不变。

高等职业教育"十二五"规划教材

（3）再次调用 current()函数，由于内部指针不变，仍然返回 1。

（4）调用 next()函数，内部指针指向下一个元素，并返回其值（返回 2）。

（5）调用 reset()函数，内部指针再次指向第一个元素，返回 1。

（6）调用 end()函数，内部指针指向最后一个元素，并返回其值（返回 10）。

（7）调用 prev()函数，内部指针指向前一个元素，并返回其值（返回 9）。

关于 PHP 的数组函数就介绍到这里。如果对表 3.1 中列出的其他函数感兴趣，可以自行编写程序进行测试。函数的参数、返回值类型等均可以通过查看 PHP 手册获得。

3.2.2 字符串处理函数

在 Web 编程中，字符串是使用最为频繁的数据类型之一。因为 PHP 不是一门强固类型化语言，因此很多数据都可以方便地作为字符串来处理。字符串操作是编程中极为常用的操作，从简单的打印输出一行字符串到复杂的正则表达式等，处理目标都是字符串。PHP 提供了大量实用的函数，可以帮助用户完成许多复杂的字符串处理工作。PHP 提供的常用字符串处理函数及其功能如表 3.2 所示。

表 3.2 PHP 常用的字符串处理函数及其功能

函 数 名	功 能
addcslashes	像 C 语言中一样使用反斜线转义字符串中的字符
addslashes	使用反斜线引用字符串
bin2hex	将二进制数据转换成十六进制表示
chop	去除字符串右侧空格
chr	返回指定的字符
chunk_split	将字符串分割成小块
convert_cyr_string	将字符由一种 Cyrillic 字符转换成另一种
convert_uudecode	对一个未编码字符串进行编码
convert_uuencode	对一个字符串进行解码
count_chars	返回字符串所用字符的信息
crc32	计算一个字符串的 crc32 多项式
echo	输出字符串
explode	使用一个字符串分割另一个字符串
fprintf	将格式化字符串写入流
html_entity_decode	将 HTML 标记转换为特殊字符
htmlspecialchars	将特殊字符转换为 HTML 标记
implode	合并数组元素到一个字符串中
join	implode()函数的别名
ltrim	去除字符串左侧空格
md5_file	用 md5 算法对文件进行加密

续表

函 数 名	功　能
md5	用 md5 算法对字符串进行加密
nl2br	将换行符替换成 HTML 的换行符\
number_format	将一个数字格式化成三位一组
ord	返回一个字符的 ASCII 码
print	输出字符串
printf	输出格式字符串
rtrim	去除字符串右侧空格
sprintf	返回一个格式字符串
str_pad	用一个字符串填充另外一个字符串到一定长度
str_repeat	重复输出一个字符串
str_replace	字符串替换
str_shuffle	随机打乱一个字符串
str_split	将字符串转换成数组
str_word_count	统计字符串中的单词数
strchr	查找一个子串在一个字符串中第一次出现的位置，并返回从此位置开始的字符串
strcmp	字符串比较大小
strip_tags	过滤掉字符串中的 PHP 和 HTML 标记
strlen	获得字符串的长度（所占字节数）
strpbrk	以子串中的任意一个字符第一次出现的位置为界将字符串分成两部分，并返回后半部分
strpos	查找一个子串在字符串中第一次出现的位置
strrpos	查找一个子串在字符串中最后一次出现的位置
strrev	将一个字符串顺序倒转
strrchr	查找一个字符在一个字符串中最后一次出现的位置并返回从此位置开始之后的字符串
strstr	strchr 函数的别名
strtok	将字符串打碎成小段
strtolower	将字符串中的字符全部变为小写
strtoupper	将字符串中的字符全部变为大写
strtr	批量字符替换
substr_count	统计一个子串在字符串中出现的次数
substr_replace	在字符串内部定制区域内替换文本
substr	截取字符串的一部分
trim	去除字符串首尾的连续空格
ucfirst	将字符串首字母大写
ucwords	将字符串中每个单词的首字母大写

1. trim()、ltrim()、rtrim()、chop()和 strlen()函数

这 5 个函数中前 4 个函数的功能类似，因此将其放在一起介绍。chop()与 rtrim()函数作用相同，都是去除字符串右端的空格。ltrim()函数用来去除字符串左端的空格，而 trim()函数用来去除字符串左右两端的空格。

下面来看一个实例，其中用到了另外一个字符串处理函数 strlen()来获得字符串的长度。

【例 3.17】

```
<html>
<head>
<title>去除字符串两端空格</title>
</head>
<body>
<?php
$str="  你看不到我 我是空格 ";
echo "方括号中为原始字符串：[".$str."]<br>";
echo "原始字符串长度：".strlen($str)."<br>";
$str1=ltrim($str);
echo "执行 ltrim()之后的长度：".strlen($str1)."<br>";
$str2=rtrim($str);
echo "执行 rtrim()之后的长度：".strlen($str2)."<br>";
$str3=trim($str);
echo "执行 trim()之后的长度".strlen($str3)."<br>";
echo "去掉首尾空格之后的字符串：[".$str3."]";
?>
</body>
</html>
```

运行结果如图 3.11 所示。

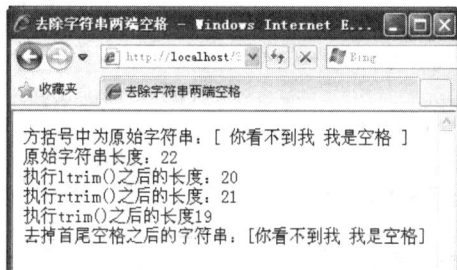

图 3.11　去除字符串两端空格实例

在上面程序中，首先构造了一个字符串$str，该字符串由 9 个汉字和 4 个空格组成，4 个空格中有 2 个在左侧，1 个在中间，1 个在右侧（由于浏览器会忽略掉连续的空格，因此在浏览器中两个连续空格的显示效果与一个空格相同）。由于每个汉字占 2 个字节，每个英文半角空格占 1 个字节，因此初始字符串的长度为 9×2＋4=22。用 strlen()函数来输出其长度。

首先执行 ltrim()函数，将返回结果存放在$str1 中。由于 ltrim()函数会去掉字符串左侧

的所有连续的空格，因此两个空格被去掉，$str1 的字符串长度为 20。

然后执行 rtrim()函数，将返回结果存放在$str2 中。rtrim()函数去掉了字符串$str 右侧的 1 个空格，因此$str2 的长度为 21。

最后执行 trim()函数。trim()函数去除字符串左右两侧的所有空格，因此左侧的 2 个空格和右侧的 1 个空格被去掉，剩余部分长度为 19。通过$str3 的输出也可以看出，字符串两侧的空格已经消失。

去除连续的空格往往用在做字符串比较之前。比较两个字符串是否相同时，如果其中一个字符串首尾带有空格，那比较结果就会为假。如"abc"和"abc "这两个字符串，看似内容完全相同，但由于后者后面多了一个空格，在比较时会返回 FALSE。因此，比较两个字符串变量的值是否相同时，往往首先用 trim()函数处理一下两侧的空格。

值得注意的是，trim 系列函数只去除字符串两侧的空格，而不会去除中间的空格。如例 3.17 中，"你看不到我"和"我是空格"之间有一个空格。调用这 3 个函数之后空格仍然存在，说明字符串中间的空格不会受影响。如果想去除一个字符串中的所有空格，可以使用后面要讲的字符串替换函数来实现。

2. ucwords()、ucfirst()、strtoupper()、strtolower()和 str_word_count()函数

这 5 个函数对字符串中的单词进行处理，包括转换大小写、计算单词个数等。下面通过一个实例来了解它们的用法。

【例 3.18】

```
<html>
<head>
<title>字符串处理中的单词处理</title>
</head>
<body>
<?php
$str="ni hao, wo jiao Wang Xiao-ming.";
echo "原始字符串：".$str."<br>";
$str1=ucfirst($str);
echo "执行 ucfirst()之后：".$str1."<br>";
$str2=ucwords($str);
echo "执行 ucwords()之后：".$str2."<br>";
$str3=strtoupper($str);
echo "执行 strtoupper()之后：".$str3."<br>";
$str4=strtolower($str);
echo "执行 strtolower()之后：".$str4."<br>";
echo "字符串中一共有：".str_word_count($str)."个单词。";
?>
</body>
</html>
```

运行结果如图 3.12 所示。

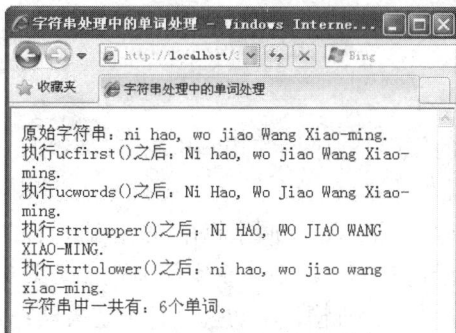

图3.12　字符串处理中的单词处理

上面的代码中构造了一个包含 6 个单词、大小写混合的字符串，并用它来测试函数的运行结果。程序调用 ucfirst()函数将整个字符串首字母变为大写，调用 ucwords()函数将每个单词的首字母变为大写，调用 strtoupper()函数将全部字母都变成大写，调用 strtolower()函数将所有字母变成小写，最后调用 str_word_count()函数统计字符串中的单词个数。

3．字符串查找函数

程序中经常用到在一个字符串中查找某个字符或者某个子串的操作、对字符串中的某些字符按照用户的需求进行替换操作以及截取字符串的一部分等。PHP 中提供了一系列函数实现这些操作，用户只需要了解函数的使用方法即可轻松实现。

常用的字符串查找函数有 substr_count()、strpos()、strrpos()、strstr()和 strrchr()等。它们的使用方法和功能介绍如下。

（1）substr_count()函数。

substr_count()函数的格式为：

int substr_count (string haystack, string needle [, int offset [, int length]])

substr_count()函数用来统计一个字符串 needle 在另一个字符串 haystack 中出现的次数。该函数返回值是一个整数。有两个可选参数：offset 和 length，分别表示要查找的起点和长度。值得注意的是，offset 是从 0 开始计算，而不是从 1 开始计算的。

【例 3.19】

```
<html>
<head>
<title>用 substr_count()函数统计字符串出现次数</title>
</head>
<body>
<?php
$str="I am an abstract about abroad.";
echo substr_count($str,"ab");
echo ", ";
echo substr_count($str,"ab",6,4);
?>
```

```
</body>
</html>
```

本例的输出结果为"3，1"。

substr_count($str,"ab")的作用是返回字符串 ab 在字符串$str 中的次数，由于 ab 在整个字符串中出现了 3 次，因此值为 3。

substr_count($str,"ab",6,4)的作用是返回字符串 ab 在$str 中的从第 6 个字符开始（包含第 6 个字符，而且从 0 开始计算），往后数 4 个字符为止（即第 9 个字符）之间的字符串中出现的次数。这个描述非常拗口和难懂，不妨换一种描述方法：参数 6，4 限定了查找字符串的范围。不指定参数时，substr_count()函数从整个字符串$str 中查找 ab 出现的次数，而指定了参数之后，substr_count()函数从指定的范围内查找 ab 出现的次数。这个范围就是从字符串的第 6 个字符开始到第 9 个字符为止的 4 个字符。具体到本例中，就是 n ab（注意 n 和 a 之间的一个空格也算一个字符）。显然，在这个范围内，ab 只出现了 1 次，因此返回 1。

（2）strrpos()和 strpos()函数。

strrpos()函数的格式为：

```
int strrpos ( string haystack, mixed needle [, int offset] )
```

该函数返回字符 needle 在字符串 haystack 中最后一次出现的位置。这里 needle 只能是一个字符，而不能是一个字符串。如果提供一个字符串，PHP 也只会取字符串的第一个字符，其他字符无效。参数 offset 用来限制查找的范围。

strpos()函数的格式为：

```
int strpos ( string haystack, mixed needle [, int offset] )
```

该函数与 strrpos()函数仅一个字母之差，但功能相差很大。strpos()函数中的 needle 参数允许使用一个字符串，而且返回的是该字符串在 haystack 中第一次出现的位置，而不是最后一次出现的位置。

【例 3.20】

```
<html>
<head>
<title>字符串查找函数的使用（一）</title>
</head>
<body>
<?php
$str="I am an abstract about abroad.";
echo "原始字符串为："  ".$str."<br>";
echo "ab 在字符串中的第一次出现位置为："  ".strpos($str,"ab")."<br>";
echo "ab 在字符串中的最后一次出现位置为："  ".strrpos($str,"ab")."<br>";
echo "abcd 在字符串中第一次出现的位置为："  ".strpos($str,"abcd");
?>
</body>
</html>
```

高等职业教育"十二五"规划教材

运行结果如图 3.13 所示。

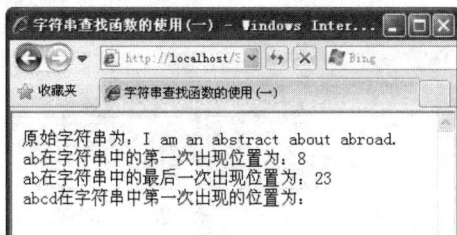

图 3.13   字符串查找函数的使用（一）

上面程序中首先构造了一个包含多个 ab 的字符串。然后分别调用 strpos()和 strrpos() 函数来获得 ab 子串在字符串中第一次和最后一次出现的位置，输出结果为 8 和 23。这里 有两点值得注意：第一点是 8 和 23 都是从 0 开始计算的，而且是从子串的第一个字母出现 的位置开始计算。如子串为 ab，找到 ab 之后，以 a 的位置序号作为函数的返回值，而不是 b 的位置序号；第二点是如果要查找的字符串不存在，则返回布尔值 FALSE。由于 FALSE 无法直接输出，因此最后查找 abcd 子串时没有任何输出。

（3）strstr()和 strrchr()函数。

strstr()和 strrchr()函数的格式分别是：

```
string strstr ( string haystack, string needle )
string strrchr ( string haystack, string needle )
```

由此可见，这两个函数均返回一个字符串，而不是返回一个表示位置的整数。两个函数 名称不同，使用方法完全相同，但是其作用略有不同。strstr()函数用来查找一个子串 needle 在字符串 haystack 中第一次出现的位置，并返回从此位置开始的字符串。strrchr()函数查找 一个字符 needle 在字符串 haystack 中最后一次出现的位置，并返回从此位置开始之后的字 符串。

【例 3.21】

```
<html>
<head>
<title>字符串查找函数的使用（二）</title>
</head>
<body>
<?php
$str="千山鸟飞绝，万径人踪灭，孤舟蓑笠翁，独钓寒江雪。";
echo "1.原始字符串为：".$str."<br>";
echo "用 strstr 函数搜索","，"的返回结果："strstr($str,"，达式"). "<br>";
echo "用 strstr 函数搜索"孤舟"的返回结果："strstr($str,"孤舟"). "<br>";
$str2="I have a great dream.";
echo "2.原始字符串为：".$str2."<br>";
echo strrchr($str2,"e");
echo "<br>";
echo strrchr($str2,"at");
?>
```

```
</body>
</html>
```

运行结果如图 3.14 所示。

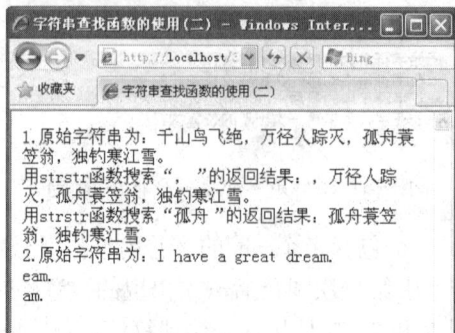

图 3.14 字符串查找函数的使用（二）

通过深入分析本例的输出结果，就能够准确地把握 strstr() 和 strrchr() 函数的功能特点。

首先，在第一个字符串中，用 strstr() 函数搜索逗号"，"。该函数返回字符串中第一次出现"，"的位置之后的字符串。由于第一次出现逗号是在"千山鸟飞绝"的"绝"字之后，因此，函数的返回结果是"，万径人踪灭……"（注意逗号本身也会被返回）。为了证明 strstr() 函数可以使用一个字符串而不仅仅单个字符作为参数，又在字符串中搜索"孤舟"，显然应当返回"孤舟蓑笠翁……"。和程序的运行结果相同。

然后，又构造了一个英文字母构成的字符串 I have a great dream.。用 strrchr() 函数在字符串中查找 e，返回字符串中最后一次出现 e 的位置之后的内容，程序中 3 次出现 e，但最后一次出现是在 dream 中，于是函数返回 eam.（e 本身也被返回）。最后测试是否可以把一个字符串作为参数传递给 strrchr() 函数，在字符串中查找字符串 at。如果该函数支持字符串参数，按照上面的分析，应当返回 at dream.。但是根据图 3.14 的运行结果可知，返回的却是 am.。这是因为 strrchr() 函数不支持字符串参数，如果提供了字符串参数，会自动截取字符串的第一个字符作为参数。也就是说，参数 at 和参数 a 所起的作用一样。于是函数返回字符串中最后一次出现 a 之后的内容即 am.。

可能有读者会问，为什么要构造一个英文的字符串来讲解 strrchr() 函数呢？通过刚才的分析就能够得到答案。因为每一个汉字都占两个字节，在函数中两个字节会被认为是多个字符（英文中一个字符占一个字节）。因此，strrchr() 函数无法支持中文。也就是说不能把一个或多个中文字符作为参数传递给 strrchr() 函数。

除了 strrchr() 函数之外，PHP 中还有很多函数无法直接处理中文，这里不一一列出，读者在学习 PHP 和编写程序时应当多加注意。

4. 字符串替换函数

字符串替换是 Web 编程中极为常用的操作，如要过滤掉用户提交的不文明的词语、处理掉字符串中包含的危险脚本或替换掉某些关键词等。PHP 提供了一些函数来完成字符串替换操作，如 nl2br()、str_replace() 等。

（1）nl2br()函数。

该函数的名称中间包含一个数字"2"，英文为 two，与 to 谐音，实际上就是 to 的一种缩写。在很多中文参考资料中，将此函数的功能描述为"将换行符替换成 HTML 的换行符
"，本书也沿用这一解释。但是如果查阅英文版 PHP 手册，会发现大意为"在每一行前插入 HTML 换行标记
"。也就是说是"插入"而不是"替换"。但是我们在使用此函数时，就其效果而言相当于"替换"，因此本书采用一贯的解释，将其归为字符串替换函数。

下面通过一个简单的例子来说明此函数的作用。

【例 3.22】

```
<html>
<head>
<title>nl2br()函数的使用</title>
</head>
<body>
<form action="6-11.php" method="post">
请输入一段包含回车的文字：<br>
<textarea cols="30" rows="6" name="content"></textarea>
<input type=submit value="提交看效果">
</form>
<?php
$content=$_POST["content"];                //如果用户输入内容不为空
if($content!=""){
echo "<hr>";
echo "直接输出接收到的内容：<br>";
echo $content;
echo "<br>（内容长度："".strlen($content).""）<br>";
echo "<hr>";
echo "用 nl2br()处理接收到的内容，然后输出：<br>";
echo nl2br($content);
echo "<br>（内容长度："".strlen(nl2br($content)).""）<br>";
}
?>
</body>
</html>
```

本程序首先创建了一个 textarea 多行文本输入框，并要求输入一段包含回车的文字。之所以要求包含回车，是因为 nl2br()函数处理的对象就是回车。如果不包含回车，就无法测试其效果。不妨输入"子丑寅卯↙辰巳午未↙申酉戌亥"，其中"↙"表示按一次 Enter 键。这时单击"提交看效果"按钮，通过运行大家可以深刻地了解到 nl2br()函数的作用：在未使用 nl2br()函数对接收到的内容进行处理时，本来输入了 3 行内容，但在网页中显示时全都连成了一行。这是因为 HTML 语言不识别回车换行符号，无论在 HTML 代码中连续输入多少个回车换行，都不会在网页上看到效果。用 nl2br()函数对内容进行处理后，每一行前面都自动添加了一个
标记，该标记就是通常用的 HTML 中的换行标记
，不

过是写法略有不同而已。原本输入的 3 行内容，便正常地显示出来。

此外，通过比较 nl2br()处理前后字符串的长度，也可以看出此函数的工作原理。未处理之前，提交的数据内容由 12 个汉字和两个回车换行构成，长度为 12×2＋2×2=28（每次按下 Enter 键都会产生一个换行和一个回车两个字符）。而用 nl2br()函数处理之后，数据内容长度变成 40，增加了 12 字节。而 12 字节恰好是 2 个
的长度（注意 br 和/之间的空格也占一个字节）。因此，足以证明 nl2br()函数的作用是在被处理的字符串中每一行之前插入一个
标记。

虽然 nl2br()函数的本质并没有进行替换，但在使用中，其效果等同于将回车换行符号替换为 HTML 换行标记。因此，在不严格要求的前提下，可以称之为字符替换函数。

（2）str_replace()函数。

PHP 提供的 str_replace()函数将一个字符串中的任意子串全部替换为另外一个子串，其使用格式如下：

mixed str_replace (mixed search, mixed replace, mixed subject [, int &count])

该格式看起来有点复杂，简单地解释为：str_replace()函数将 subject 中的所有 search 替换成 replace，并把替换的次数存放在 count 中。其中，count 参数为可选参数。这里的 search、repalce、subject 以及整个函数的返回值都是 mixed 类型，也就说提供的参数可以是多种类型，常用的有字符串和数组。

【例 3.23】

```
<html>
<head>
<title>字符串替换函数综合范例</title>
</head>
<body>
<?php
//单个字符替换
$str = "当所有的人[逗]离开我的时候[逗]你劝我要耐心等候[句]";
echo "原字符串：<b>".$str."</b><br>";
$str = str_replace("[","(",$str);
$str = str_replace("]",")",$str);
echo "字符替换之后：<b>".$str."</b><br>";
//字符串替换
$str = str_replace("(逗)","，",$str);
$str = str_replace("(句)","。",$str);
echo "字符串替换之后：<b>".$str."</b><br>";
?>
</body>
</html>
```

运行结果如图 3.15 所示。

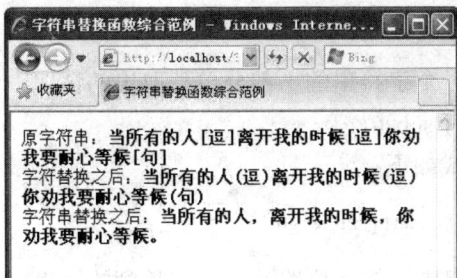

图 3.15 字符串替换函数综合范例

以上代码中构造了一个字符串，其中逗号用"[逗]"表示，句号用"[句]"表示。第 9~10 行分别进行了两次替换，将字符"["、"]"分别替换成"（"、"）"，然后输出替换后的字符串。在第 13~14 行又进行了两次替换，将"（逗）"替换成"，"，将"（句）"替换成"。"，然后将最终的字符串输出。

上面的程序主要用到了 str_replace()函数的普通字符串替换功能。str_replace()函数还可以接收一个数组参数，来实现批量的替换，如例 3.24 所示。

【例 3.24】

```
<html>
<head>
<title>字符串替换函数高级应用</title>
</head>
<body>
<?php
//单个字符替换
$str = "当所有的人[逗]离开我的时候[逗]你劝我要耐心等候[句]";
echo "原字符串：<b>".$str."</b><br>";
$arr1= array("[","]");
$arr2= array("（","）");
$str = str_replace($arr1,$arr2,$str);
echo "字符替换之后：<b>".$str."</b><br>";
//字符串替换
$arr3= array("（逗）","（句）");
$arr4 = array("，","。");
$str = str_replace($arr3,$arr4,$str);
echo "字符串替换之后：<b>".$str."</b><br>";
?>
</body>
</html>
```

可以发现，在本程序中使用 str_replace()函数时传递了两个数组作为参数，第 1 个数组按顺序存放了要被替换的字符串，第 2 个数组按顺序存放了要替换成的字符串。这样，不论要替换多少个字符串，只要按照顺序分别存放在两个数组中，然后调用 str_repalce()函数即可完成，这样做有明显的优点，在要替换的项目很多的情况下，可以很大程度地简化程序，使其运行速度更快。

5. 字符串截取函数

编程中经常遇到要将一个字符串的一部分单独取出的情况，也就是字符串的截取。PHP
中常用的字符串截取函数有 substr()等。

substr()函数的使用格式如下：

string substr (string string, int start [, int length])

本函数返回一个字符串中从指定位置开始指定长度的子串。参数 string 为原始字符串，
start 为截取的起始位置（从 0 开始计），可选参数 length 为要截取的长度。值得一提的是，
参数 start 和 length 均可以用负数，start 为负数时说明从倒数第 start 个字符开始取；length
为负数时表示从 start 位置开始取，向前取 length 个字符结束。

【例 3.25】

```
<html>
<head>
<title>字符串的截取</title>
</head>
<body>
<?php
//构造字符串
$str = "ABCDEFGHIJKLMNOPQRSTUVWXYZ";
echo "原字符串：<b>".$str."</b><br>";
//按各种方式进行截取
$str1= substr($str,5);
echo "从第 5 个字符开始取至最后："."$str1."<br>";
$str2= substr($str,9,4);
echo "从第 9 个字符开始取 4 个字符："."$str2."<br>";
$str3= substr($str,-5);
echo "取倒数 5 个字符："."$str3."<br>";
$str4 = substr($str,-8,4);
echo "从倒数第 8 个字符开始向后取 4 个字符："."$str4."<br>";
$str5 = substr($str,-8,-2);
echo "从倒数第 8 个字符开始取到倒数第 2 个字符为止："."$str5."<br>";
?>
</body>
</html>
```

运行结果如图 3.16 所示。

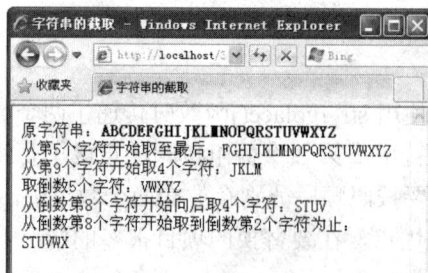

图 3.16 字符串的截取

通过例 3.25 读者应当对 substr()函数有一个深入的了解,尤其是 start 和 length 两个参数的含义和使用方法,更应该熟练掌握。有一点值得注意,start 参数为正数时,从 0 开始计数;start 参数为负数时,从 1 开始计数。也就是说没有 "倒数第 0 个字符"。读者可以参考本例加深理解,也可以自己动手编制一个程序来验证。

6. **字符串分割函数**

在编程中有时需要将一个字符串按某种规则分割成多个。PHP 提供了 explode()、str_split()等函数来完成分割操作。下面分别介绍这两个函数。

(1) explode()函数。

explode()函数的格式如下:

```
array explode ( string separator, string string [, int limit] )
```

explode()函数用来将一个字符串按照某个指定的字符分割成多段,并将每段按顺序存入一个数组中。该函数的返回值就是一个数组。separator 参数为分割符,可以是一个字符串,也可以是单个字符。string 为要处理的字符串。参数 limit 为可选,如果设置了 limit,则返回的数组包含最多 limit 个元素,最后一个元素将包含 string 的剩余部分。

【例 3.26】

```
<html>
<head>
<title>explode 字符串分割函数</title>
</head>
<body>
<?php
//构造字符串
$str = "苹果,空心菜,香蕉,萝卜,大蒜,牛肉";
echo "原字符串:<b>".$str."</b><br>";
echo "1.以逗号为分割符分割字符串:<br>";
$arr1= explode(",",$str);
echo "---\$arr1[0]的值:".$arr1[0]."<br>";
echo "---\$arr1[4]的值:".$arr1[4]."<br>";
echo "2.分割时指定 limit 参数:<br>";
$arr2= explode(",",$str,3);
echo "---\$arr2[0]的值:".$arr2[0]."<br>";
echo "---\$arr2[2]的值:".$arr2[2]."<br>";
echo "---\$arr2[4]的值:".$arr2[4]."<br>";
?>
</body>
</html>
```

运行结果如图 3.17 所示。

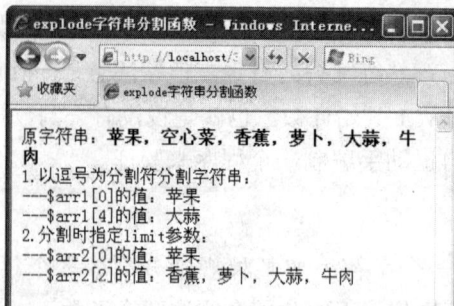

图 3.17　explode 字符串分隔函数

　　上面程序中，定义了一个普通字符串$str。字符串中出现了多个逗号，用 explode()函数来分隔这个字符串，把","作为分割字符。在未提供 limit 参数的情况下，字符串被分成 6 小段，并存入数组$arr1 中。每一小段分别对应$arr[0]，$arr[1]，…，$arr[5]。然后指定 limit 参数为 3，再次用 explode()函数分隔字符串$str，这时返回的数组$arr2 只包含 3 个元素，即$arr2[0]，$arr2[1]，$arr2[2]。这时$arr2[2]中存放的不是第 3 个逗号之前的内容，而是第 2 个逗号之后的所有内容。

　　（2）str_split()函数。

　　str_split()函数的格式为：

array str_split (string string [, int split_length])

　　str_split()函数将一个字符串以一定长度为单位分割成多段，并返回由每一段组成的数组。str_split()函数不是以某个字符串为分割依据，而是以一定长度为分割依据。参数 string 为要分割的字符串，可选参数 length 设置分割的单位长度。

　　【例 3.27】

```
<html>
<head>
<title>str_split 字符串分割函数</title>
</head>
<body>
<?php
//分割英文字符串
$str = "Quietly I leave,just as quietly I came.";
echo "原字符串：<b>".$str."</b><br>";
echo "1.以默认长度分割字符串：<br>";
$arr1= str_split($str);
echo "---\$arr1[0]的值：".$arr1[0]."<br>";
echo "---\$arr1[1]的值：".$arr1[1]."<br>";
echo "---\$arr1[10]的值：".$arr1[10]."<br>";
echo "2.以指定长度 5 分割字符串：<br>";
$arr2= str_split($str,5);
echo "---\$arr2[0]的值：".$arr2[0]."<br>";
echo "---\$arr2[1]的值：".$arr2[1]."<br>";
echo "---\$arr2[5]的值：".$arr2[5]."<br>";
//测试分割中文
```

```
$str2="轻轻地我走了，正如我轻轻地来。";
echo "原字符串：<b>".$str2."</b><br>";
echo "1.以指定长度 5 分割字符串：<br>";
$arr3= str_split($str2,5);
echo "---$arr3[0]的值：".$arr3[0]." <br>";
echo "---$arr3[1]的值：".$arr3[1]." <br>";
echo "2.以指定长度 4 分割字符串：<br>";
$arr4 = str_split($str2,4);
echo "---$arr4[0]的值：".$arr4[0]." <br>";
echo "---$arr4[1]的值：".$arr4[1]." <br>";
echo "---$arr4[4]的值：".$arr4[4]." <br>";
?>
</body>
</html>
```

运行结果如图 3.18 所示。

图 3.18　str_split 字符串分割函数

　　上述代码首先构造了一个英文字符串，然后用 str_split()函数直接分割。分割之后字符串被一个字符一个字符地分割开来，并且顺次存放到数组$arr1 中。接下来指定分割的单位为 5，这时字符串按 5 个字符一段被分割成多段，并存储在数组$arr2 中。这时同样可以看到正确的输出结果。

　　前面已经提到多次，一个汉字字符占 2 个字节，很多字符串处理函数并不能很好地支持中文。为了测试 str_split()函数分割中文的效果，又构造了一个字符串，该字符串全部由汉字字符构成。首先用 5 作为分割单位来分割字符串，通过输出结果可以看出，str_split()函数无法区别中文，如$arr3[0]的值不是"轻轻地我走"5 个汉字字符，而是"轻轻□"。这里为什么会有一个"□"呢？这个□不是字符串中的，而是在分割字符串时将第 3 个字"地"分割成了两段，因为无法正确显示这个字符，只能显示为"□"。

　　为了解决这个问题，又用一个偶数 4 作为分割长度，这时汉字可以正确显示，整个字符串以 2 个汉字字符为单位被分割成多段。也就是说，在分割中文时，分割长度必须是 2 的倍数，否则将会导致汉字被分成两段而无法正确显示。

纵然如此，使用函数时的分割方案还有不完美之处，那就是当一个字符串是由中、英文或者中文与阿拉伯数字混合而成时，即使用 2 的倍数作为分割长度，仍然无法避免汉字被分割的情况。如字符串 "110 是一个重要的电话号码"，如果以 2 或 4 作为分割长度，都会导致 "是" 这个汉字被分割。因此，在使用 str_split()函数时必须充分考虑汉字的影响，否则会产生不可预料的结果。

关于字符串处理函数就介绍到这里。字符串处理函数在编程中使用极为频繁，读者应当熟练掌握，多多积累。上面介绍的都是字符串处理函数中最为常用的部分，另外还有大量的函数限于篇幅无法一一介绍，读者可以参考表 3.2 及 PHP 官方手册自行学习、掌握，为后面深入学习 PHP 编程打下基础。

虽然在讲解时每个函数都是独立地讲解，但读者应注意这些函数的结合使用。在一个程序中，可能会同时用到多个函数，通过多个函数的综合应用来实现一个操作，因此读者应在这方面多下工夫。

3.2.3 时间/日期函数

时间/日期函数用来获取服务器的时间和日期，或对时间/日期类型的数据进行各种处理，来满足程序的需要。在编程中时常要用到时间和日期，如记录信息发布、用户注册及用户进行某些操作的时间等。PHP 5 提供的时间/日期函数如表 3.3 所示。

表 3.3　PHP 中的时间/日期函数

函　数　名	功　　能
checkdate	验证一个格里高里日期
date_default_timezone_get	取得一个脚本中所有时间/日期函数所使用的默认时区
date_default_timezone_set	设定用于一个脚本中所有时间/日期函数的默认时区
date_sunrise	返回给定的日期与地点的日出时间
date_sunset	返回给定的日期与地点的日落时间
date	格式化一个本地时间/日期
getdate	取得时间/日期信息
gettimeofday	取得当前时间
gmdate	格式化一个 GMT/UTC 时间/日期
gmmktime	取得 GMT 日期的 UNIX 时间戳
gmstrftime	根据区域设置格式化 GMT/UTC 时间/日期
idate	将本地时间/日期格式化为整数
localtime	取得本地时间
microtime	返回当前 UNIX 时间戳和微秒数
mktime	取得一个日期的 UNIX 时间戳
strftime	根据区域设置格式化本地时间/日期
strptime	解析由 strftime()生成的时间/日期
strtotime	将任何英文文本的时间/日期描述解析为 UNIX 时间戳
time	返回当前的 UNIX 时间戳

通过表 3.3 可以看到，PHP 提供了很多函数实现各种时间/日期操作。其中不乏很有趣的函数，如返回某给定日期与地点的日出/日落时间。不过其中部分函数并没有很大的实用价值，只需要熟练掌握其中几个函数的使用，即可实现绝大多数常见的应用。

值得一提的是表中 UNIX 时间戳的概念，很多读者可能不明白什么是 UNIX 时间戳。UNIX 时间戳是指从 UNIX 纪元（格林威治时间 1970 年 1 月 1 日 00 时 00 分 00 秒）开始到当前时间为止相隔的秒数。很显然，UNIX 时间戳应该代表一个很大的整数。UNIX 时间戳在很多时候非常有用，尤其在对时间进行加减时作用最为明显。如当前时间是 2006 年10 月 10 日 10 点 10 分 10 秒，在这个时间基础上加上 25 天 8 小时 55 分 58 秒，会得到一个什么时间呢？可能推算起来比较复杂。因为除了时间进位以外，还涉及不同月份天数可能不同（可能是 28 天、29 天、30 天、31 天）。所以用数学方法直接加减是不行的。如果使用 UNIX 时间戳，在第一个时间的基础上加上一定的秒数，得到的就是第二个时间的 UNIX 时间戳，然后用 PHP 的有关函数把这个时间戳转换成普通时间格式显示即可。

【例 3.28】

```
<html>
<head>
<title>获取 UNIX 时间戳</title>
</head>
<body>
<?php
$tm= time();
echo "当前时间的 UNIX 时间戳为：".$tm;
?>
</body>
</html>
```

上面的代码用于获取 UNIX 时间戳，运行结果会因当前时间的不同而不同，这里不再演示。

在 PHP 中，还提供了 mktime()和 strtotime()函数来获取指定时间的 UNIX 时间戳的操作。

mktime()函数的格式如下：

int mktime ([int hour [, int minute [, int second [, int month [, int day [, int year]]]]]])

本函数的作用是根据给出的参数返回 UNIX 时间戳。6 个参数全都是整数，分别代表小时、分钟、秒、月、日、年。参数可以从右向左省略，任何省略的参数会被设置成本地日期和时间的当前值。当全部参数都被省略时，获得的就是当前时间的 UNIX 时间戳。

strtotime()函数允许使用一个时间字符串作为参数来获取 UNIX 时间戳。该时间字符串的顺序与中文习惯较为吻合，如 2000-11-1210:34:55 表示 2000 年 11 月 12 日 10 时 34 分 55 秒。该字符串指代了一个具体的时间，可以作为 strtotime()函数的参数，来获得该时间的 UNIX 时间戳。两个函数的用法都比较简单，这里不再举例说明。

前面学习了如何获得一个时间的 UNIX 时间戳。虽然用 UNIX 时间戳有利于在计算机

中进行时间的计算，但是在显示时间时还是应该显示成通用的年、月、日、时、分、秒以及星期几等格式，而不是直接输出一个 UNIX 时间戳。PHP 中提供了 getdate()和 date()等函数来实现从 UNIX 时间戳到通用时间/日期的转换。

（1）getdate()函数。

getdate()函数用来将一个 UNIX 时间戳格式化成具体的时间/日期信息，其使用格式如下：

array getdate ([int timestamp])

其中参数 timestamp 为一个 UNIX 时间戳。如果不指定参数，则默认使用当前时间。该函数返回一个数组，数组中存放了详细的时间信息。通过数组下标可以取得数组中的元素值。其下标与值的对应关系如表 3.4 所示。

表 3.4　getdate()函数返回数组中下标与值的对应关系

下　　　标	说　　　明	返回值示例
"seconds"	秒的数字表示	0～59
"minutes"	分钟的数字表示	0～59
"hours"	小时的数字表示	0～23
"mday"	月份中第几天的数字表示	1～31
"wday"	星期中第几天的数字表示	0（表示星期天）～6（表示星期六）
"mon"	月份的数字表示	1～12
"year"	4 位数字表示的完整年份	如 1999 或 2003
"yday"	一年中第几天的数字表示	0～365
"weekday"	星期几的完整文本表示	Sunday～Saturday
"month"	月份的完整文本表示	January～December
0	该时间的 UNIX 时间戳	整数

下面通过一个实例来全面展示 getdate()函数的强大功能。

【例 3.29】

```
<html>
<head>
<title>getdate()函数获取详细的时间信息</title>
</head>
<body>
<?php
//首先假设一个时间
$dt= "2010-10-0108:00:00";
echo "时间: ".$dt."<br>";
//将此时间格式化为 UNIX 时间戳
$tm= strtotime($dt);
echo "此时间的 UNIX 时间戳: ".$tm."<br>";
//获取该时间的详细信息
$arr = getdate($tm);
```

```
//输出详细信息
echo "秒：".$arr["seconds"]."<br>";
echo "分：".$arr["minutes"]."<br>";
echo "时：".$arr["hours"]."<br>";
echo "日：".$arr["mday"]."<br>";
echo "月：".$arr["mon"]."/".$arr["month"]."<br>";
echo "年：".$arr["year"]."<br>";
echo "星期：".$arr["wday"]."/".$arr["weekday"]."<br>";
echo "该日期是该年中的第".$arr["yday"]."天<br>";
?>
</body>
</html>
```

运行结果如图 3.19 所示。

图 3.19　getdate()函数获取详细的时间信息

本程序中，第 8 行设置了一个时间，第 11 行将此时间格式化成 UNIX 时间戳，第 14 行将此时间戳用 getdate()函数获取详细时间信息，然后在第 16～23 行分别输出时间信息。

本程序中假定日期为 2010-10-0108:00:00，实际上可以直接用语句$arr = getdate();来获得当前时间的详细信息。这时输出的时间信息就是当前程序执行时的时间信息。感兴趣的读者可以自行测试。

（2）date()函数。

date()函数用来将一个 UNIX 时间戳格式化成指定的时间/日期格式。getdate()函数可以获取详细的时间信息，但是很多时候并不需要取得如此具体的时间信息，而是将一个 UNIX 时间戳所代表的时间按照某种容易识读的格式输出。这就需要用到 date()函数。该函数的使用格式如下：

string date (string format [, int timestamp])

该函数直接返回一个字符串。这个字符串就是一个指定格式的日期和时间。参数 format 是一个字符串，用来指定输出的时间的格式。可选参数 timestamp 是要处理的时间的 UNIX 时间戳。如果参数为空，那么默认值为当前时间的 UNIX 时间戳。

本函数的重点是学习如何使用 format 参数。format 参数必须由指定的字符构成，不同的字符代表不同的特殊含义，如表 3.5 所示。

表 3.5　format 参数一览表

format 参数	说　　明	返回值例子
d	月份中的第几天，有前导 0 的两位数字	01～31
D	星期中的第几天，文本表示，3 个字母	Mon～Sun
j	月份中的第几天，没有前导 0	1～31
l	星期几，完整的文本格式	Sunday～Saturday
N	ISO-8601 格式数字表示的星期中的第几天（PHP 5.1.0 中的新参数）	1（表示星期一）～7（表示星期天）
w	星期中的第几天，数字表示	0（表示星期天）～6（表示星期六）
z	年份中的第几天	0～366
W	ISO-8601 格式年份中的第几周，每周从星期一开始（PHP 4.1.0 新加的参数）	如 42（当年的第 42 周）
F	月份，完整的文本格式	January 到 December
m	数字表示的月份，有前导 0	01～12
M	3 个字母缩写表示的月份	Jan～Dec
n	数字表示的月份，没有前导 0	1～12
t	给定月份所应有的天数	28～31
L	是否为闰年	如果是闰年为 1，否则为 0
Y	4 位数字完整表示的年份	如 1999 或 2003
y	2 位数字表示的年份	如 99 或 03
a	小写的上午和下午值	am 或 pm
A	大写的上午和下午值	AM 或 PM
B	Swatch Internet 标准时	000～999
g	小时，12 小时格式，没有前导 0	1～12
G	小时，24 小时格式，没有前导 0	0～23
h	小时，12 小时格式，有前导 0	01～12
H	小时，24 小时格式，有前导 0	00～23
i	有前导 0 的分钟数	00～59
s	秒数，有前导 0	00～59
e	时区标识（PHP 5.1.0 中的新参数）	如 UTC、GMT、Atlantic/Azores
I	是否为夏令时	如果是夏令时为 1，否则为 0
O	与格林威治时间相差的小时数	如+0200
T	本机所在的时区	如 EST、MDT 等

　　表 3.5 中列出了绝大部分 format 参数字符，个别极为不常用的没有列出。通过表 3.5 已经看出 format 参数字符数量众多，涉及方方面面。date()函数可以完成的功能极为丰富。

　　下面通过一个实例来看一下如何使用 format 字符。

【例 3.30】

```
<html>
<head>
```

高等职业教育"十二五"规划教材

```
<title>用格式化字符串输出时间信息</title>
</head>
<body>
<?php
//设置一个时间（如采用当前时间可用 time()）
$tm = strtotime("2006-09-09 10:30:40");
echo "初始化设置的时间为：2006-09-09 10:30:40<br>";
//使用不同的格式化字符串测试输出效果
echo date("Y-M-D H:I:S A",$tm)."<br>";
echo date("y-m-d h:i:s a",$tm)."<br>";
echo date("Y 年 m 月 d 日[l] H 点 i 分 s 秒",$tm)."<br>";
echo date("F,d,Y l",$tm)."<br>";
echo date("Y-M-D H:I:S",$tm)."<br>";
echo date("Y-M-D H:I:S",$tm)."<br>";
echo date("所在时区：T，与格林威治时间相差：O 小时",$tm)."<br>";
//输出详细信息
?>
</body>
</html>
```

运行结果如图 3.20 所示。

图 3.20　用格式化字符串输出时间信息

通过上面程序可以看出，格式化字符串的使用非常灵活。只要在字符串中包含相关字符，date()函数就能把这些字符替换成指定的时间/日期信息，可以利用该函数输出需要的时间/日期格式。

程序的最后一条输出用的是格式字符 T 和 O 来输出运行本程序的服务器所处的时区以及本时区和格林威治标准时间相差的小时数。程序输出时区为 UTC，相差时间为 0 小时。这虽然与世界标准时区和时间相符，但是并不是本地时间。如北京时间要比格林威治时间晚 8 个小时，因此在取得的本地时间基础上再增加 8 个小时才是北京时间。增加 8 个小时的方法很简单，在已经取得的当前时间的 UNIX 时间戳上加 8×60×60 即是 8 小时之后的时间戳。如果读者在编写程序时发现程序获得的时间与北京时间不符，应该考虑是否为时区问题，对取得的时间进行相应处理即可。

PHP 的时间/日期函数很常用，但并不复杂。一般只需要掌握 UNIX 时间戳的获得和操作方法，以及格式化字符的使用方法，即可轻松掌握 PHP 中时间/日期的处理。

3.2.4　数学函数

编程中少不了要进行数据计算操作。除了基本的加、减、乘、除等运算以外，还有求正弦值、余弦值、绝对值、对数值、取整、取余、进制转换以及生成随机数等一系列操作，这些操作都可以通过简单的函数调用来实现。表 3.6 列出了 PHP 中常用的数学函数及其功能。

表 3.6　PHP 中常用的数学函数

函　数　名	功　　　　能	函　数　名	功　　　　能
abs	求绝对值	is_finite	判断是否为有限值
acos	求反余弦	is_infinite	判断是否为无限值
acosh	求反双曲余弦	is_nan	判断是否为合法数值
asin	求反正弦	lcg_value	组合线性同余发生器
asinh	求反双曲正弦	$\log_{10}$	以 10 为底的对数
atan2	两个参数的反正切	log	自然对数
atan	求反正切	max	找出最大值
atanh	求反双曲正切	min	找出最小值
base_convert	在任意进制之间转换数字	mt_getrandmax	显示随机数的最大可能值
bindec	二进制转换为十进制	mt_rand	生成更好的随机数
ceil	进一法取整	mt_srand	播下一个更好的随机数发生器种子
cos	求余弦	octdec	八进制转换为十进制
cosh	求双曲余弦	pi	得到圆周率值
decbin	十进制转换为二进制	pow	指数表达式
dechex	十进制转换为十六进制	rad2deg	将弧度数转换为相应的角度数
decoct	十进制转换为八进制	rand	产生一个随机整数
deg2rad	将角度转换为弧度	round	对浮点数进行四舍五入
exp	计算 e（自然对数的底）的指数	sin	求正弦
floor	舍去法取整	sinh	求双曲正弦
fmod	返回除法的浮点数余数	sqrt	求平方根
getrandmax	显示随机数最大的可能值	srand	播下随机数发生器种子
tanh	求双曲正切	hexdec	十六进制转换为十进制
hypot	计算直角三角形的斜边长度		

本类函数虽然数目众多，但是使用方法较为简单，函数功能对照表 3.6 便可一目了然。下面用一个实例来说明几个常用数学函数的使用方法。

首先产生一个大于等于 50 小于等于 150 的随机数，把这个数字作为一个圆的面积，然后根据这个面积算出圆的半径，并将得到的半径用不同的方法取整。

【例 3.31】

```html
<html>
<head>
```

```
<title>数学函数使用举例</title>
</head>
<body>
<?php
$s = rand(50,150);
$pi=pi();
$r=sqrt($s/$pi);
$qz1=round($r);                    //四舍五入取整
$qz2=ceil($r);                     //进一法取整
$qz3=floor($r);                    //舍去法取整
echo "随机产生的圆的面积为：".$s."<br>";
echo "通过除法和开方计算出的圆的半径为：".$r."<br>";
echo "四舍五入取整后：".$qz1."<br>";
echo "进一法取整后：".$qz2."<br>";
echo "舍去法取整后：".$qz3."<br>";
?>
</body>
</html>
```

程序用到了 6 个数学函数，分别用来产生一定范围内的随机数、返回圆周率（精确到小数点后 14 位）、开方以及取整等。程序本身比较简单，不再详细讲解。

由于圆的面积是随机产生的，所以每次刷新页面都会重新产生一组数据。读者可以自行试验，通过不同的数据来分析程序中函数的作用。

数学函数的使用都较为简单，本书限于篇幅不再一一介绍，请读者参考 PHP 手册，测试其他函数的使用方法。

3.2.5　图像处理函数

PHP 提供了一系列函数来实现在网站编程中对图像的编辑。虽然使用这些函数能够实现的功能十分有限，无法和功能强大的专业图形图像软件相比，但是在很多需要动态生成图像、自动批量处理图像等方面，能给 PHP 网站开发者带来巨大帮助。其中最为典型的应用有随机图形验证码、图片水印、数据统计中饼状图、柱状图的生成等。表 3.7 中列出了PHP 的常用的图像处理函数。

表 3.7　PHP 中常用的图像处理函数

函　数　名	功　　能
gd_info	取得当前安装的 GD 库的信息
getimagesize	取得图像大小
image_type_to_extension	取得图像类型的文件后缀
imagearc	画椭圆弧
imagechar	水平地画一个字符
imagecharup	垂直地画一个字符
imagecopy	复制图像的一部分
imagecopymerge	复制并合并图像的一部分

续表

函 数 名	功 能
imagecopyresized	复制部分图像并调整大小
imagecreatefromgd2	从 GD2 文件或 URL 新建一图像
imagecreatefromgd	从 GD 文件或 URL 新建一图像
imagecreatefromgif	从 GIF 文件或 URL 新建一图像
imagecreatefromjpeg	从 JPEG 文件或 URL 新建一图像
imagecreatefrompng	从 PNG 文件或 URL 新建一图像
imagecreatefromstring	从字符串中的图像流新建一图像
imagecreatetruecolor	新建一个真彩色图像
imagedashedline	画一虚线
imagedestroy	销毁一图像
imageellipse	画一个椭圆
imagefill	区域填充
imagefilledarc	画一椭圆弧并填充
imagefilledellipse	画一椭圆并填充
imagefilledpolygon	画一多边形并填充
imagefilledrectangle	画一矩形并填充
imagegd2	将 GD2 图像输出到浏览器或文件
imagegd	将 GD 图像输出到浏览器或文件
imagegif	以 GIF 格式将图像输出到浏览器或文件
imageistruecolor	检查图像是否为真彩色图像
imagejpeg	以 JPEG 格式将图像输出到浏览器或文件
imageline	画一条线段
imageloadfont	载入一新字体
imagepalettecopy	将调色板从一幅图像复制到另一幅
imagepng	以 PNG 格式将图像输出到浏览器或文件
imagepolygon	画一个多边形
imagepstext	用 PostScript Type1 字体把字符串画在图像上
imagerectangle	画一个矩形
imagerotate	用给定角度旋转图像
imagesetbrush	设定画线用的画笔图像
imagesetpixel	画一个单一像素
imagesetstyle	设定画线的风格
imagesetthickness	设定画线的宽度
imagesettile	设定用于填充的贴图
imagestring	水平地画一行字符串
imagestringup	垂直地画一行字符串
imagesx	取得图像宽度
imagesy	取得图像高度

PHP 5 提供的图像处理函数有 100 多个，表 3.7 中仅列出了部分常用函数。

PHP 的图像处理函数都封装在一个函数库中，这就是 GD 库。要使用 GD 库中的函数来进行图像处理，必须保证安装了 GD 库。在 PHP 官方的标准发行版本中，都包含了 GD 库。如本书介绍的 PHP 5，其 GD 库存放在 PHP 安装目录下的 ext 子目录下，名为 php_gd2.dll。

但并不是 php_gd2.dll 库文件存在，就可以使用这些函数了。在默认的 php.ini 设置中，该库并不自动载入。所以，需要首先打开库的自动载入功能，这样库中的函数就像 PHP 标准函数一样可以直接在程序中使用了。打开的方法很简单，用记事本打开 php.ini 配置文件，利用查找功能找到代码行 ";extension=php_gd2.dll"，将最前面的分号去掉，然后保存，重新启动 IIS（Apache），这时 GD 库就被自动加载。

本部分函数数量较多，而且具体使用方法较为复杂，感兴趣的读者可以参考 PHP 手册进行深入学习。

1. PHP 基本绘图

下面通过一个实例来学习用 PHP 进行基本绘图的方法。

【例 3.32】

```php
<?php
//程序 3.32.php：图像处理函数使用举例
header("Content-type: image/png");
$im = @imagecreate(200, 100) or die("无法创建图像流");
@imagecolorallocate($im, 240, 150, 255);
$t_color1= imagecolorallocate($im, 0, 0, 0);
$t_color2= imagecolorallocate($im,100,100,100);
imagestring($im, 5, 8, 10,   "PHP IS EASY!", $t_color1);
imagestringup($im,5,8,90,"Hello WORLD!",$t_color2);
imageellipse($im,65,65,55,55,$t_color1);
imageellipse($im,65,65,55,55,$t_color1);
imagefilledrectangle($im,110,95,160,30,$t_color2);
imagepng($im);
imagedestroy($im);
?>
```

运行结果如图 3.21 所示。

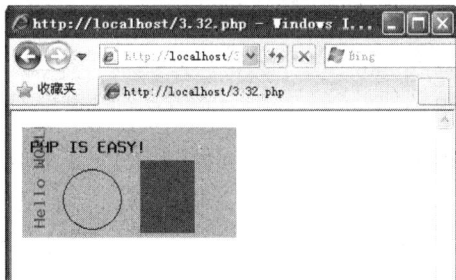

图 3.21　创建图像图示

在程序 3.32php 的第 3 行指定了图像的类型，即 PNG 图像，这样虽然是一个 PHP 程序，

但是其作用是动态生成一张图像，因此几乎等同于一张图像。在本程序中，普通的输出语句如 echo 等都是无效的，这一点读者应当注意。

第 4 行用 imagecreate()函数创建一幅新图像，两个参数为图像的宽度和高度，单位是像素。此函数返回此图像的数据流，存放于$im 变量中。

第 5 行用 imagecolorallocate()函数设置了图像的背景颜色，4 个参数分别表示图像流、R 色值、G 色值、B 色值。3 个色值合并即产生了 RGB 色值。这里的（240，150，255）运行之后显示淡紫色。另外，（0，0，0）为黑色，（255，255，255）为白色，（255，0，0）为红色等。关于 RGB 颜色的详细信息读者可自行查阅有关资料。

第 6～7 行分别生成了两种颜色，存在于不同的变量中以备后面使用。第 1 种为黑色，第 2 种为浅灰色。

第 8 行用 imagestring()函数在图像上写入一个字符串，6 个参数分别表示图像流、所用字体、写入点的 x 坐标、写入点的 y 坐标、要写入的字符串、字符串颜色。其中有两点值得注意：第一点是函数的第 2 个参数取值范围为 1～5，分别代表不同大小和是否加粗的 5 种字体，读者可以试着修改此参数来观察程序运行效果；第二点是这里的 x，y 坐标都相对于图像的左上角，左上角坐标为（0，0），向右为 x 轴，向下为 y 轴，单位都是像素。

第 9 行用 imagestringup()函数向图像中竖向写入一个字符串。函数的参数含义与 imagestring()函数相同。

第 10 行用 imageellipse()函数在图像中绘制一个圆，6 个参数分别表示图像流、圆心的 x 坐标、圆心的 y 坐标、圆的 x 方向半径长度、圆的 y 方向半径长度和绘图所用颜色。在本例中，绘制了一个圆心在（65，65）、半径为 55 的正圆。如果要绘制一个椭圆，只需要确定圆心位置，然后分别设置 x 方向半径和 y 轴方向半径即可。当这两个半径相等时是一个圆，不相等时是一个椭圆。

第 11 行用 imagefilledrectangle()函数绘制一个矩形，并对矩形进行颜色填充。6 个参数分别表示图像流、矩形左上角 x 坐标、矩形左上角 y 坐标、矩形右下角 x 坐标、矩形右下角 y 坐标和填充颜色。也就是说，只要提供矩形的左上角和右下角坐标，即可绘制此矩形。

第 12 行用 imagepng()函数将此图像流输出为一张 PNG 格式的图片，也就是在浏览器中看到的图片。

第 13 行销毁了这个图像流。

在本例中除了 PNG 格式，还可以把图像输出为 JPEG、GIF 等常用的格式，只需要更改一下程序中第 3 行所指定的图像类型即可。

2. 网站图形验证码的制作

图形验证码程序是当前 Web 开发中常用的程序。利用了 PHP 的图像处理函数，结合前面学习的 Session 函数以及表单数据提交技术，可以写出一个完整的图形验证码程序。

验证码在网站中的作用一般是防止恶意"灌水"，也就是防止恶意发布垃圾信息。如果没有验证码，攻击者可以利用辅助软件实现自动提交、自动注册等。由于辅助软件执行的效率高、速度快且可以连续工作，因此常用来攻击某个网站，制造大量垃圾数据，严重影响网站正常运行。

　　采用验证码之后，由于验证码每次都不一样，只有输入正确的验证码才能提交信息，这样辅助软件就无法随意向服务器提交信息。因此，验证码的设计也有一些原则，如验证码的生成是随机的，无规律可循。另外，有的辅助软件有文字识别功能，能够从图片中辨析出文字，因此验证码中的数字可以采用随机的颜色和角度，使其不易辨认。总之，最理想的验证码应该是人的肉眼可以很容易地辨认出来，但是用软件识别就极为困难。

　　鉴于此，在设计验证码程序时，不是简单地创建一幅图片，然后随机生成几个数字写上去，而是要再加入一些干扰。如可以用 PHP 提供的图像处理函数在图像上加入一些密密麻麻的像素点，然后随机绘制两条虚线，再将几个数字的位置打乱。这样，机器识别就会变得十分困难。

　　下面用 3 个实例来介绍网站图形验证码的制作和使用，将用到以下 3 个文件。

　　☑　3.showing.php：生成验证码，将验证码写入图片，并输出图片。

　　☑　3.login.html：调用 showing.php，将用户输入的验证码提交到 check.php 进行验证。

　　☑　3.check.php：用来验证用户输入的验证码是否正确。

　　下面就来看一下具体的代码。

【例 3.33】

```php
<?php
//文件 3.showing.php：生成验证码图片并输出
//随机生成一个 4 位数的数字验证码
$num="";
for($i=0;$i<4;$i++){
$num .= rand(0,9);
}
//4 位验证码也可以用 rand(1000,9999)直接生成
//将生成的验证码写入 Session，备验证页面使用
session_start();
$_SESSION["Checknum"] = $num;
//创建图片，定义颜色值
header("Content-type: image/PNG");
srand((double)microtime()*1000000);
$im = imagecreate(60,20);
$black = ImageColorAllocate($im, 0,0,0);
$gray = ImageColorAllocate($im, 200,200,200);
imagefill($im,0,0,$gray);
//随机绘制两条虚线，起干扰作用
$style = array($black, $black, $black, $black, $black, $gray, $gray, $gray, $gray, $gra y);
imagesetstyle($im, $style);
$y1=rand(0,20);
$y2=rand(0,20);
$y3=rand(0,20);
$y4=rand(0,20);
imageline($im, 0, $y1, 60, $y3, IMG_COLOR_STYLED);
imageline($im, 0, $y2, 60, $y4, IMG_COLOR_STYLED);
//在画布上随机生成大量黑点，起干扰作用
for($i=0;$i<80;$i++){
```

```
imagesetpixel($im, rand(0,60), rand(0,20), $black);
}
//将 4 个数字随机显示在画布上，字符的水平间距和位置都按一定波动范围随机生成
$strx=rand(3,8);
for($i=0;$i<4;$i++){
$strpos=rand(1,6);
imagestring($im,5,$strx,$strpos, substr($num,$i,1), $black);
$strx+=rand(8,12);
}
ImagePNG($im);
ImageDestroy($im);
?>
```

运行结果如图 3.22 所示。

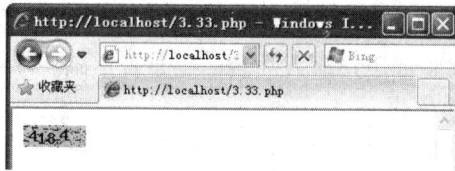

图 3.22　创建验证码图示

程序中的重要代码都已经做了注释，在此不再详细讲解。本程序运行后可以在浏览器中生成一幅带有验证码的图片，每次刷新程序都会生成一个新验证码。

【例 3.34】

```
<!--文件 3.login.html：图形验证码程序-->
<html>
<head>
<title>图形验证码程序</title>
</head>
<body>
<form action="3.check.php" method="post">
<img src="3.showing.php"><br>
请输入验证码：<input type="text" name="passcode">
<input type=submit value="确定">
</form>
</body>
</html>
```

本程序是一段纯 HTML 代码，无须多做解释。唯一值得注意的是，在调用这个图片时，采用<img src="3.showing.php">的方式。因为验证码图片本身是一幅图片，所以使用<img>标签来引用。而这张图片又是用 PHP 程序生成的，因此直接用 src=3.showing.php 来调用。

【例 3.35】

```
<?php
//文件 3.check.php：验证用户输入的验证码是否正确
session_start();
```

```
$passcode=$_SESSION["Checknum"];
$usercode=$_POST["passcode"];
if($passcode == $usercode){
echo "验证码正确！验证通过！";
}else{
echo "验证码输入错误！验证失败！";
}
?>
```

程序第 3 行是将 Session 中存储的正确的验证码读取出来。第 4 行将用户输入的验证码接收过来，然后进行比较，如果相等，则说明用户输入的验证码正确，否则不正确。

3. 图片水印的制作

在 PHP 中，不仅可以直接创建一个图像流来绘制图形，还可以将一张已有的图片作为图像流读入，然后在此基础上对图像进行处理。这一功能常用来制作图像水印。所谓图像水印，就是在图像上标记一些特殊的图形或符号，用来作为图像所有者的标志，防止图像被盗用。下面就来看一个这样的例子。

例 3.36 使用一张原始图片 p.jpg，用 PHP 将此图片进行处理，在图片表面按一定规律加上文字标签，产生水印效果，使之不能被直接盗用。

【例 3.36】

```
<?php
//文件 3sy.php：为图片加水印
header("Content-type: image/jpeg");
$im = imagecreatefromjpeg("p.jpg");
$white = imagecolorallocate($im,255,255,255);
$width=imagesx($im);
$height=imagesy($im);
$x=0;
$y=0;
while($x<$width && $y<$height){
imagestring($im,2, $x,$y,"http://www.xxx.com", $white);
$x+=20;
$y+=20;
}
imagejpeg($im);
imagedestroy($im);
?>
```

本程序第 3 行设定本页面输出类型为 JPEG 图像。第 4 行用 imagecreateformjpeg()函数打开了一张图片 p.jpg，并返回此图片的数据流。第 5 行定义了一个颜色（白色）。第 6～7 行用 imagesx()和 imagesy()函数取得图片 p.jpg 的原始尺寸。第 8～9 行定义了用于控制文字添加位置的两个变量。第 10～14 行用循环向图片中添加多行文字，用$x 和$y 两个变量控制位置和循环次数。第 15 行输出此图片。第 16 行销毁数据流。

读者可以自行在 PHP 环境中运行并查看效果。处理后的图片上加入了文字标记，这就

基本达到了处理意图。但是同时也可以看出，处理后的图片由于文字的加入观赏性有所下降。因此，水印如何加，加在什么位置，既能起到水印的作用，又不严重影响美观，才是在处理中最应考虑的。

PHP 的图像处理函数就介绍至此，希望读者对其有一个基本的了解，为以后的深入学习打下基础。

3.2.6 文件系统函数

在网络编程中要用到的文件操作大致可以分为两大类：普通文件的操作和数据库文件的操作。在普通文件的操作中，对记事本文件的操作最为简单，下面就来探讨一下 PHP 对文件（以记事本为例）的操作。PHP 中提供了一些文件操作的函数，常用函数如表 3.8 所示。

表 3.8 PHP 中常用的文件操作函数

函 数 名	功 能	函 数 名	功 能
basename	返回路径中的文件名部分	feof	测试文件指针是否到了文件结束的位置
chmod	改变文件模式	fgetc	从文件指针中读取字符
clearstatcache	清除文件状态缓存	fgets	从文件指针中读取一行
delete	参见 unlink()或 unset()	file_exists	检查文件或目录是否存在
disk_free_space	返回目录中的可用空间	file_put_contents	将一个字符串写入文件
diskfreespace	disk_free_space()的别名	fileatime	取得文件的上次访问时间
filegroup	取得文件的组	flock	轻便的咨询文件锁定
filemtime	取得文件修改时间	fopen	打开文件或者 URL
fileperms	取得文件的权限	fputcsv	将行格式化为 CSV 并写入文件指针
filetype	取得文件类型	fread	读取文件（可安全用于二进制文件）
fnmatch	用模式匹配文件名	fseek	在文件指针中定位
fpassthru	输出文件指针处的所有剩余数据	ftell	返回文件指针读/写的位置
fputs	fwrite()的别名	fwrite	写入文件（可安全用于二进制文件）
fscanf	从文件中格式化输入	is_dir	判断给定文件名是否为一个目录
fstat	通过已打开的文件指针取得文件信息	is_file	判断给定文件名是否为一个正常的文件
ftruncate	将文件截断到给定的长度	is_readable	判断给定文件名是否可读
glob	寻找与模式匹配的文件路径	is_uploaded_file	判断文件是否是通过 HTTP POST 上传的
is_executable	判断给定文件名是否可执行	is_writeable	is_writable()的别名
is_link	判断给定文件名是否为一个符号连接	linkinfo	获取一个连接的信息
chgrp	改变文件所属的组	mkdir	新建目录
chown	改变文件的所有者	parse_ini_file	解析一个配置文件

续表

函　数　名	功　　能	函　数　名	功　　能
copy	复制文件	pclose	关闭进程文件指针
dirname	返回路径中的目录部分	readfile	输出一个文件
disk_total_space	返回一个目录的磁盘总大小	realpath	返回规范化的绝对路径名
fclose	关闭一个已打开的文件指针	rewind	倒回文件指针的位置
fflush	将缓冲内容输出到文件	set_file_buffer	stream_set_write_buffer() 的别名
fgetcsv	从文件指针中读入一行并解析 CSV 字段	symlink	建立符号连接
fgetss	从文件指针中读取一行并过滤掉 HTML 标记	tmpfile	建立一个临时文件
file_get_contents	将整个文件读入一个字符串	umask	改变当前的 umask
file	把整个文件读入一个数组中	is_writable	判断给定的文件是否可写
filectime	取得文件的 inode 修改时间	link	建立一个硬连接
fileinode	取得文件的 inode	lstat	给出一个文件或符号连接的信息
fileowner	取得文件的所有者	move_uploaded_file	将上传的文件移动到新位置
filesize	取得文件大小	pathinfo	返回文件路径的信息
popen	打开进程文件指针	stat	给出文件的信息
readlink	返回符号连接指向的目标	tempname	建立一个具有唯一文件名的文件
rename	重命名一个文件或目录	touch	设定文件的访问和修改时间
rmdir	删除目录	unlink	删除文件

有关函数的详细功能和使用方法请参见 PHP 5 的帮助文档。

2. 文件的打开与读写

要想利用 PHP 对文件进行操作，就要先了解有关 PHP 中打开和读写文件的相关函数。

（1）fopen() 函数。

fopen() 函数的格式如下：

resource fopen (string filename, string mode [, bool use_include_path])

该函数的作用是打开文件或 URL。其中 filename 是要打开的文件名，必须为字符串形式。如果 filename 是 scheme://...（如 http://...）的格式，则被当成一个 URL，PHP 将搜索协议处理器（也被称为封装协议）来处理此模式。如果 PHP 认为 filename 指定的是一个本地文件（如 num.txt），将尝试在该文件上打开一个流，该文件必须是 PHP 可以访问的，因此需要确认文件访问权限允许该访问。mode 是打开文件的方式，必须为字符形式，可以取以下几个值。

☑　'r'：只读形式，文件指针指向文件的开头。

☑　'r+'：可读可写，文件指针指向文件的开头。

☑　'w'：只写形式，文件指针指向文件的开头，打开同时清除所有内容，如果文件不存在，将尝试建立文件。

☑ 'w+': 可读可写，文件指针指向文件的开头，打开同时清除所有内容，如果文件不存在，将尝试建立文件。

☑ 'a': 追加形式（只可写入），文件指针指向文件的最后，如果文件不存在，将尝试建立文件。

☑ "a+": 可读可写，文件指针指向文件的最后，如果文件不存在，将尝试建立文件。

（2）fgets()函数。

fgets()函数的格式如下：

```
string fgets (int handle [, int length])
```

该函数的功能是从文件指针中读取一行。其中 handle 是要读入数据的文件流指针，由 fopen()函数返回数值。length 是要读入的字符个数，实际读入的字符个数是 length-1。

即 fgets()函数从 handle 指向的文件中读取一行并返回长度最多为 length-1 字节的字符串，碰到换行符（包括在返回值中）、EOF 或者已经读取了 length-1 字节后停止（看先碰到哪一种情况）。如果没有指定 length，则默认为 1KB，即 1024B。出错时返回 FALSE。

（3）fwrite()函数。

fwrite()函数的格式如下：

```
int fwrite (resource handle, string string [, int length])
```

该函数的功能是写入文件，与 int fputs(resource handle, string str, int [length])功能相同。

fwrite()函数把 string 的内容写入文件指针 handle 处。如果指定了 length，当写入了 length 个字节或者写完了 string 以后，写入就会停止。

fwrite()函数返回写入的字符数，出现错误时返回 FALSE。

（4）fclose()函数。

fclose()函数的格式如下：

```
bool fclose (resource handle)
```

该函数的功能是关闭一个已打开的文件指针，即将 handle 指向的文件关闭。如果成功则返回 TRUE，失败则返回 FALSE。文件指针必须有效，并且是通过 fopen()或 fsockopen()函数成功打开的。

下面就用以上几个简单的文件操作函数来编写一个文本类型的访客计数器。

【例 3.37】

```
<!—代码案例：访客计数器-->
<html>
<head>
<title>访客计数器</title>
</head>
<body>
<?php
if (!file_exists("num.txt")){                    //如果文件不存在
```

```
$fp=fopen("num.txt", "w");              //借助 w 参数，创建文件
fclose($fp);                            //关闭文件
echo "num.txt 文件创建成功！<br>";
}
$fp=fopen("num.txt","r");
@$num=fgets($fp,12);                    //读取 11 位数字
if ($num=="") $num=0;
//如果文件的内容为空，初始化为 0
$num++;                                 //浏览次数加 1
@fclose($fp);                           //关闭文件
$fp=fopen("num.txt", "w");              //只写方式打开 num.txt 文件
fwrite($fp,$num);                       //写入加 1 后结果
fclose($fp);                            //关闭文件
echo "您是第".$num."位浏览者!";          //浏览器输出浏览次数
?>
</body>
</html>
```

不难发现，制作一个文件类型计数器的基本思路是：打开一个文件→读出文件里面的内容（数据）→数据+1 后再写入该文件→关闭文件。由于当文件以可读可写方式打开时，文件的内容同时被清空，所以制作文件计数器的具体步骤是：以只读方式打开一个文件→读出文件里面的内容（数据）→关闭文件→再以可读可写方式打开文件→数据+1 后再写入该文件→关闭文件。

3.2.7　目录的创建、删除与遍历

目录的操作主要是利用相关的目录函数来实现的，先来看一下有关的目录函数。

（1）string getcwd (void)：取得当前工作目录。

（2）bool chdir (string directory)：将当前目录改为 directory。

（3）new dir(sting directory)：将输入的目录名转换为一个对象并返回，代码如下。

```
class dir {
    dir(string directory )
    string path
    resource handle
    string read ( void )
    void rewind ( void )
    void close ( void )
}
```

该对象含有 2 个属性和 3 个方法。2 个属性为：handle（目录句柄）和 path（打开目录的路径）。

3 个方法为：read (void)（读取目录）、rewind (void)（复位目录）、close (void)（关闭目录）。

这 3 个方法与后面将要介绍的 readdir()、rewinddir()和 closedir()函数的作用相同。

（4）resource opendir (string path)：打开目录句柄。path 为要打开的目录路径。

（5）string readdir (resource dir_handle)：返回目录中下一个文件的文件名。文件名以在文件系统中的排序返回。dir_handle 为目录句柄的 resource，之前由 opendir()打开。成功则返回文件名，失败返回 FALSE。

（6）void rewinddir (resource dir_handle)：倒回目录句柄。将 dir_handle 指定的目录流重置到目录的开头。dir_handle 为目录句柄的 resource，之前由 opendir()打开。

（7）void closedir (resource dir_handle)：关闭目录句柄。关闭由 dir_handle 指定的目录流，流必须已被 opendir()打开。

（8）array scandir (string directory [, int sorting_order])：列出指定路径中的文件和目录。返回一个 array，包含 directory 中的文件和目录。参数 directory 是要被浏览的目录。参数 sorting_order 是文件的排列顺序，默认的排序顺序是按字母升序排列。如果使用了可选参数 sorting_order（设为1），则排序顺序是按字母降序排列。

（9）bool chroot (string directory)：将当前进程的根目录改变为 directory。本函数仅在系统支持且运行于 CLI、CGI 或嵌入 SAPI 版本时才能正确工作。此外，本函数还需要 root 权限。

下面举例说明目录的相关操作。

【例 3.38】

```php
<!--文件案例：目录输出-->
<html>
<head>
<title>目录输出</title>
</head>
<body>
<?php
$dir=getcwd();                    //获取当前路径
echo getcwd(). "<br>";            //输出当前目录
$files1=scandir($dir);            //列出指定路径中的文件和目录
$files2=scandir($dir,1);
print_r($files1);                 //输出指定路径中的文件和目录
print_r($files2);
$dir=dir($dir);
echo gettype($dir)."<br>";
echo "目录句柄:".$dir->handle."<br>";
echo "目录路径:".$dir->path."<br>";
while ($entry=$dir->read())
echo $entry.";  <br> ";
$dir->close();
if (chdir("c:/windows")){
echo "当前目录更改成功:c:/windows<br>";
}else{
echo "当前目录更改失败！<br>";
}
```

```
?>
</body>
</html>
```

程序执行的结果就是保存本程序的目录及其里面的文件内容。

当然，通过这些函数还可以做出企业网站中的宣传图片或商业网站的广告。更新这些图片时，添加删除图片就可以了。代码如下，大家可以自己运行测试（当然所需的文件要存在）。

【例 3.39】

```
<!--遍历图片显示-->
<html>
<head>
<title>遍历图片显示</title>
</head>
<bodY>
<?php
$addr="./image/";
$dir=dir($addr);
while ($file_name=$dir->read()){
if ($file_name=="." or $file_name==".."){
}else{
echo "<img src=".$addr.$file_name." width=40
height = 30>&n bsp; ";
}
}
?>
</body>
</html>
```

3.2.8 其他函数

据粗略统计，PHP 5 提供的函数总数达 3800 多个，分属于 160 多个类别，可以说是体系极为庞大。这些函数涵盖了 PHP 编程的方方面面，给 PHP 开发者带来巨大的便利和强有力的支撑。

虽然本任务中已经用了很大的篇幅介绍一些最常用的函数，但和 PHP 全部函数比起来，仍然只是极小的一部分。除此之外，还有数据库函数、XML 函数、Socket 函数、正则表达式函数、COM 与 DOM 函数、压缩函数、MAIL 函数等。这么多的函数不是短期学习能够掌握的，这就要求读者首先充分了解 PHP 函数的体系，然后通过长时间不断的学习、积累，最终达到较高的水平。

学习过程中，建议读者准备一份中文版的 PHP 官方手册，这在 PHP 官方网站和国内其他网站上很容易下载到。这本手册涵盖了 PHP 各方面的知识，并提供了几乎全部函数的介绍。可以说 PHP 手册是 PHP 初学者以及 PHP 开发者必不可少的参考工具。

关于 PHP 的函数就介绍这些。本书中的其他章节还将根据需要介绍其他函数，如文件

/目录函数、数据库函数等。

练习

1．编制程序，练习数组函数、字符串处理函数的使用。
2．常用的时间/日期函数有哪些？在使用时应注意什么问题？
3．利用文件系统函数，编写一个文件遍历程序。

项目4
初识 MySQL 数据库

知识点、技能点

- Web 开发与数据库
- MySQL 数据库的介绍
- 数据库的安装与初始化
- MySQL 中的数据类型
- 结构化查询语句概述

- 数据定义语言
- 数据操作语言
- 数据查询语言（SELECT）
- 数据库的用户管理
- phpmyadmin 的安装与使用

学习要求

- 掌握数据库的安装与初始化
- 掌握 MySQL 中的数据类型
- 掌握结构化查询语句
- 掌握数据操作语言

- 掌握数据定义语言
- 掌握数据查询语言（SELECT）
- 掌握 phpmyadmin 的用法

教学基础要求

- 掌握数据库的安装与初始化
- 掌握数据定义语言
- 掌握数据操作语言

- 掌握数据查询语言（SELECT）
- 了解 phpmyadmin 的用法

任务 1　MySQL 简介和创建新的数据库

任务描述

☑　MySQL 的简介
☑　创建新的数据库
☑　认识 MySQL 中的数据库

知识汇总

4.1.1　Web 开发与数据库

动态网站开发离不开数据存储，而数据存储则离不开数据库。例如，可以将注册用户的信息存储在一个文本文件中，以供以后取用。这使得网站增加了很多交互性因素。但是文本文件并不是存储数据的最理想方法，数据库技术的引入给网站开发带来了巨大的飞跃。

数据库技术是计算机技术中的重要部分，在软件开发领域起着至关重要的作用。由于数据库技术属于一个专门的技术领域，而本书也不是以讨论数据库原理为目的，因此不再对数据库的理论进行阐述。考虑到部分读者可能对数据库并不熟悉，甚至一无所知，为了使这部分读者对数据库的概念有一个简单的认识，为接下来的学习扫除障碍，这里用比较通俗的语言描述一下什么是数据库。

所谓数据库，可以理解为用来存储信息的"仓库"，而信息就是要存储的数据，如用户的姓名、年龄，产品的价格、简介，某一个日期、时间，甚至图像等。总之，一切可以在计算机中存储下来的数据都可以通过各种方法存储到数据库中。

信息并不是杂乱无章地直接放入数据库，而是以二维表的形式组织起来，一条一条地存储于表中，这和日常生活中经常用到的各种表格形式上是一致的。表中的每一条信息称为一条记录。一个数据库中可以有若干张表，每张表中又可以存放若干条记录。如前面讲到的用户注册程序，每一个用户的信息，如用户名、密码、头像等，就可以作为一条记录，存储在一张表中。

每张表都有自己的表头。如需要设计一个用来统计学生信息的表格，把要收集的学生信息分成几个栏目，这些栏目就是表头，在数据库技术中称为字段。如表 4.1 所示为一张学生基本信息表，其中"学号"、"姓名"、"性别"、"年龄"就是字段，"张海"就是第一条记录的"姓名"字段值；20 就是第 3 条记录的"年龄"字段值。而表中横向的多个字段值组成了一条记录，多条记录构成了一张数据表。

表 4.1　学生基本信息表

学　　号	姓　　名	性　　别	年　　龄
001	张海	男	20
002	李水	女	17
003	王江河	男	18
…	…	…	…

以上简要说明了数据库、表、字段和字段值这几个概念。实际上这些概念远比这里介绍的复杂得多，对此感兴趣的读者可以参考数据库技术的相关书籍来进一步了解。

把数据以这种形式存放在数据库中有什么好处呢？采取数据库技术可以给数据的存储和检索带来巨大好处，主要可以归纳为以下 4 点。

- ☑ 数据存储集约化，最大限度节省存储空间。
- ☑ 数据库专门的检索引擎能够极大提高数据检索速度。
- ☑ 数据库结构化查询语言（SQL）给数据管理带来了极大便利。
- ☑ 可以方便地对数据进行查询、增加、删除、修改。

数据库系统从根本上说就是一个软件系统。通过这个软件系统可以对大量数据进行存储和管理。当前市场上的数据库有几十种，其中有如 Oracle、SQL Server 等大型网络数据库，也有如 Access、VFP 等小型桌面数据库。对于网站开发而言，一般使用中小型数据库系统就能满足要求。MySQL 就是当前 Web 开发，尤其是 PHP 开发中使用最为广泛的数据库。

4.1.2 MySQL 简介

MySQL 是 MySQL AB 公司开发的一种开放源代码的关系型数据库管理系统（RDBMS），MySQL 数据库系统使用最常用的数据库管理语言——结构化查询语言（SQL）进行数据库管理。由于 MySQL 是开放源代码的，因此任何人都可以在 General Public License 的许可下下载并根据个性化的需要对其进行修改。MySQL 因为其速度、可靠性和适应性而备受关注，大多数人都认为在不需要事务化处理的情况下，MySQL 是管理内容最好的选择。

MySQL 关系型数据库于 1998 年 1 月发行第一个版本。它使用系统核心提供的多线程机制提供完全的多线程运行模式，提供了面向 C、C++、Eiffel、Java、Perl、PHP、Python 等编程语言的编程接口，支持多种字段类型并提供了完整的操作符。

2001 年，MySQL 4.0 发布。在该版本中提供了许多新的特性，如新的表定义文件格式、高性能的数据复制功能、更加强大的全文搜索功能等。目前，MySQL 已经发展到 MySQL 5.1，功能和效率方面都得到了更大的提升。

大概是由于 PHP 开发者特别钟情于 MySQL，因此才在 PHP 中建立了完美的 MySQL 支持。在 PHP 中，用来操作 MySQL 的函数一直是 PHP 的标准内置函数。开发者只需要用 PHP 写下短短几行代码，就可以轻松连接到 MySQL 数据库。PHP 还提供了大量的函数来对 MySQL 数据库进行操作。可以说，用 PHP 操作 MySQL 数据库极为简单和高效，这也使得 PHP+MySQL 成为当今最为流行的 Web 开发语言与数据库搭配之一。

当然，PHP 支持的数据库远不止 MySQL 一种。根据 PHP 官方提供的资料，PHP 支持几乎全部当前主流的数据库。但是 PHP 和 MySQL 的搭配无论是从性能上还是易用性上都毫无疑问地成为开发者的首选。此外，还有一个重要原因，就是 PHP 和 MySQL 都是免费和开放源代码的，并且都有良好的跨平台特性。这使得搭建 Web 服务器的成本几乎为零，而且开发出来的程序具有可移植性，这些都是吸引开发者的重要原因。

4.1.3 数据库的安装与初始化

1. 下载和安装 MySQL 安装包

虽然 MySQL 5.1 已经发布，但本书以 MySQL 5.0.18 这个目前相对稳定的版本为例来介绍其安装方法。其他版本 MySQL 的安装方法也大致相同，读者也可以参照本节介绍的方法进行安装和初始化设置。

首先下载 MySQL 的安装包。可以直接从 MySQL 的官方网站下载，网址为http://www.mysql.com。也可以通过国内站点下载，如 http://www.mysql.cn。由于本书中的例子都在 Windows 平台下进行开发和调试，因此要下载 Windows 平台下的 MySQL 安装包。笔者下载的是一个名为 mysql-5.0.18-win32.zip 的压缩包。通过压缩包的名字就可以看出，该 MySQL 版本为 5.0.18，并且适用于 Windows 32 位平台。

MySQL 的具体安装和配置过程如下。

（1）解压安装包得到 setup.exe 的安装文件，启动安装程序后会出现软件安装欢迎界面，如图 4.1 所示。

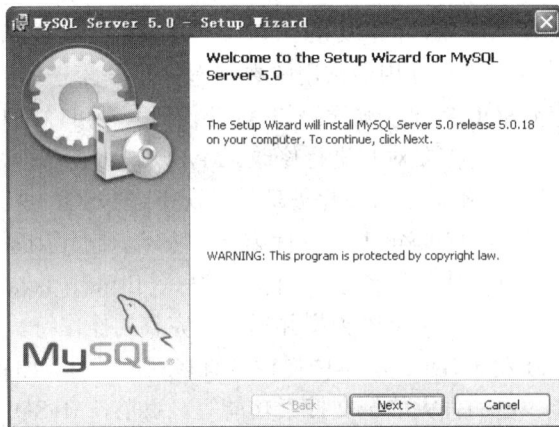

图 4.1　MySQL 数据库安装欢迎界面

（2）单击 Next 按钮，出现选择安装类型界面，如图 4.2 所示。默认选择 Typical，即典型方式。这里建议选择 Custom，即自定义方式。因为选择此项才能手工指定安装目录，否则将会安装到默认目录。

（3）单击 Next 按钮，出现"自定义安装"界面。在这里可以选择要安装的组件。因为安装全部组件也仅需要 23MB 的空间，因此建议不做改动，保持默认设置。界面下方为安装位置，默认为 C:\Program Files\MySQL\MySQL Server5.0\，可以看出该目录较为复杂，不便于将来使用，可以单击 Change 按钮，另外选择一个目录，例如选择 C:\Mysql5\作为安装目录，如图 4.3 所示。

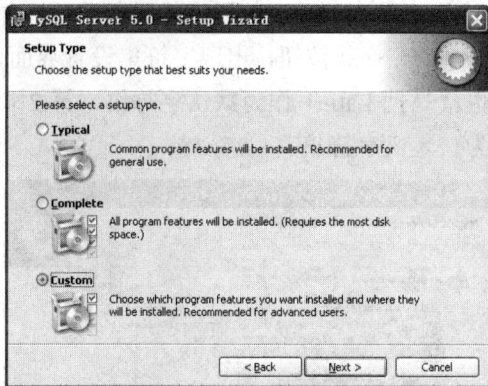

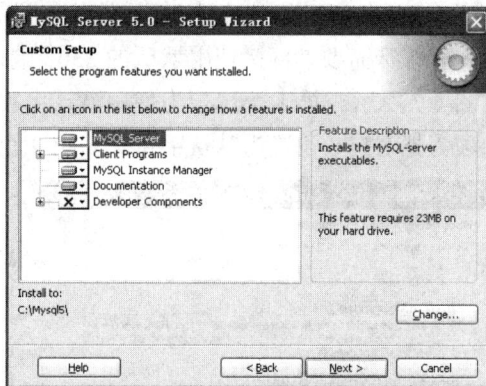

图 4.2　选择安装类型　　　　图 4.3　选择安装组件与目录

（4）继续单击 Next 按钮，出现"准备就绪，确认安装"界面，确认无误后单击 Install 按钮，此时出现安装进度条，如图 4.4 所示。安装完成后，会出现 MySQL 注册界面，提示用户创建一个 MySQL 通行证或者登录 MySQL 通行证，可以选中 Skip Sign-Up 单选按钮，直接跳过这一环节，如图 4.5 所示。

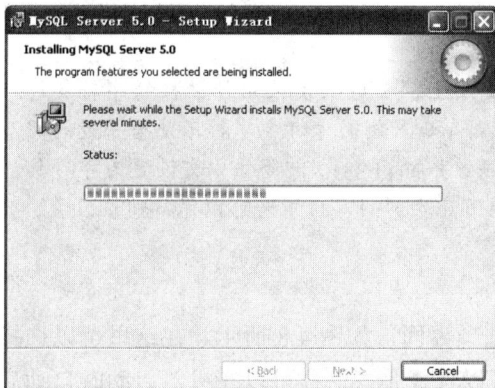

图 4.4　MySQL 安装进度　　　　图 4.5　MySQL 联机注册

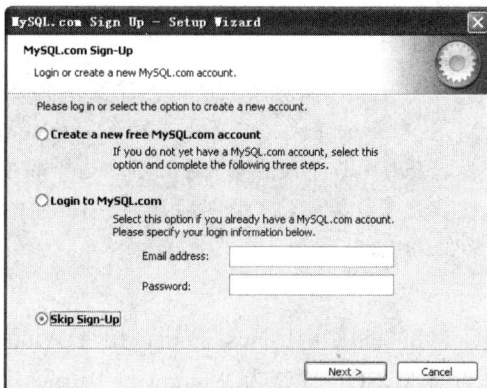

（5）单击 Next 按钮，出现安装完毕界面。这时会询问是否进行 MySQL 服务器配置，建议保持复选框选中状态，并单击 Finish 按钮，以启动 MySQL 服务器配置向导。

（6）单击 Next 按钮，出现服务器配置类型界面，保持选择默认的 Detailed Configuration，单击 Next 按钮，这时出现 3 个选项，可以选择 Developer Machine 或 Server Machine，这里选择 Developer Machine。单击 Next 按钮，出现选择数据库用途界面，可以选择 Multifunctional Database，即多功能数据库。单击 Next 按钮，出现 InnoDB 存放位置窗口，保持默认设置直接单击 Next 按钮，出现并发连接数选择界面，如图 4.6 所示。这里第 1 个选项表示最大连接数为 20，第 2 个选项表示最大连接数为 500，第 3 个选项为自定义连接数。在学习阶段，建议选择第 1 个选项，20 个连接数足够使用。如果是真正配置 Web 服务器，可以根据需要选择更大的连接数。

　　（7）单击 Next 按钮，出现端口选择界面。这里就是 MySQL 数据库的服务端口，如果没有特殊需要，直接使用默认的 3306 端口即可。单击 Next 按钮，出现字符集设置界面，如图 4.7 所示。第 1 个选项为使用默认字符集，也就是把 Latin1 作为默认字符集，第 2 个选项为把 UTF8 设置为默认字符集，第 3 个选项为自定义字符集。

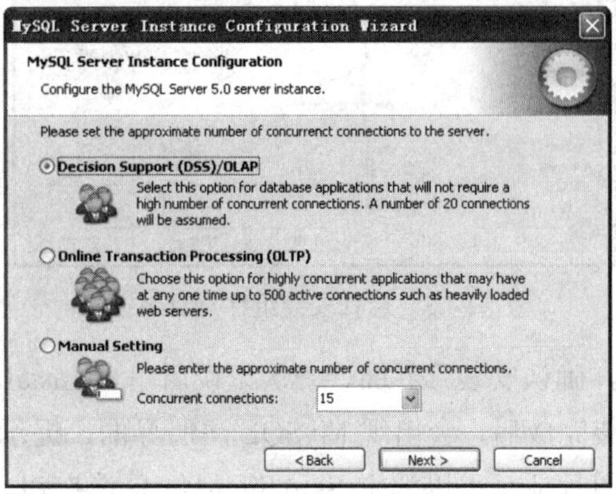

图 4.6　选择最大连接数 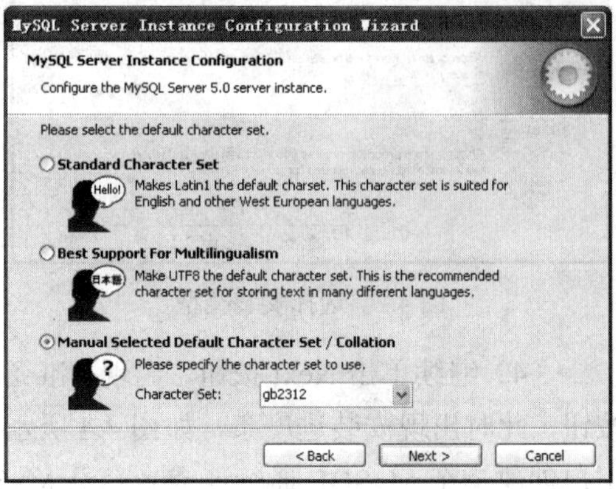　　　　　图 4.7　设置字符集

说明

　　字符集的概念比较复杂，这里不再详述。事实上，一般来说采用什么样的字符集对 MySQL 影响不大，只有在不同 MySQL 之间导入/导出数据时才考虑字符集是否一致的问题，否则容易导致乱码。这里不妨选择第 3 个选项，并把 gb2312 即简体中文设置为字符集（此处字符集的设置将对后期的 PHP+MySQL 调用产生影响，初学者可以保持默认设置，即采用 Latin1）。

　　（8）继续单击 Next 按钮，出现 Windows 选项界面，如图 4.8 所示。在这里可以选择是否将 MySQL 安装为 Windows 的服务。这里可以选择是，这样可以在机器启动时自动启动 MySQL 数据库服务。另外，建议选中下面的 Include Bin Directory in Windows PATH 单选按钮。本选项的意思是将 MySQL 的 Bin 目录加入到 Windows 的环境变量中。这样做可以让用户在命令行下直接运行 MySQL 命令，而无须先切换到 MySQL 的安装目录的 Bin 目录下（MySQL 的命令存放在安装目录下的 Bin 子目录下，如 C:\mysql5\bin）。

　　（9）继续单击 Next 按钮，出现安全选项界面。在该界面中可以设置 MySQL 数据库超级管理员的密码。MySQL 安装完毕之后默认生成一个用户名为 root 的超级管理员用户，密码为空。该用户拥有对数据库的完全控制权限，因此为其设置密码非常重要，而且一旦设置就要牢记，否则很难找回。如果是在服务器上安装 MySQL，务必要设置这个密码，而且设置的越复杂越好。如果仅仅是在本地机器作为学习、测试之用，为了方便可以暂不设置密码。这里将密码设置为 1234。单击 Next 按钮，这时设置步骤完成，出现执行配置界面，单击 Execute 按钮，开始执行配置，稍等片刻即可配置成功，如图 4.9 所示。

高等职业教育"十二五"规划教材

图 4.8 设置 Windows 选项

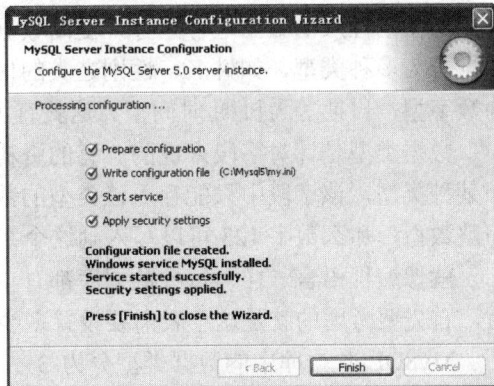

图 4.9 配置完成

这时所有配置工作都已顺利结束，单击 Finish 按钮结束配置程序。

2. 进入 MySQL 控制台

如果安装并配置成功，MySQL 服务应该已经被启动，可以通过以下方法进行简单的测试，来验证 MySQL 安装是否成功。

选择"开始"→"运行"命令，执行 cmd 命令，打开命令提示符窗口（也可以通过选择"开始"→"程序"→"附件"→"命令提示符"命令来打开），在命令提示符下输入 mysql -u root -p 并按 Enter 键，会出现 Enter password:，输入密码 1234 按 Enter 键，如果 MySQL 安装成功并已成功启动，会出现如图 4.10 所示的登录成功的欢迎信息。

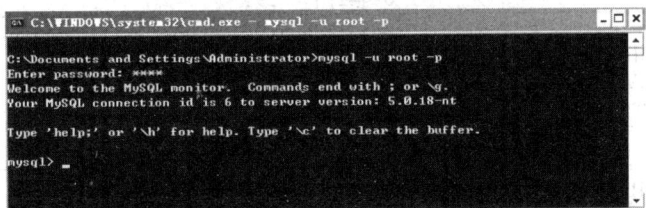

图 4.10 MySQL 登录成功的欢迎信息

根据软件环境不同，命令提示符的显示信息可能也会有所不同。但只要输入密码后能够看到 Welcome to the MySQL monitor 之类的提示，就说明 MySQL 登录成功。如果 root 用户没有设置密码，可以在出现 Enter Password: 之后直接按 Enter 键，使用空密码进入。如果出现"MySQL 不是内部命令或外部命令，也不是可运行的文件或批处理文件"的提示，那说明在上面的配置步骤中没有把 MySQL 的 Bin 目录加入到系统环境变量中。这时可以在命令提示符下切换到 MySQL 的安装目录的 Bin 目录，然后输入 mysql -u root -p 命令来登录 MySQL。

4.1.4 MySQL 中的数据类型

1. 数据类型

这里所说的数据类型实际上也是字段类型，即数据表中的每个字段可以设置的类型。

为了对不同性质的数据进行区分，提高数据查询和操作的效率，数据库系统都将可存入的数据分为多种类型，如姓名、性别之类的信息为字符串型，年龄、价格、分数之类的信息为数字型，日期等为日期/时间型。这就有了数据类型的概念。

数据类型是针对字段来说的。有的资料中称为列类型或字段类型。一个字段一旦设置为某种类型，该字段中只能存入该类型的数据，不能写入非法数据。如"年龄"字段设置为整数型，那么数字 123 可以写入到这个字段中，字符串 ab 就无法写入。

就像编程语言一样，每种数据库都有自己支持的若干种数据类型。在数据库中建立表时，首先要考虑的就是这个表需要设置多少个字段以及每个字段的数据类型。

MySQL 数据库中的数据类型分为 3 大类：数值类型、日期/时间类型和字符串类型。各大类中包含的具体类型及其取值范围如表 4.2 所示。

表 4.2　MySQL 常用数据类型

大　　类	数 据 类 型	取值范围或取值格式
数值型	TINYINT	有符号：−128～127
		无符号：0～255
	SMALLINT	有符号：−32768～32767
		无符号：0～65535
	MEDIUMINT	有符号：−8388608～8388607
		无符号：0～16777215
	INT	有符号：−2147483648～2147483647
		无符号：0～4294967295
	BIGINT	有符号：−9223372036854775808～9223372036854775807
		无符号：0～18446744073709551615
日期/时间型	DATETIME	0000-00-0000:00:00
	DATE	0000-00-00
	TIMESTAMP	00000000000000
	TIME	00:00:00
	YEAR	0000
字符串型	CHAR	0～255（字节，字符型）
	VARCHAR	0～65535（字节，字符型）
	BINARY	0～255（字节，二进制型）
	VARBINARY	0～65535（字节，二进制型）
	BLOB	无限大小（字节字符串）
	TEXT	无限大小（字符字符串）
	ENUM	枚举型，最多 65535 个元素
	SET	集合型，最多 64 个成员

读者可能对表中的数据类型还很陌生，在后面的内容中将陆续介绍其中一些较为常用的类型。

2. 字段属性

字段除了必须声明类型之外，还可以有各种属性。如有的字段值不能为空，有的字段可以设成"key（键）"，有的字段可以设成"Auto_increment 自增"，有的字段可以规定长度和设置默认值等，这就涉及 MySQL 的字段属性。读者将在后面的学习中逐渐接触到不同的字段属性。

练习

1．数据库技术可以给数据的存储与检索带来哪些好处？
2．如何正确安装 MySQL 数据库？

任务 2　数据库操作

任务描述

☑　数据库中常用的 SQL 语句
☑　数据库的用户管理
☑　MySQL 可视化管理工具 phpMyadmin

知识汇总

4.2.1　结构化查询语句概述

结构化查询语言（Structured Query Language）最早是 IBM 的圣约瑟研究实验室为其关系数据库管理系统 SYSTEM R 开发的一种查询语言。SQL 结构简洁、功能强大、简单易学，所以自从 1981 年由 IBM 公司推出以来，SQL 得到了广泛的应用。如今无论是 Oracle、Sybase、SQL Server 等大型的数据库管理系统，还是 Visual Foxporo、PowerBuilder 等小型桌面数据库开发系统，都支持 SQL 语言作为查询语言，MySQL 也不例外。

SQL 主要包含以下 4 个部分。

☑　数据定义语言：CREATE、ALTER、DROP。
☑　数据控制语言：COMMIT WORK、ROLLBACK WORK。
☑　数据查询语言：SELECT。
☑　数据操作语言：INSERT、UPDATE、DELETE。

SQL 可用于所有用户的数据库活动模型，包括系统管理员、数据库管理员、应用程序员、决策支持系统人员及许多其他类型的终端用户。基本的 SQL 命令在很短时间内就能学会，高级的命令通过学习也不难掌握。SQL 可以完成的功能包括：

☑　查询数据。
☑　在表中插入、修改和删除记录。
☑　建立、修改和删除数据对象。
☑　控制对数据和数据对象的存取。

☑ 保证数据库一致性和完整性。

早期的数据库管理系统为上述各类操作提供单独的语言，而 SQL 将全部任务统一在一种语言中。由于所有主要的关系数据库管理系统都支持 SQL 语言，因此用 SQL 编写的程序在一般情况下都具有可移植性。

上面对 SQL 的理论进行了介绍，下面就来介绍一些具体的 SQL 语句。看 SQL 是如何实现对数据的操纵的。

4.2.2　数据定义语言（CREATE/ALTER/DROP）

1. CREATE/SHOW/USE 语句

CREATE 语句可以用来创建新的数据库和表。SHOW 语句用来显示当前所有数据库或当前数据库下的所有表。

根据本章前面讲过的方法，打开命令提示符界面，输入用户名密码登录到 MySQL 控制台，光标前面将显示 mysql>，在光标处可以直接输入 SQL 语句来操作数据库。接下来创建一个 student 数据库，输入以下命令并按 Enter 键。

mysql> CREATE　DATABASE　student;

SQL 语句可以用大写，也可以用小写，还可以大小写混合。本语句执行后会输出：

Query OK, 1 row affected (0.08 sec)

这说明语句执行成功。一个名为 student 的数据库已经被成功创建。这时可以用以下命令来查看数据库是否已经被创建：

mysql> SHOW DATABASES;

输入命令后按 Enter 键，即可列出当前所有数据库。

```
mysql> show databases;
+--------------------+
| Database           |
+--------------------+
| information_schema |
| mysql              |
| student            |
| test               |
+--------------------+
4 rows in set (0.13 sec)
```

可以看到，student 数据库已经成功创建（information_schema、mysql、test 3 个数据库均为 MySQL 安装时自动创建的原始数据库）。

继续用 CREATE 语句在 student 数据库中创建一个表 info。该表用来存储学生基本信息，一共有 3 个字段，分别是姓名（name）、性别（sex）和年龄（age）。这 3 个字段对应的数据类型分别为 CHAR、CHAR、TINYINT，长度分别限制在 20B、2B、2B 以内。

在 student 数据库中创建表之前，需要首先打开这个数据库：

mysql> USE student;

此语句用 USE 命令选定一个要操作的数据库。执行后显示 Database changed，表示数据库已经打开。

然后输入以下语句并按 Enter 键：

mysql> CREATE TABLE info (name CHAR(20), sex CHAR(2), age TINYINT(2));

注意

> 每条 SQL 语句输入完毕后最后要输入 "；"，表示输入完成。否则，不论按多少次 Enter 键此语句都不会执行，直到遇到分号结尾（也有极个别语句可以不加分号）。

语句执行完毕后显示 Query OK, 0 rows affected (0.14 sec)，表示语句执行成功。这时表 info 已经成功创建，可以使用以下命令来查看 student 数据中现有的表。

mysql> SHOW TABLES;

执行后显示：

```
+------------------+
| Tables_in_student |
+------------------+
| info             |
+------------------+
1 row in set (0.00 sec)
```

2. ALTER 语句

ALTER 语句用来修改一个表的定义，即修改表自身，如修改表的名字，修改表中某个字段的名字、属性、类型等（也可以用于修改数据库的部分属性）。例如：

mysql> ALTER TABLE info CHANGE name xingming CHAR (20);

本语句将表 info 的 name 字段名修改为 xingming，类型和长度不变。又如：

mysql> ALTER TABLE info ADD addr CHAR (50);

本语句在 info 表中又增加了一个名为 addr，类型为 CHAR，长度为 50 的新字段。再如：

mysql> ALTER TABLE info DROP addr;

本语句删除了表 info 中的 addr 字段。

3. DROP 语句

DROP 语句用来删除一个数据库或者一个表。如果是删除一个数据库，那么这个数据库下的所有表也将被删除。例如：

mysql> DROP DATABSE D1;

删除名为 D1 的数据库。

mysql> DROP TABLE tbl1;

删除名为 tbl1 的表（删除前需要先打开数据库）。

4.2.3 数据控制语言（COMMIT WORK，ROLLBACK WORK）

COMMIT 命令用于把事务所做的修改保存到数据库，它把上一个 COMMIT 或 ROLLBACK 命令之后的全部事务都保存到数据库。

ROLLBACK 命令用于回归当前事务，即撤销该事务中所有 SQL 语句对数据库的更新，这样，数据库就会恢复到执行该事务第一条语句之前的状态

在上面两条语句中，work 关键字都是可选的。

这两个命令的语法分别是：

commit [work];和 rollback [work];

关键字 COMMIT 和 ROLLBACK 是语法中唯一不可缺少的部分，其后是用于终止语句的字符或命令，具体内容取决于不同的实现。关键字 WORK 是个选项，其唯一作用是让命令对用户更加友好。

在下面这个范例里，我们首先从表 info 里的全部数据开始：

```
select * FROM info;
name        sex        age
张三        男          20
李四        男          18
王五        女          18
赵六        女          17
4 rows selected
```

接下来，删除表里年龄低于 18 的信息。

```
delete from info
where age<18;
1 rows deleted
```

使用一个 COMMIT 语句把修改保存到数据库，完成这个事务。

```
COMMIT;
commit complete
```

或使用一个 rollback 语句撤销修改恢复到修改前的数据库，完成这个事务。

```
ROLLBACK;
rollback complete
```

对于数据库的大规模数据加载或撤销来说，应该多使用 COMMIT 语句；然而，过多的 COMMIT 语句会让工作需要大量额外时间才能完成。

记住，全部修改都首先被送到临时回退区域，如果这个临时回退区域没有空间了，不能保存对数据库所做的修改，数据库很可能会挂起，禁止进行进一步的事务操作。

📝 **注意**

在某些实现里，事务不是通过使用 COMMIT 命令提交的，而是由退出数据库的操作引发提交。但是，在某些实现里，比如 MySQL，在执行 SETTRANSACTION 命令之后，在数据库收到 COMMIT 或 ROLLBACK 之前，自动提交功能是不会恢复的。

4.2.4 数据查询语言（SELECT）

SELECT 语句用来查询表中的数据。SELECT 语句是 SQL 中最复杂的语句之一。因为用 SELECT 语句可以实现极为复杂的查询功能，如可以查询某个表中全部记录、部分满足条件的记录、全部字段、部分满足条件的字段等。还可以同时从多个表中查询满足条件的记录，以及对查询结果进行排序等。

这里仅介绍几种常用的 SELECT 语句，读者可以参考其他数据库专业书籍来更加深入地学习。

（1）查询全部记录的全部字段。

查询一个表中全部记录，可以用如下语句：

```
mysql> SELECT * FROM info;
```

这里"*"表示所有字段，info 为表名。程序执行后输出：

```
+------+------+------+
|name| sex | age |
+------+------+------+
| 张三 |  男  |  20 |
| 李四 |  男  |  18 |
| 王五 |  女  |  18 |
| 赵六 |  女  |  17 |
+------+------+------+
4 rows in set (0.02 sec)
```

可见刚才插入的 4 条数据全部被查询出来了。

（2）查询全部记录的部分字段值。

可以通过指定具体的字段和排序方式，来过滤掉不需要显示的字段。如要查询所有记录的姓名、年龄两个字段值，可以用如下语句：

```
mysql> SELECT name,age FROM info;
```

执行后输出：

```
+------+------+
|name| age |
+------+------+
| 张三 |  20  |
| 李四 |  18  |
| 王五 |  18  |
| 赵六 |  17  |
+------+------+
4 rows in set (0.00 sec)
```

（3）查询满足某个条件的记录。

通过 SELECT 语句的 WHERE 子句，可以查询某些满足指定条件的记录，这在查询中极为常用。如要查询所有年龄小于 19 的记录，可以用如下语句：

mysql> SELECT * FROM info WHERE age<19;

执行后输出：

```
+------+------+------+
|name| sex | age |
+------+------+------+
| 李四 | 男  |  18  |
| 王五 | 女  |  18  |
| 赵六 | 女  |  17  |
+------+------+------+
3 rows in set (0.01 sec)
```

当查询条件有多个时，可以使用 AND 关键字。如现在查询所有年龄小于 19 并且性别为女的记录，可以使用下列语句：

mysql> SELECT * FROM infor WHERE age<19 AND sex = "女";

该语句执行后，将只输出满足条件的"王五"、"赵六"两条记录。

（4）查询某些记录，并对结果进行排序。

使用 SELECT 语句的 ORDER BY 子句可以对查询结果进行排序。如查询所有性别为女的记录，并且将结果按照年龄从小到大排序。

mysql> SELECT * FROM info WHERE sex= "女" ORDER BY age ASC;

运行后输出结果如下：

```
+------+------+------+
|name| sex | age |
+------+------+------+
| 赵六 | 女  |  17  |
| 王五 | 女  |  18  |
+------+------+------+
2 rows in set (0.01 sec)
```

如果要将从小到大改为从大到小排列，则将命令中的 ASC 改为 DESC 即可。

本节简要地介绍了一些 Web 开发中最为常用的 SELECT 语句，这些语句能够满足一般 Web 开发的需求。在后面的编程中经常会用到 SELECT 语句，读者应注意多积累、多比较、多练习，掌握尽量多的 SELECT 语句的使用方法，才能在以后的开发中得心应手。

4.2.5　数据操作语言（INSERT/UPDATE/DELETE）

1. INSERT 语句

INSERT 语句用来向表中插入新的数据记录，每次插入一条。如要向刚才创建的 info 表中插入一条各字段值分别为"何七"、"男"、"20"的记录，可以使用下面的语句：

mysql> INSERT INTO info VALUES（"何七"，"男"，20）;

执行后显示 Query OK, 1 row affected (0.08 sec)，表示语句执行成功。

值得注意的是，在插入数据时，字符串型值要用双引号或者单引号引起来，数值型不用引号（加引号将出错）。而且提供的数据也必须按照表的字段顺序排列，不能颠倒。

后面将介绍如何从表中查询数据。在查询之前，先执行几次 INSERT 语句向表中插入几条信息，这样可以更加形象地说明查询语句的作用。不妨再插入"李四"、"王五"、"赵六"3 条记录，这样表中共有 4 条记录。

2. UPDATE 语句

UPDATE 语句可以对表中现有的记录进行修改。

（1）修改全部记录的某个字段的值。

例如要将 info 表中全部记录的年龄都修改成 25，可以使用下面的语句：

mysql> UPDATE info SET age=25;

这时如果用 SELECT 语句查询此表，会看到所有记录的 age 字段都变成了 25（读者可以执行 SELECT * FROM info; 语句来查看表中的数据。

此外，还可以一次修改多个字段的值。如除了要将所有记录的 age 字段修改成 25，还要将所有 sex 记录修改为"女"，可以用如下语句：

mysql> UPDATE info SET age = 25, sex − "女";

也就是说，修改多个字段的值时，多个字段之间用逗号隔开。

（2）修改满足某条件的记录。

通过 WHERE 子句指定的条件，可以修改满足指定条件的记录的值。如要将姓名为"张三"的记录的年龄修改成 23，可以用如下语句：

mysql> UPDATE info SET age = 23 WHERE name = "张三";

执行之后再用 SELECT 语句查询此表，会发现"张三"的年龄为 23，其他记录的年龄均为 25。

同样可以用逗号隔开的方法，修改满足指定条件的记录的多个字段。

3. DELETE 语句

DELETE 语句用来删除表中的记录，可以一次删除全部记录，也可以删除满足指定条件的记录。

（1）删除表中的全部记录。

如要删除表 info 中的全部记录，可以用以下语句：

```
mysql>DELETE FROM info;
```

该语句执行后表 info 中的全部记录都会被删除。可以看出该命令是比较危险的，很容易造成误删，带来意想不到的后果。因此使用此命令时应尽量注意。

（2）删除满足条件的记录。

如果要删除表 info 中性别为"女"的记录，可以用如下命令：

```
mysql> DELETE FORM info WHERE sex = "女";
```

读者可以自行尝试变换条件，来观察语句运行效果。

4.2.6 数据库的用户管理

前面进入 MySQL 控制台时，使用的是 MySQL 的超级管理用户，即用户名为 root 的用户。事实上，在实际应用中一台数据库服务器往往多人同时使用，这时如果只有一个用户账号显然不够。而且 root 用户拥有对数据库的全部权限，可以对数据库进行任意操作，当然不希望被一个一般的管理员使用。因此需要在 MySQL 中分配账号，每个账号管理各自的数据库，不能越权，这样可以很好地提高数据库的安全性。

在 MySQL 中，增加新用户的方法主要有两个：一是直接向 MySQL 用户表中插入新记录；二是使用 GRANT 授权命令。

MySQL 的用户账号和密码以及权限等信息，都存储在一个名为 mysql 的数据库的 user 表中（MySQL 安装完成后自动创建，可以在控制台下查看）。分别执行以下两个命令：

```
mysql> use mysql
mysql> select * from user;
```

这时可以看到类似于下面样式的返回结果（以下结果进行过简化）：

```
+-----------+-------+-----------------+-------------+-------------+------------
| Host      | User  | Password  ……
| %         | root  | 1c8bc9fa64c40b82  ……
+-----------+-------+-----------------+-------------+-------------+------------
1 rows in set (0.00 sec)
```

可以看到查询出了 user 表中的记录，每条记录就是一个用户账号信息。由于 user 表有数十个字段，因此读者看到的查询结果可能显示的比较凌乱，这是由于屏幕尺寸有限，无法在一行内显示出所有字段，自动换行所导致的。

新安装的 MySQL，一般 user 表中有两个用户，分别是 root 和匿名用户。匿名用户即不需要用户名和密码即可进入系统的用户。

在 user 表中，前 3 个字段 Host、User、Password 分别表示登录主机、用户名和密码。登录主机表示此用户允许登录的主机地址，即 IP 地址，%表示任意主机。如果本用户只能从本地登录，不允许远程登录，可以用 localhost 或本机 IP 地址。用户密码用加密方式存储，因此看到的密码是一串无规则的字符串。第 4 个字段以后的字段表示权限状态，即该用户是否有某权限，包括查询权限、修改权限、删除权限等。

知道 MySQL 存储用户的基本原理后，就自然可以想到，增加一个用户的第一种方法就是直接向这个表中插入新记录。但是由于 user 表字段较多，用 INSERT 语句向表中插入记录比较麻烦，因此这种方法虽然可行，但很少被采用。

创建新用户以及为用户分配权限的第二种方法是使用 GRANT 命令。GRANT 命令功能强大，相比于直接插入用户简单得多，因此被较多采用。下面是 GRANT 命令的语法结构：

```
GRANT priv_type [(column_list)] [, priv_type [(column_list)] ...]
ON {tbl_name | * | *.* | db_name.*}
TO user_name [IDENTIFIED BY 'password']
    [, user_name [IDENTIFIED BY 'password'] ...]
[WITH GRANT OPTION]
```

这是完整的 GRANT 语句语法结构，看起来比较复杂。使用本命令可以一次创建多个 MySQL 账号。在实际应用中一般一次只创建一个用户，这样语法结构就可以简化为：

```
GRANT   priv_type [(column_list)]]
ON    {tbl_name | * | *.* | db_name.*}
TO    user_name   [IDENTIFIED BY 'password']
```

而到了具体的语句中，还可以继续简化。如：

```
mysql> GRANT ALL ON DB1.* to "Nie" IDENTIFIED BY "123456";
```

此语句执行之后创建用户 Nie，密码为 123456，该用户对数据库 DB1 拥有全部权限。下面对 GRANT 语句的语法结构进行简要分析。

- ☑　GRANT——关键字，表示授权语句开始。
- ☑　priv_type——权限类型，可以是 select、delete、update、create、drop、alter 等任意一种。如果是全部权限，可以用 all privileges，并且可以简写为 all。
- ☑　ON { tbl_name | * | *.* | db_name.*}——声明此用户可以操作哪些数据库以及哪些表。声明可以使用以下 4 种方法之一。
  - ➢　tbl_name：直接指定表名，如 info。
  - ➢　*：任意表。
  - ➢　*.*：任意数据库的任意表。
  - ➢　db_name.*：指定数据库的所有表，如 db1。
- ☑　TO user_name：指定用户名，即要创建的账号的用户名，如上例中的 Nie。
- ☑　IDENTIFIED BY：为可选项。指定账号所对应的密码，应用引号引起来。密码提

交后会自动被加密。

以上介绍了 MySQL 中用户管理的基本方法，重点讲解了 GRANT 语句的使用方法。实际应用中该语句十分灵活、方便，熟练掌握 GRANT 语句可以在进行 MySQL 管理时游刃有余。

4.2.7 phpMyAdmin 的安装和使用

1. phpMyAdmin 的安装

在命令提示符下编写语句来进行数据库管理，虽然能够比较灵活地对数据进行操控，但是具有难度高、效率较低、容易出错等弊端。很多对命令提示符不熟悉的读者更是难以接受。实际上还有更加高效和便捷的方法来管理数据库，那就是借助现有的工具。phpMyAdmin 就是一个专门用来管理 MySQL 数据库的工具，这也是目前应用最为广泛的 MySQL 数据库管理工具。

phpMyAdmin 不是一般的桌面应用软件，它是完全用 PHP 开发的一套程序，可以安装在安装了 PHP 和 MySQL 的计算机上，通过浏览器来管理 MySQL 数据库。该程序功能强大、界面友好，是 PHP+MySQL 开发者十分青睐的工具软件。phpMyAdmin 的压缩包可以从网上下载，通过搜索引擎很容易就能找到其下载地址，也可以在 http://www.mysql.cn 上下载。该软件有诸多版本，在此以 2.8.0 版本为例来说明其使用方法。

将下载的压缩包解压缩，能得到一个包含大量 PHP 程序的文件夹，此文件夹一般名为 phpMyAdmin-xx.xx.xx。为了将来使用方便，可以将此文件夹重命名，不妨命名为 phpmyadmin。

将 phpmyadmin 文件夹复制到 IIS 或 Apache 主目录下，这样就可以通过 http://localhost/phpmyadmin/来运行此程序。

打开 phpmyadmin/scripts/文件夹，找到 config.default.php，将其重命名为 config.inc.php（注意，在不同版本下此文件的存放位置可能略有不同，如有的版本此文件直接存放在根目录下，如找不到可使用搜索功能查找），将此文件复制到 phpmyadmin/目录下，然后打开此文件，找到$cfg['Servers'][$i]['password']项，将其值设置为 MySQL 的超级用户密码，如图 4.11 所示。

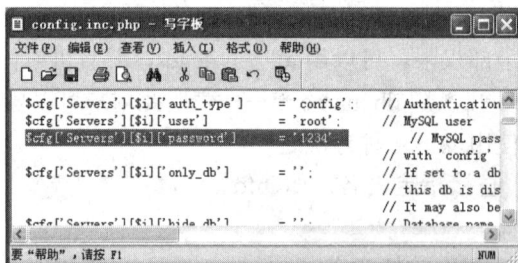

图 4.11　修改 phpMyAdmin 配置文件

如果超级用户用户名不是 root，还需要将此文件中的$cfg['Servers'][$i]['user']修改为超级用户的用户名。

修改完毕之后保存文件。这时在浏览器中输入 http://localhost/phpmyadmin/index.php，就打开了 phpMyAdmin 的管理界面，如图 4.12 所示。

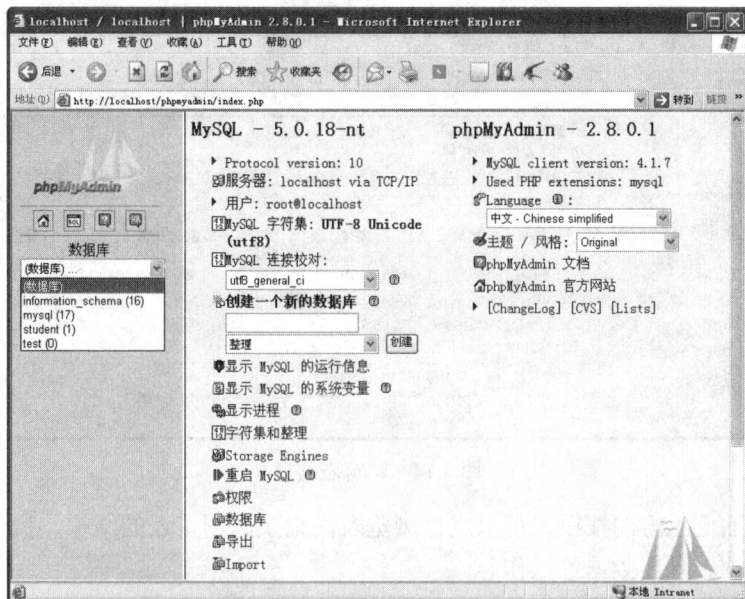

图 4.12 phpMyAdmin 运行界面

2. phpMyAdmin 的使用

（1）创建新数据库。

要创建一个新数据库，在 phpMyAdmin 界面右侧的"创建一个新数据库"下输入数据库名称，单击"创建"按钮即可，如图 4.12 所示。

（2）选择数据库。

在界面左侧的下拉菜单中选择一个数据库，下面将列出该数据库中的所有表，右侧将列出数据库中表的信息，如图 4.13 所示。

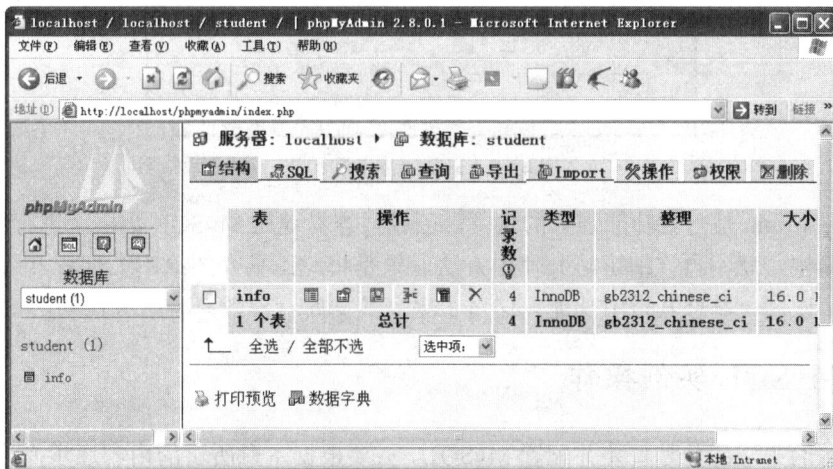

图 4.13 选择数据库

（3）选择并浏览表信息。

单击左侧的表名，右侧将显示此表的详细字段信息，如图 4.14 所示。

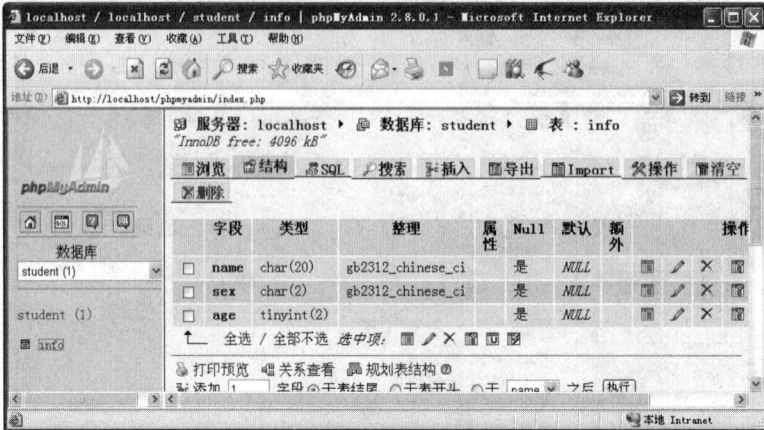

图 4.14　浏览表信息

这时单击右侧上方的按钮，可以进行浏览表内记录、浏览表的结构、执行 SQL 语句、搜索、插入数据、导出数据等操作。

（4）浏览及编辑数据。

单击表上方的"浏览"按钮后，会打开该表的记录。在此视图中可以对各条记录进行浏览、修改、删除等操作，如图 4.15 所示。

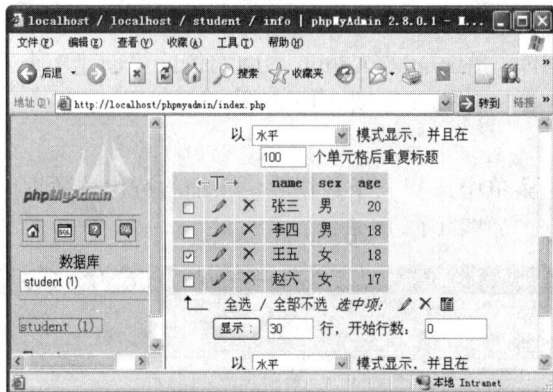

图 4.15　记录的浏览和编辑

phpMyAdmin 是一款功能强大的软件，可以很容易地对 MySQL 数据库进行各种管理。本书限于篇幅，就不再详细讲解其使用方法，只是将此工具介绍给广大读者，请各位读者自行安装、试用，掌握其常用功能，这对于提高数据库管理效率有很大帮助。

4.2.8　MySQL 实例操作

本实例的第一部分是安装并配置 MySQL。只要根据本章所讲的内容逐步操作，就可以轻松完成。目的是让读者亲自动手，熟练掌握 MySQL 的安装与配置步骤。

　　本实例的第二部分是建立一个用户信息表。可以用 SQL 语句在命令提示符下建立，也可以用 phpMyAdmin 来建立。这里使用 phpMyAdmin。

　　结合 5.1.6 中改写用户注册与登录过程，很容易分析出，这个用户信息表只需要取代文本文件的功能即可。用户信息只有登录名、登录密码和头像 3 个字段。这样可以设计有 3 个字段的表，分别用来存储登录名、登录密码和头像地址（要注意这里并不是把图片直接存入表中，而是把图片的名字和路径存入表中）。

　　另外，由于本实例不要求必须新建一个数据库，可以把表建立在前面已经建成的 student 数据库中。

　　具体实施步骤如下。

　　（1）打开 phpMyAdmin，选择左侧的 student 数据库，右侧出现数据库属性。找到"在数据库 student 中创建一个新表"，然后在"名字"文本框中输入表的名称，这里输入 userinfo，在 Number of fields（即字段个数）文本框中输入 3，如图 4.16 所示。

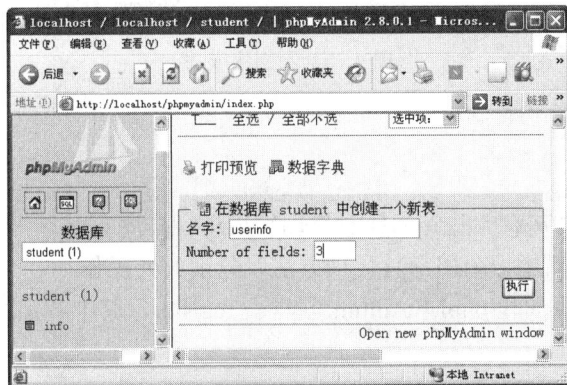

图 4.16　创建一个新表

　　（2）单击"执行"按钮，此时会出现表字段设置界面，根据需求，将 3 个字段都设置为 VARCHAR 类型，并为其指定最大字节数。其他属性可以根据具体需要设置，如图 4.17 所示。

图 4.17　字段属性设置

（3）设置完成后，单击"保存"按钮，此表即创建成功。这时再看左侧，已经有 info 和 userinfo 两个表了，如图 4.18 所示。

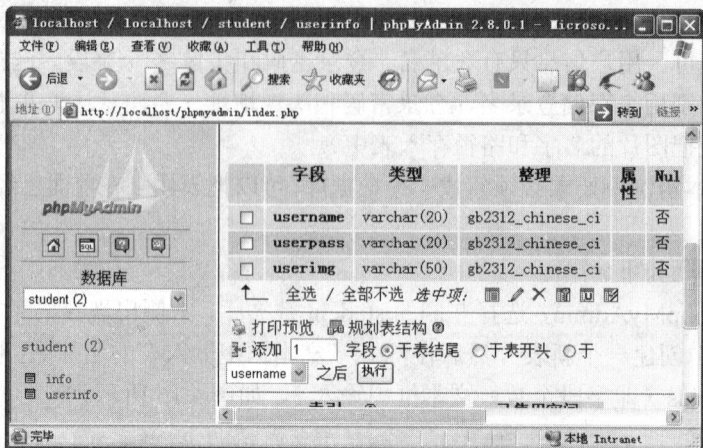

图 4.18　表创建成功

至此，本实例制作完成。

练习

1．常用的 SQL 语句有哪些？如何对查询结果进行排序？

2．在 MySQL 中新增一个用户有几种方法？分别如何操作？

3．分别用 SQL 语句和 phpMyAdmin 创建表 register，其中各字段的基本情况如表 4.3 所示。

表 4.3　register 表中字段的基本情况

字　段　名	类　　型
name	字符
age	数值
birth	日期

项目 5
PHP+MySQL 编程

PHP 编程 MySQL 数据库

知识点、技能点

- PHP 与 MySQL 数据库的连接
- PHP 操作 MySQL 数据库的原理与方法
- PHP 实现数据分页的方法
- 用 MySQL 改写用户注册与登录程序

学习要求

- 掌握 PHP 与 MySQL 数据库的连接
- 掌握 PHP 操作 MySQL 数据库的原理与方法并实际操作
- 用 PHP 实际操作数据分页
- 掌握用 MySQL 改写用户注册与登录程序

教学基础要求

- 掌握 PHP 与 MySQL 数据库的连接
- 了解 PHP 操作 MySQL 数据库的原理与方法并实际操作
- 了解 PHP 实现数据分页
- 掌握用 MySQL 改写用户注册与登录程序

任务 PHP 操作 MySQL 数据库

任务描述

☑ 掌握 PHP 操作 MySQL 数据库的流程
☑ 了解常用 PHP 数据库函数
☑ 完成对数据的插入、删除和修改
☑ PHP 数据分页的实现

知识汇总

5.1.1 准备连接数据库

经过前面的学习，现在终于要迈入 PHP+MySQL 数据库编程的大门了。不过在此之前，还有最后一个问题要注意，那就是做好连接数据库前的准备工作，否则可能无法连接成功。

从 PHP 5 开始，PHP 开发者放弃了对 MySQL 的默认支持，而是放到了扩展函数库中。因此要使用 MySQL 函数，首先需要开启 MySQL 函数库。

打开 php.ini，找到代码行;extensions=php_mysql.dll，将此行前面的分号";"去掉，保存之后重新启动 IIS/Apache。这时仍然不能肯定这些函数已经被载入，可以通过 phpinfo() 函数来查看。用 phpinfo()函数显示出 PHP 环境配置信息，然后查找里面是否有一个名为 MySQL 的项目。如果能找到，则说明 PHP 已经完全开启了对 MySQL 的支持，可以在程序中直接调用 MySQL 数据库，如图 5.1 所示。

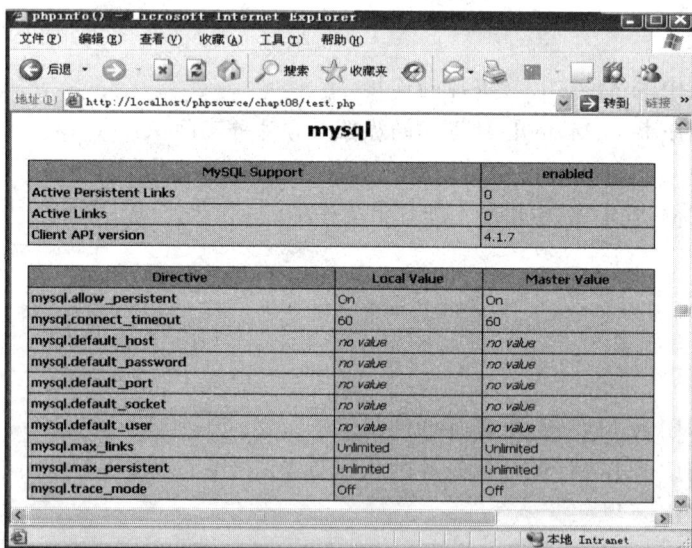

图 5.1 开启 MySQL 函数库

如果此时不能显示 MySQL 的信息，说明配置还没有成功。除了继续检查上一步修改

是否正确以外，可以把 PHP 安装目录下的 libmysql.dll 库文件直接复制到系统的 system 目录或者 system32 目录下。复制之后再重新启动 IIS/Apache，这时再次运行 phpinfo()程序，看是否出现了 MySQL 信息。一般来说，复制 libmysql.dll 是最有把握的一种方法，正常情况下可以成功。

如果反复重复上述步骤仍然不能成功开启 MySQL 函数库，有可能是 PHP 安装包不完整或计算机的软件环境有问题。可以通过正规渠道重新下载 PHP 安装包，并重新配置 PHP，或者整理计算机的软件环境来解决。

5.1.2 PHP 操作 MySQL 的原理

PHP 是一门 Web 编程语言，而 MySQL 是一款网络数据库系统，二者是目前 Web 开发中的黄金组合之一。那么 PHP 是如何操作 MySQL 数据库的？只有对 PHP 操作 MySQL 数据库的流程有一个基本了解，才能更加准确地理解 PHP 数据库编程的思路，为后面的学习打下基础。

从根本上来说，PHP 通过预先写好的一系列函数来与 MySQL 数据库进行通信，向数据库发送指令、接收返回数据等都通过函数来完成，如图 5.2 所示为一个普通 PHP 程序与 MySQL 进行通信的基本原理示意图。

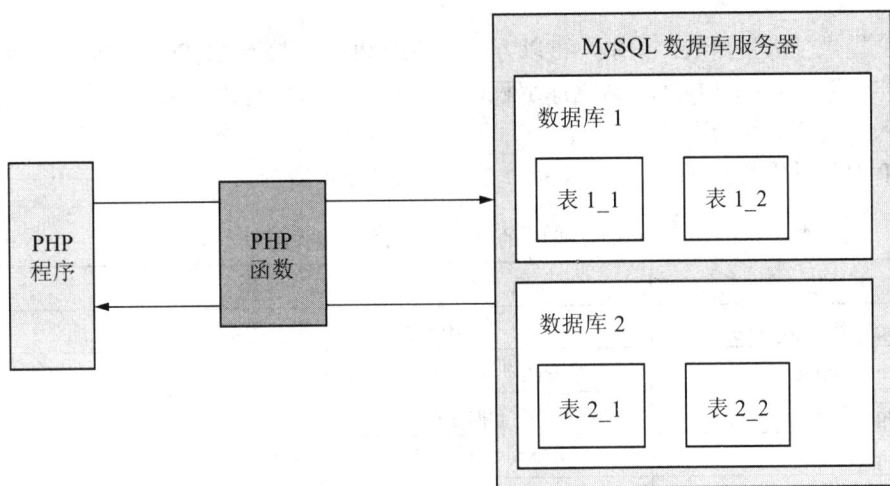

图 5.2 PHP 程序与 MySQL 数据库通信原理示意图

图 5.2 展示了 PHP 程序连接到 MySQL 数据库服务器的原理。可以看出，PHP 通过调用自身的专门用来处理 MySQL 数据库连接的函数，来实现与 MySQL 通信。在操作过程中，PHP 并不是直接操作数据库中的数据，而是把要执行的操作以 SQL 语句的形式发送给 MySQL 服务器，由 MySQL 服务器执行这些指令，并将结果返回给 PHP 程序。MySQL 数据库服务器可以比作一个数据"管家"。其他程序需要这些数据时，只需要向"管家"提出请求，"管家"就会根据要求进行相关的操作或返回相应的数据。

从 PHP 代码到最终取得数据的流程如图 5.3 所示。

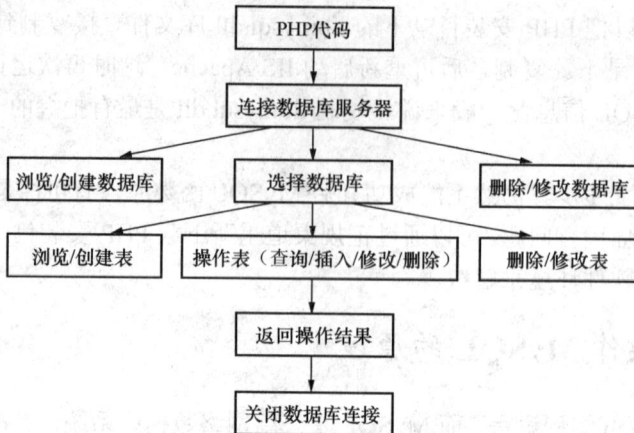

图 5.3 PHP 操作 MySQL 数据库流程

明白了 PHP 操作 MySQL 数据库的流程，就很容易掌握 PHP 操作 MySQL 的相关函数。因为流程中每一个步骤，几乎都有相应的函数与之对应。开发 PHP 数据库程序时，只需要按照流程调用相关函数，便可轻松实现数据库操作。

5.1.3　PHP 操作 MySQL 的方法

PHP 提供了大量函数，使用户可以方便地使用 PHP 连接到 MySQL 数据库，并对数据进行操作。学习 PHP+MySQL 数据库编程，首先要了解这些函数，明确具体的步骤，然后才能进入实质性开发阶段。

PHP 中可以用来操作 MySQL 数据库的函数如表 5.1 所示。

表 5.1　PHP 的 MySQL 数据库操作函数

函 数 名	功 能
mysql_affected_rows	取得前一次 MySQL 操作所影响的记录行数
mysql_change_user	改变活动连接中登录的用户
mysql_client_encoding	返回字符集的名称
mysql_close	关闭 MySQL 连接
mysql_connect	打开一个到 MySQL 服务器的连接
mysql_create_db	新建一个 MySQL 数据库
mysql_data_seek	移动内部结果的指针
mysql_db_name	取得结果数据
mysql_db_query	发送一条 MySQL 查询
mysql_drop_db	丢弃（删除）一个 MySQL 数据库
mysql_errno	返回上一个 MySQL 操作中错误信息的数字编码
mysql_error	返回上一个 MySQL 操作产生的文本错误信息
mysql_fetch_array	从结果集中取得一行作为关联数组或数字数组，或二者兼有

续表

函 数 名	功　能
mysql_fetch_assoc	从结果集中取得一行作为关联数组
mysql_fetch_field	从结果集中取得列信息并作为对象返回
mysql_fetch_lengths	取得结果集中每个输出的长度
mysql_fetch_object	从结果集中取得一行作为对象
mysql_fetch_row	从结果集中取得一行作为枚举数组
mysql_field_flags	从结果中取得和指定字段关联的标志
mysql_field_len	返回指定字段的长度
mysql_field_name	取得结果中指定字段的字段名
mysql_field_seek	将结果集中的指针设定为指定的字段偏移量
mysql_field_table	取得指定字段所在的表名
mysql_field_type	取得结果集中指定字段的类型
mysql_free_result	释放结果内存
mysql_get_client_info	取得 MySQL 客户端信息
mysql_get_host_info	取得 MySQL 主机信息
mysql_get_proto_info	取得 MySQL 协议信息
mysql_get_server_info	取得 MySQL 服务器信息
mysql_info	取得最近一条查询的信息
mysql_insert_id	取得上一步 INSERT 操作产生的 ID
mysql_list_dbs	列出 MySQL 服务器中所有的数据库
mysql_list_fields	列出 MySQL 结果中的字段
mysql_list_processes	列出 MySQL 进程
mysql_list_tables	列出 MySQL 数据库中的表
mysql_num_fields	取得结果集中字段的数目
mysql_num_rows	取得结果集中行的数目
mysql_pconnect	打开一个到 MySQL 服务器的持久连接
mysql_ping	Ping 一个服务器连接，如果没有连接则重新连接
mysql_query	发送一条 MySQL 查询
mysql_result	取得结果数据
mysql_select_db	选择 MySQL 数据库
mysql_stat	取得当前系统状态
mysql_tablename	取得表名
mysql_thread_id	返回当前线程的 ID

这些函数中，最常用的有 mysql_connect()、mysql_select_db()、mysql_query()、mysql_fetch_array()、mysql_num_rows()、mysql_close()等，下面将着重介绍其中几个函数的使用。

5.1.4 用 PHP 操作 MySQL 数据库

1. mysql_connect()函数

根据图 5.3 所示的流程，要用 PHP 操作 MySQL 中的数据，第一步就是连接到数据库服务器，也就是建立一条 PHP 程序到 MySQL 数据库之间的通道。这样，PHP 才能通过这个通道来向 MySQL 服务器发送各种指令，并取得指令执行的结果，将这些结果应用于 PHP 程序中。mysql_connect()函数就是用来建立和 MySQL 数据库的连接的。

mysql_connect()函数有 5 个参数，但是通常情况下只用前 3 个参数，其格式如下：

resource mysql_connect (string server, string username, string password)

该函数返回类型为 resource 型，即资源型。3 个参数分别为 MySQL 服务器地址、MySQL 用户名、密码。这里的用户名可以是超级管理员的，也可以是用户表中存在的其他用户。如下面的语句将用超级管理员身份建立一个到本地服务器的连接：

$id=mysql_connect ("localhost","root","root");

其中 localhost 换成 127.0.0.1 或本地机器的实际 IP 地址，效果都是相同的。另外，服务器地址后面可以指定 MySQL 服务的端口号，如果是采用默认的 3306 端口，则不必指定。如果采用了其他端口，则需要指定，如 127.0.0.1:88 表示 MySQL 服务于本地机器的 88 端口。用户名和密码均需指定（如密码为空，则直接用两个引号即可）。

将以上代码写在一个 PHP 程序中，写法如下：

```php
<?php
    $id=mysql_connect("localhost","root","root");
    echo $id;
?>
```

此程序运行之后，如果执行成功，则会输出一个资源型变量$id 的编号，类似于 Resource id #2；如果执行失败，则有多种可能。如果出现下列提示：

Fatal error: Call to undefined function mysql_connect in [……]

则说明本地服务器的 MySQL 扩展库尚未被载入，因此 PHP 解释器无法识别 MySQL 函数，可参照 5.1.1 节的内容进行重新设置。

如果出现下列提示：

Warning: mysql_connect() [function.mysql-connect]: Unknown MySQL server host […]

则说明 MySQL 服务器地址错误，可能是输入有误、服务器没有启动，或端口号不正确。这时可以检查函数的第一个参数是否提供正确，MySQL 是否已成功启动。

还有可能出现下列提示：

Warning: mysql_connect() [function.mysql-connect]: Access denied for user […]

这说明用户名或密码有错误，或者本账号没有在 MySQL 服务器上登录的权限。

这里之所以如此详细地讲解该函数，就是因为这是连接到 MySQL 数据库的第一步。只要这一步成功了，下面的函数便都能运行。连接到数据库是一切工作的起点，因此必须保证此步骤成功，才能继续下面的内容。

2.　mysql_select_db()函数

连接到数据库以后，还不能直接操作某个表，因为表都存储在各个数据库中，需要首先选择要操作的数据库，才能对这个数据库中的表进行操作。mysql_select_db()函数就用来指定操作的数据库。前面的例子中曾在 MySQL 中创建了一个 student 数据库，下面的代码将连接到数据库服务器，并把 student 数据库作为当前要操作的数据库。

【例 5.1】

```
<!—程序 5.1.php：连接数据库服务器，选择数据库-->
<html>
<head>
<title>连接数据库服务器，选择数据库</title>
</head>
<body>
<?php
$id=mysql_connect("localhost","root","root");
if ($id){
echo "OK，数据库连接成功！<br>";
$ok=mysql_select_db("student",$id);
if($ok){
echo "OK，选择数据库成功!";
}else{
echo "OH，选择数据库失败，请确认数据库是否存在。";
}
}else{
echo "OH，数据库连接失败！请检查服务器地址、用户名和地址是否正确！
                        <br>";
}
?>
</body>
</html>
```

本程序第 8 行建立了一个到本地 MySQL 数据库服务器的连接。第 11 行用 mysql_select_db()函数来指定要操作的数据库。函数第一个参数为数据库的名字，第二个参数为应用于哪个连接。第二个参数可以省略，省略时默认使用当前连接。一般来说，此参数可以直接省略。

mysql_select_db()函数返回一个布尔型值。如果执行成功返回 TRUE，失败则返回 FALSE。函数没有任何错误信息提示。因此即使提供的数据库名有错误或数据库不存在，本函数也不会报错。程序将返回结果存放在$ok 中，通过判断$ok 的值来判断是否执行成功。程序 5.1.php 正确执行的效果如图 5.4 所示。

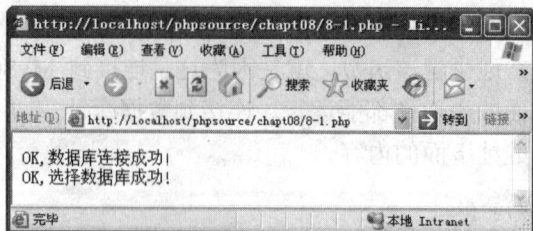

图 5.4　程序 5.1.php 正确运行的结果

3．mysql_query()函数

连接到数据库服务器并选择了要操作的数据库之后，就要向服务器发送操作指令，即 SQL 语句了。下面来看一个例子，用 PHP 程序在 MySQL 中创建一个数据库 newdata，并在这个数据库中创建一个表 testtable，表的字段可以随意设置几个。

【例 5.2】

```
<!—程序 5.2.php：用 PHP 创建新数据库和表-->
<html>
<head>
<title>用 php 创建新数据库和表</title>
</head>
<body>
<?php
if (!$id=mysql_connect("localhost","root","root")){
echo "数据库服务器连接错误！";
exit;                                      //如果数据库服务器连接不成功，退出程序执行
}
echo "数据库服务器连接成功！<br>";
if (!mysql_query("CREATE DATABASE newdata",$id)){
echo"数据库创建不成功，请检查账号权限和数据库是否已经存在！";
exit;                                      //如果数据库创建不成功，退出程序执行
}
echo "数据库创建成功！<br>";
if (!mysql_select_db("newdata",$id)){
echo "数据库选择不成功！";
exit;                                      //如果数据库选择不成功，退出程序执行
}
echo "数据库选择成功！<br>";
if (!mysql_query("CREATE TABLE testtable (name varchar(10), age int(4))",$id)){
echo "数据表创建不成功，请检查 SQL 语句是否正确！";
exit;                                      //如果 SQL 执行不成功，退出程序执行
}
echo "数据表创建成功！<br>";
if (mysql_close($id)){
echo "数据服务器连接关闭成功！";
}
?>
</body>
</html>
```

高等职业教育"十二五"规划教材

本程序正确执行的效果如图 5.5 所示，再次刷新后的执行效果如图 5.6 所示。

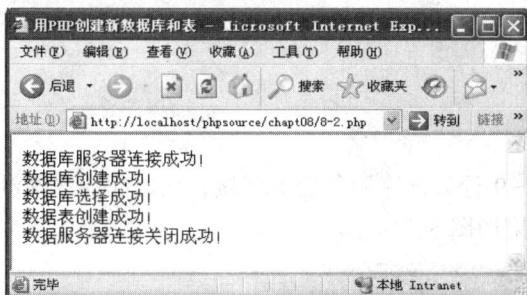

图 5.5　程序 5.2.php 正确运行的结果　　　　图 5.6　程序 5.2.php 第二次运行的结果

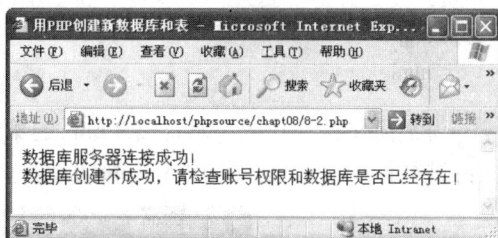

程序 5.2.php 的输出结果已经详细说明了创建数据库和数据表的基本步骤，程序中注释也说明了每条语句的作用，这里就不再赘述。如果用 phpMyAdmin 或前面讲过的命令提示符进入 MySQL 控制台，就会发现已经成功创建了一个名为 newdata 的数据库。打开此数据库，可以看到数据库中有一个 testtable 表。也就是说程序执行的不仅仅是输出结果成功，而是真正的成功。

通过程序可以看出 mysql_query() 函数的使用十分简单，只需要将一条 SQL 语句作为参数传递过去，即可执行此 SQL 语句。第二个参数 $id 在一般情况下同样可以省略。

使用 mysql_query() 函数可以向数据库服务器发送任何合法的 SQL 指令（前提是数据库要支持该指令）。程序 5.2.php 只是测试了 CREATE 指令，实际上前面讲到的 INSERT、SELECT、UPDATE、DELETE 等指令同样可以用 mysql_query() 来执行。下面就利用循环向服务器发送多次 INSERT 指令，向刚才创建的 testtable 表中插入多条记录。

【例 5.3】

```
<!—程序 5.3.php：用 PHP 向表中插入数据-->
<html>
<head>
<title>用 php 向表中插入数据</title>
</head>
<body>
<?php
$id=mysql_connect("localhost","root","root");
mysql_select_db("newdata",$id);
for($i=1;$i<6;$i++){
$nl=20+$i;
$xm="姓名".$i;
$sql="INSERT INTO testtable VALUES('".$xm."','".$nl."')";
$excu=mysql_query($sql,$id);
if($excu){
echo $sql;
echo "第".$i."条数据插入成功！<br>";
}else{
echo "数据插入失败，错误信息：<br>";
echo mysql_error();                          //输出上一次 MySQL 执行的错误信息
```

```
}
}
mysql_close($id);
?>
</body>
</html>
```

为了简化程序代码，程序 5.3.php 的第 8～9 行数据库服务器的连接、数据库的选择没有再进行正确性验证。程序 5.3.php 的运行结果如图 5.7 所示。

图 5.7　程序 5.3.php 的运行结果

要验证 5 条记录是否都已确实插入到了数据库中，可以用命令提示符登录控制台，用 SELECT * FROM testtable 命令来浏览表中的所有数据，也可以用 phpMyAdmin 来浏览。

控制台中显示的数据如下：

```
mysql> select * from testtable;
+---------+------+
| name | age |
+---------+------+
| 姓名 1 |  21  |
| 姓名 2 |  22  |
| 姓名 3 |  23  |
| 姓名 4 |  24  |
| 姓名 5 |  25  |
+---------+------+
5 rows in set (0.00 sec)
```

可见数据确实已经成功插入到数据库中。

程序 5.3.php 看起来行数较多，但是其结构却很简单。读者可以根据所学知识分析一下。在这里仅指出 3 点。

（1）第 11～12 行将要插入的两个字段的值放在两个变量中，然后在第 13 行构造一个 SQL 语句，第 14 行执行这个语句。这里之所以采用变量存放字段值和 SQL 语句，一是为了使程序更加易读，另外可以避免写成一条综合语句过于复杂而容易出错。读者尤其要注意第 13 行，在构造 SQL 语句（其实就是一个普通字符串）时，不同数据类型的变量用不同的引号连接。其实该问题是一个 PHP 基本语法的问题，很多初学者容易在这个地方出错，因此请读者多加揣摩，仔细体会。

（2）第 20 行首次使用 mysql_error()函数。该函数可以返回上一次 MySQL 返回的错误信息。当程序出错时输出这些错误信息对于程序的调试很有帮助。读者可以试着故意写错 SQL 语句，或者故意发送一条非法指令到 MySQL 服务器，然后调用此函数查看返回的错误信息。

（3）如果插入数据后出现了乱码，则需要设置相关的编码，因为这里采用的是默认编码，即 Latin1 字符集，所以省略了向数据库发送 SET CHARACTER 指令。如果数据库服务器设置的是 gb2312 字符集，必须在第 9 行后加入 mysql_query("SET CHARACTER SET gb2312");进行字符设置。这条指令与程序功能无关，是否加入该语句以及具体设置什么样的字符集与服务器采用的 MySQL 版本以及安装 MySQL 时的设置有关。而且值得注意的是，插入时进行了字符的设置，从数据库中读出数据时也必须进行同样的设置，否则就会出现乱码。

下面再来看一个从数据库中读取数据并用表格显示在网页上的例子。还是用 mysql_query()函数，向数据库发送 SELECT 指令来查询数据。

【例 5.4】

```
<!--程序 5.4.php：用 PHP 从表中读取数据-->
<html>
<head>
<title>用 php 从表中读取数据</title>
</head>
<body>
<?php
$id=mysql_connect("localhost","root","root");
mysql_select_db("newdata",$id);
$query="SELECT * FROM testtable";
$result=mysql_query($query,$id);
$datanum=mysql_num_rows($result);
echo "表 testtable 中共有".$datanum."条数据<br>";
?>
<table width="228" height="34" border="1">
<?php    while ($info=mysql_fetch_array($result,MYSQL_ASSOC)){    ?>
<tr>
td width="99" height="28"><?php echo $info["name"]?> </td>
<td width="113"><?php echo $info["age"]?></td>
</tr>
<?php }?>
</table>
<?php mysql_close($id);?>
</body>
</html>
```

程序 5.4.php 的输出结果如图 5.8 所示。

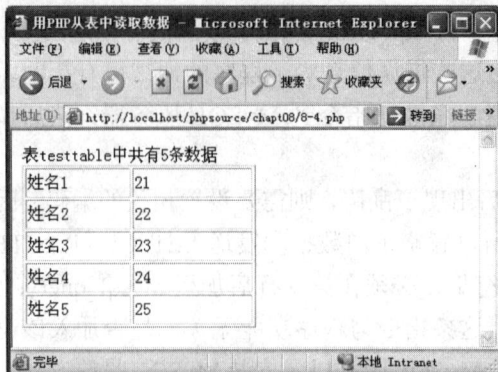

图 5.8　程序 5.4.php 的运行结果

程序 5.4.php 在代码中加入了一些 HTML 代码，用来产生一个表格。程序又用到了几个新的函数，下面就来一一介绍。

（1）第 10 行中，向服务器发送了一条 SELECT 指令。该指令将返回所有满足条件的记录。注意返回的记录是一个资源类型，其内容是若干条记录的集合，可以成为一个记录集，不能直接用来输出，先将返回的数据存放在$result 中。

（2）第 12 行，用 mysql_num_rows()函数来统计一个记录集中记录的条数。注意此函数专用于统计 MySQL 查询结果记录数，不能用来统计其他数据类型的元素个数。

（3）第 16～21 行，充分说明了 PHP 是一种嵌入式脚本语言。读者要养成一个好的习惯，就是当有 PHP 和 HTML 代码混合时尽量把 PHP 代码嵌入到 HTML 中，这样在网页可视化的编辑工具（如 Dreamweaver）中就可以很好地把 PHP 代码和网页界面分离开，便于编辑。

（4）第 16 行是关键，这一行用到了 mysql_fetch_array()函数。此函数是 PHP+MySQL 编程中最常用的函数之一。其格式如下：

array mysql_fetch_array (resource result [, int result_type])

该函数的作用是读取记录集 result 中的当前记录，将记录的各个字段的值存入一个数组中，并返回这个数组，然后将记录集指针移动到下一条记录。如果记录集已经到达末尾，则返回 FALSE。

第 2 个参数 result_type 为可选参数，用来设置返回的数组采用什么样的下标。有 3 个备选值：MySQL_ASSOC、MySQL_NUM、MySQL_BOTH，其含义如下。

① MySQL_ASSOC：返回的数组将以该记录的字段名称作为下标。如在本例中要输出此数组中的"姓名"字段，可以用$info["name"]。这里$info 是数组名，name 是存放姓名的字段名。

② MySQL_NUM：返回的数组以从 0 开始的数字为下标。在本例中，返回的每条记录只有两个字段，那么数组也就只有两个元素，分别用$info[0]、$info[1]来引用。

③ MySQL_BOTH：返回的数组既可以用字段名为下标，也可以用数字为下标。在本例中，既可以用$info[0]来取得姓名，也可以用$info["name"]来取得。

读者可以自行修改程序，对上述 3 个参数进行测试。

此外，PHP 中还有 mysql_fetch_row()、mysql_fetch_assoc()、mysql_fetch_object()等函数，这些函数的作用与用法都和 mysql_fetch_array()函数相似，读者可以参考 PHP 手册，了解这几个函数的使用。

用 mysql_query()函数，结合讲过的 SQL 语句，还可以轻松实现对表内数据的删除和修改，如：

```php
<?php
    $id=mysql_connect("localhost","root","1234");
    mysql_select_db("newdata",$id);
    mysql_query("DELETE FROM testtable",$id);
    mysql_close($id);
?>
```

这段程序执行后，会删除表 testtable 中的全部数据。

此外，用 UPDATE 语句可以实现对表内数据的修改，这里不再举例，读者可以自行编写程序练习。

4．mysql_close()函数

mysql_close()函数用来关闭一个数据库连接，其格式如下：

bool mysql_close ([resource link_identifier])

本函数只有一个可选参数 link_identifier。此参数表示要关闭的连接的 ID。也就是 mysql_connect()函数执行成功后返回的一个连接标记。参数为空时表示关闭当前连接。该函数返回一个布尔型结果。当关闭成功时返回 TRUE，关闭失败时返回 FALSE。例如：

```php
<?php
    $id=mysql_connect("localhost","root","1234");
    if(mysql_close($id)){
        echo"关闭数据库连接成功！";
    }else{
        echo"关闭数据库连接失败！";
    }
?>
```

上面的代码演示了 mysql_close()函数的使用。事实上，当一个 PHP 脚本（也就是一个 PHP 页面以及它的包含文件）执行结束时，该脚本中打开的 PHP 连接也会同时被关闭。因此一般情况下即使忘记手工关闭也没有关系。但是数据库使用完毕后关闭连接是一个很好的编程习惯。

5.1.5　在 PHP 中实现数据分页

在 Web 开发中经常遇到的一个问题就是对大量数据进行分页显示。如一个留言板有数千条留言，如果这些留言全都显示在一个页面上，页面将变得很大，有时过大的页面还会导致浏览器停止响应。PHP 中提供了非常简单的方法对数据进行分页。

为了更好地说明分页的作用，先向 testtable 表中插入大量的数据。修改 5.3.php，把控制插入条数的 for($i=1;$i<6;$i++)修改为 for($i=1;$i<100;$i++)，执行此程序之后，数据库中便会插入 99 条数据。这时再运行 5.4.php，会发现 99 条数据全部显示在一页内。

在 5.4.php 的基础上，为此程序增加分页功能，具体如下。

【例 5.5】

```
<!--程序 5.5.php：用 PHP 实现数据分页-->
<html>
<head>
<title>用 php 实现数据分页</title>
</head>
<body>
<?php
$id=mysql_connect("localhost","root","root");
mysql_select_db("newdata",$id);
$query="SELECT * FROM testtable";
$result=mysql_query($query,$id);
$datanum=mysql_num_rows($result);
$page_id=$_GET["page_id"];
if ($page_id==""){
$page_id=1;
}
$page_size="15";                    //定义每页显示条数
$page_num=ceil($datanum/$page_size);
?>
表 testtable 中共有<?php echo $datanum;?>条数据<br>
每页<?php echo $page_size;?>条，共<?php echo $page_num;?>页。<br>
<?php
for ($i=1;$i<=$page_num;$i++){
echo "[<a href=?page_id=".$i.">".$i."</a>]";
}
$start=($page_id-1)*$page_size;
$query2="SELECT * FROM testtable limit $start,$page_size";
$result2=mysql_query($query2,$id);
?>
<table width="228" height="34" border="1">
<?php   while ($info = mysql_fetch_array($result2, MySQL_ASSOC)) {   ?>
<tr>
<td width="99" height="28"><?php echo $info["name"]?></td>
<td width="113"> <?php echo $info["age"]?></td>
</tr>
<?php }?>
</table>
<?php mysql_close($id);?>
</body>
</html>
```

程序运行结果如图 5.9 所示。

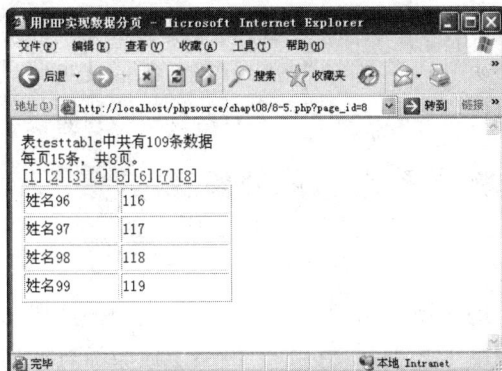

图 5.9　程序 5.5.php 的运行结果

单击不同的页码，对应数据也会随之变化，简单的分页功能便实现了。下面对程序 5.5.php 进行详细说明。

（1）第 10～12 行，首先查询出要显示的全部数据的条数，放在$totalnum 中。

（2）第 13～16 行判断用户是否单击了某一页。通过第 13 行可以看到，当用户单击某一个页码时，将会把一个页码的数字作为参数传递给本页面（用 GET 方法在 URL 中传递参数），第 14～16 行就是判断是否传递了这一参数，如果传递了，则说明用户选择了某一页，这时当前要显示的页面就是传递过来的参数值。如果参数为空，则说明本页面直接被打开，用户还没有选择某个页面。这时就显示第一页，因此设置$page=1。

（3）第 17 行定义了 $page_size 变量，将其值设置为 15，即每页显示 15 条数据。

（4）第 18 行根据记录总数和每页显示的条数计算出总页数，计算方法很简单，这里不再分析。此外用到了 ceil()函数将计算结果进行进一取整。

（5）第 23～25 行，用循环输出了所有页码。每个页面都有一个超链接，单击此超链接会将相应的页码以 GET 方式传递到本页。

（6）第 26 行定义了变量$start，该变量在第 27 行的 SQL 语句中用到。MySQL 支持在 SELECT 语句中使用 LIMIT 子句，LIMIT 子句的使用方法为：

SELECT * FROM tbl WHERE……LIMIT [begin],[num]

此查询语句的含义为，查询出 tbl 表中满足指定条件的全部记录，然后只返回记录中从 begin 开始的 num 条数据。也就是说，使用了 LIMIT 子句后，MySQL 并不返回所有满足条件的记录，而是只返回这些记录中从某条开始的若干条。如 LIMIT 10,5 的作用是取记录集中从第 10 条后的 5 条，即第 11～15 条记录。注意这里的计数是从第 1 条开始的。

这样，第 26 行的$start 就不难理解了。记录截取起点的计算方法为：

（要显示的页码-1）* 每页显示的条数

如当前要显示第 3 页，每页 15 条，那截取起始位置就是(3-1)*15=30。也就是说，第 3 页从第 31 条数据开始显示，连续显示 15 条，直到第 45 条。这与实际情况相符。

（7）第 31～36 行在一个表格中用 while 循环输出由第 27 行的 SQL 语句查询出的记录。

此程序虽然已经实现了分页功能，但是功能还不是很完善。比如本例中全部页码直接用循环列出，这样虽然很方便，但是在页码很多（如几百页）的情况下会使版面混乱。可以使用"上一页"、"下一页"、"首页"、"尾页"等方法简化页码显示，甚至可以允许用户输入跳转的页数。读者可以根据所学知识，完善此程序的功能。

5.1.6 PHP 用户注册与登录功能的实现

1. 分析

用户注册与登录功能的实现有两种方法：一是把用户的注册信息存放在记事本中，其实这样的写法在现实的网络中并不常见；二是网络上比较流行的用数据库来存储用户注册的信息，这是因为数据库在存储和查询数据方面有着记事本无法比拟的优势，当用户登录的时候再与数据库中的数据进行校验，如果一致允许登录，反之提示错误信息。

要用数据库存储用户注册信息就要分析用户注册的信息项，并设定相对应的数据字段来进行存储。

2. 实施步骤

（1）功能分析。

用户注册与登录功能主要通过四个部分来实现：用户注册、用户登录、用户中心、用户退出。

用户注册主要包含检测输入注册信息，检验是否符合要求，检验用户名是否已存在，写入数据库注册成功；用户登录主要包含检验登录信息，与数据库数据核对，信息正确登录成功，信息不正确返回重新登录；用户中心包含判断登录状态读取用户信息；用户退出包含无条件注销 session。

（2）数据库表的设计。

建立数据库表 user，用来存储用户的注册信息，其字段设置和字段数据类型如表 5.2 所示。

表 5.2 user 表字段设置情况

字 段 名	类 型	描 述
uid	mediumint(8)	主键，自动增长
username	char(15)	用户名
password	char(32)	用户密码
email	varchar(40)	用户 E-mail
regdate	int(10)	用户注册时间戳

建立数据库表语句参考如下：

```
CREATE TABLE 'user' (
  'uid' mediumint(8) unsigned NOT NULL auto_increment,
  'username' char(15) NOT NULL default '',
  'password' char(32) NOT NULL default '',
  'email' varchar(40) NOT NULL default '',
```

'regdate' int(10) unsigned NOT NULL default '0',
　PRIMARY KEY　(`uid`)
) ENGINE=MyISAM　DEFAULT CHARSET=utf8 AUTO_INCREMENT=1 ;

（3）代码设计。

各页面的布局：reg.html，用户注册信息填写页面；conn.php：数据库连接包含文件；reg.php：用户注册处理程序；login.html：用户登录页面；login.php：用户登录处理程序；my.php：用户中心 reg.html 页面主要用于用户填写注册信息。关键代码如下：

```
/*CSS 样式*/
<style type="text/css">
    html{font-size:12px;}
    fieldset{width:520px; margin: 0 auto;}
    legend{font-weight:bold; font-size:14px;}
    label{float:left; width:70px; margin-left:10px;}
    .left{margin-left:80px;}
    .input{width:150px;}
    span{color: #666666;}
</style>
/*javaScript 检测代码*/
<script language=JavaScript>
<!--

function InputCheck(RegForm)
{
  if (RegForm.username.value == "")
  {
    alert("用户名不可为空!");
    RegForm.username.focus();
    return (false);
  }
  if (RegForm.password.value == "")
  {
    alert("必须设定登录密码!");
    RegForm.password.focus();
    return (false);
  }
  if (RegForm.repass.value != RegForm.password.value)
  {
    alert("两次密码不一致!");
    RegForm.repass.focus();
    return (false);
  }
  if (RegForm.email.value == "")
  {
    alert("电子邮箱不可为空!");
    RegForm.email.focus();
    return (false);
```

```
        }
    }

//-->
</script>
/*注册信息*/
<fieldset>
<legend>用户注册</legend>
<form name="RegForm" method="post" action="reg.php" onSubmit="return InputCheck(this)">
<p>
<label for="username" class="label">用户名:</label>
<input id="username" name="username" type="text" class="input" />
<span>(必填，3-15 字符长度，支持汉字、字母、数字及_)</span>
<p/>
<p>
<label for="password" class="label">密 码:</label>
<input id="password" name="password" type="password" class="input" />
<span>(必填，不得少于 6 位)</span>
<p/>
<p>
<label for="repass" class="label">重复密码:</label>
<input id="repass" name="repass" type="password" class="input" />
<p/>
<p>
<label for="email" class="label">电子邮箱:</label>
<input id="email" name="email" type="text" class="input" />
<span>(必填)</span>
<p/>
<p>
<input type="submit" name="submit" value="  提交注册   " class="left" />
</p>
</form>
</fieldset>
```

注册页面效果如图 5.10 所示。

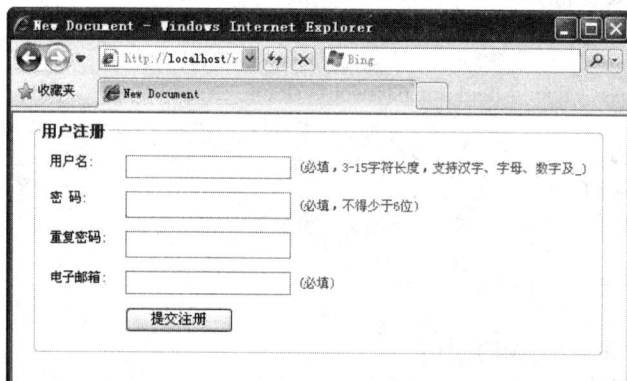

图 5.10 注册页面效果

conn.php 数据库链接文件代码如下。

```php
<?php
$conn = @mysql_connect("localhost","root","root123");
if (!$conn){
    die("连接数据库失败：" . mysql_error());
}
mysql_select_db("test", $conn);
//字符转换，读库
mysql_query("set character set 'gbk'");
//写库
mysql_query("set names 'gbk'");
?>
```

reg.php 用户处理程序代码如下。

```php
<?php
if(!isset($_POST['submit'])){
    exit('非法访问!');
}
$username = $_POST['username'];
$password = $_POST['password'];
$email = $_POST['email'];
//注册信息判断
if(!preg_match('/^[\w\x80-\xff]{3,15}$/', $username)){
    exit('错误：用户名不符合规定。<a href="javascript:history.back(-1);">返回</a>');
}
if(strlen($password) < 6){
    exit('错误：密码长度不符合规定。<a href="javascript:history.back(-1);">返回</a>');
}
if(!preg_match('/^\w+([-+.]\w+)*@\w+([-.]\w+)*\.\w+([-.]\w+)*$/', $email)){
    exit('错误：电子邮箱格式错误。<a href="javascript:history.back(-1);">返回</a>');
}
//包含数据库连接文件
include('conn.php');
//检测用户名是否已经存在
$check_query = mysql_query("select uid from user where username='$username' limit 1");
if(mysql_fetch_array($check_query)){
    echo '错误：用户名 ',$username,'已存在。<a href="javascript:history.back(-1);">返回</a>';
    exit;
}
//写入数据
$password = MD5($password);
$regdate = time();
$sql = "INSERT INTO user(username,password,email,regdate)VALUES('$username','$password','$email',$regdate)";
if(mysql_query($sql,$conn)){
    exit('用户注册成功！点击此处 <a href="login.html">登录</a>');
} else {
    echo '抱歉！添加数据失败：',mysql_error(),'<br />';
```

```
        echo '点击此处  <a href="javascript:history.back(-1);">返回</a> 重试';
    }
?>
```

login.html 用户登录页面代码如下。

```
<!DOCTYPE html PUBLIC "-//W3C//DTD XHTML 1.0 Transitional//EN"
"http://www.w3.org/TR/xhtml1/DTD/xhtml1-transitional.dtd">
<html xmlns="http://www.w3.org/1999/xhtml">
<head>
<meta http-equiv="Content-Type" content="text/html; charset=gbk" />
<title>用户登录</title>
<style type="text/css">
    html{font-size:12px;}
    fieldset{width:300px; margin: 0 auto;}
    legend{font-weight:bold; font-size:14px;}
    .label{float:left; width:70px; margin-left:10px;}
    .left{margin-left:80px;}
    .input{width:150px;}
    span{color: #666666;}
</style>
<script language=JavaScript>
<!--

function InputCheck(LoginForm)
{
    if (LoginForm.username.value == "")
    {
        alert("请输入用户名!");
        LoginForm.username.focus();
        return (false);
    }
    if (LoginForm.password.value == "")
    {
        alert("请输入密码!");
        LoginForm.password.focus();
        return (false);
    }
}

//-->
</script>
</head>
<body>
<div>
<fieldset>
<legend>用户登录</legend>
<form name="LoginForm" method="post" action="login.php" onSubmit="return InputCheck(this)">
<p>
<label for="username" class="label">用户名:</label>
```

```
<input id="username" name="username" type="text" class="input" />
<p/>
<p>
<label for="password" class="label">密 码:</label>
<input id="password" name="password" type="password" class="input" />
<p/>
<p>
<input type="submit" name="submit" value="  确  定  " class="left" />
</p>
</form>
</fieldset>
</div>
</body>
</html>
```

登录页面效果如图 5.11 所示。

图 5.11　登录页面效果

login.php 登录处理程序代码如下:

```php
<?php
session_start();

//注销登录
if($_GET['action'] == "logout"){
    unset($_SESSION['userid']);
    unset($_SESSION['username']);
    echo '注销登录成功！点击此处 <a href="login.html">登录</a>';
    exit;
}

//登录
if(!isset($_POST['submit'])){
    exit('非法访问!');
}
$username = htmlspecialchars($_POST['username']);
$password = MD5($_POST['password']);

//包含数据库连接文件
```

```php
include('conn.php');
//检测用户名及密码是否正确
$check_query = mysql_query("select uid from user where username='$username' and password='$password'
limit 1");
if($result = mysql_fetch_array($check_query)){
    //登录成功
    $_SESSION['username'] = $username;
    $_SESSION['userid'] = $result['uid'];
    echo $username,' 欢迎你！进入 <a href="my.php">用户中心</a><br />';
    echo '点击此处 <a href="login.php?action=logout">注销</a> 登录！<br />';
    exit;
} else {
    exit('登录失败！点击此处 <a href="javascript:history.back(-1);">返回</a> 重试');
}
?>
```

my.php 用户中心程序代码：

```php
<?php
session_start();

//检测是否登录，若没登录则转向登录界面
if(!isset($_SESSION['userid'])){
    header("Location:login.html");
    exit();
}

//包含数据库连接文件
include('conn.php');
$userid = $_SESSION['userid'];
$username = $_SESSION['username'];
$user_query = mysql_query("select * from user where uid=$userid limit 1");
$row = mysql_fetch_array($user_query);
echo '用户信息：<br />';
echo '用户 ID：',$userid,'<br />';
echo '用户名：',$username,'<br />';
echo '邮箱：',$row['email'],'<br />';
echo '注册日期：',date("Y-m-d", $row['regdate']),'<br />';
echo '<a href="login.php?action=logout">注销</a> 登录<br />';
?>
```

练习

1．PHP 连接 MySQL 前需要做哪些准备工作？

2．常用的 PHP 操作 MySQL 的函数有哪些？

3．在 PHP 中如何对多条记录进行分页？

项目 6
PHP 面向对象编程

知识点、技能点

➢ 类与对象
➢ 构造函数与析构函数
➢ 类的基本应用

学习要求

➢ 了解类与对象
➢ 掌握抽象类与实例化对象的方法
➢ 掌握构造函数与析构函数
➢ 了解类与对象的基本应用与特点
➢ 掌握类与对象的应用方法

教学基础要求

➢ 掌握抽象类与实例化对象的方法
➢ 掌握构造函数与析构函数
➢ 掌握类与对象的应用方法

任务 1 类 与 对 象

任务描述

☑ 正确认识面向对象的概念以及面向对象编程

☑ 认识类与对象

☑ 理解类与对象之间的关系

☑ 学习如何抽象类与实例化对象

☑ 学习访问控制

知识汇总

6.1.1 PHP 面向对象概述

面向对象编程（Object Oriented Programming，OOP），又称面向对象程序设计，是一种计算机编程架构，OOP 的一条基本原则是计算机程序是由单个能够起到子程序作用的单元或对象组合而成的，OOP 达到了软件工程的 3 个目标：重用性、灵活性和扩展性。为了实现整体运算，每个对象都能够接收信息、处理数据和向其他对象发送信息。面向对象一直是软件开发领域比较热门的话题。首先，面向对象符合人类看待事物的一般规律。其次，采用面向对象方法可以使系统各部分各司其职、各尽所能，为编程人员敞开了一扇大门，使其编程的代码更简洁、更易于维护，并且具有更强的可重用性。有人说 PHP 不是一个真正的面向对象的语言，这是事实。PHP 是一个混合型语言，用户可以使用 OOP，也可以使用传统的过程化编程。然而，对于大型项目，用户可能需要在 PHP 中只使用 OOP 去声明类，而且项目里只用对象和类。

PHP 支持面向对象的编程方法。尤其是到了 PHP 5，面向对象的特性被大大加强，虽然目前 PHP 作为一门 Web 开发语言，其对面向对象特性的支持程度与纯粹的面向对象语言（如 Java 等）还有很大差距，但在一定程度上已经给 PHP 开发者带来很大便利。因此掌握 PHP 面向对象编程就显得十分必要。

那么到底什么才是面向对象编程呢？这里举一个简单的例子来帮助读者理解。如果想建立一个电脑教室，首先要有一个房间，房间里面要有 N 台电脑、N 张桌子、N 把椅子、白板和投影机等，这些就是对象，是能看到的一个个的实体，可以说电脑教室的单位就是一个个的实体对象，它们共同组成了这个电脑教室。而我们是做程序，这和面向对象有什么关系呢？开发一个系统程序和建一个电脑教室类似，要把每个独立的功能模块抽象成类，形成对象，由多个对象组成系统，这些对象之间都能够进行接收信息、处理数据和向其他对象发送信息等相互作用，就构成了面向对象的程序。

关于面向对象的编程方法，是一门专门的学问，有很多著作来阐述这个问题。关于类、对象、方法、成员、继承、封装、重载、构造器等名词，对于一个没有接触过面向对象编程的读者来说可能一头雾水。由于阐述面向对象的原理不是本书的主要内容，因此本书不

会深入探讨这些内容，但是会在遇到每个名词时进行尽量简短、通俗的解释。如果读者在此之前就具备了面向对象编程的经验，那么学习本章将会非常轻松。PHP 的面向对象要比专门的面向对象编程语言简单得多。如果读者没有任何面向对象编程知识，也能够通过我们的介绍慢慢领会。不过还是建议这类读者先参阅一些专门介绍面向对象编程的书籍，这样再学习起来会更加顺畅。

必须清楚地说明一点，PHP 支持面向对象的编程，但并不是只能以面向对象方式编程，换句话说，不了解 PHP 的面向对象编程并不影响 PHP 的学习。即使跳过本项目，也基本不会影响后面内容的学习。事实上，由于 Web 程序规模有限，每个网页程序一般是几十到几百行，数千甚至数万行的程序并不多见。再加上 Web 程序基本上是独立的个体，它们运行时互不相干，这就使得单个网页程序的内部逻辑比较简单，并不是十分复杂，因此面向对象的编程思路并不会发挥太大作用。于是实际开发中大多数 PHP 开发者还是主要采用传统的面向过程的方法。因此，即使读者对面向对象的编程没有经验，学习本项目感到困难，也不必丧失信心。面向对象到目前为止还没有成为 PHP 的核心。

6.1.2　类与对象的定义和应用

从程序的角度出发，本节把类放在最前面介绍。因为只有定义了类，才能创建这个类的实例（对象）。但是实际上如果按照类的产生来看，类是从现实世界的事物（对象）中抽象而来的，是客观世界在计算机中的逻辑表示，因此是先有对象后有类。

面向对象的一个重要理念就是万事万物皆对象。客观世界中的任何事物，一个人、一辆车、一种物体，都可以视为一个对象。对象还可以是抽象的概念，如天气变化、鼠标事件等。联系客观世界的事物，可以很容易归纳出对象的两个特征：状态和行为。每个对象都有自身的状态（或称属性），也有自己的行为（操作）。例如一个人有身高、体重、性别等自然属性，也有姓名、职业等逻辑属性。人还有自己的行为，如走、立、坐、跑等。一辆车有颜色、型号、价格、时速等属性，也有起步、换档、刹车、转弯等行为。

具体来说，类是具有相同属性和服务的一组对象的集合。它为属于该类的所有对象提供统一的抽象描述，其内部包括属性和服务两个主要部分。在面向对象的编程语言中，类是一个独立的程序单位，它应该有一个类名并包括属性说明和服务说明两个主要部分。

而对象是系统中用来描述客观事物的一个实体，它是构成系统的一个基本单位。一个对象由一组属性和对这组属性进行操作的一组服务组成。从更抽象的角度来说，对象是问题域或实现域中某些事物的一个抽象，它反映该事物在系统中需要保存的信息和发挥的作用；它是一组属性和有权对这些属性进行操作的一组服务的封装体。客观世界是由对象和对象之间的联系组成的。

类与对象的关系就如模具和铸件的关系，类的实例化结果就是对象，而对一类对象的抽象就是类。类描述了一组有相同特性（属性）和相同行为（方法）的对象。

1．抽象类

既然一个类是由一类事物或者逻辑抽象而来的，其中必然包含这类事物或逻辑的基本要素和区别于其他类的特性。一个内容为空的类虽然是合法的，但是毫无意义。一个类除了一个名称的声明——类声明之外，其内容由两部分组成：变量和方法。类的变量和方法统称为类的成员。

前面已经介绍过，面向对象程序的单位就是对象，但对象又是通过类的实例化而来的，所以首先要考虑的是如何来声明类。做出一个类很容易，只要掌握基本的程序语法、定义规则即可，那么难点在哪里呢？一个项目要用到多少个类、用多少个对象、在哪里定义类、定义一个什么样的类、这个类实例化出多少个对象、类里面有多少个属性和方法等，这就需要读者在实际的开发中就实际问题分析设计和总结了。

类的定义如下：

```
class 类名{
}
```

使用一个关键字 class ，后面加一个想要的类名以及一对花括号，这样一个类的结构就定义出来了，只要在里面写入代码即可。但是里面写什么？能写什么？怎样写才是一个完整的类呢？上面讲过，使用类是为了让它实例出对象来给我们用，这就要知道你想要的是什么样的对象。比如说，一个人就是一个对象，要想把一个你看好的人推荐给领导，首先，你会介绍这个人的姓名、性别、年龄、身高、体重、电话、家庭住址等。然后，你要介绍这个人能做什么，可以开车，会说英语，可以使用电脑等。只要你多介绍一点，别人就对这个人多一点了解，这就是我们对一个人的描述。

现在总结一下，所有的对象用类去描述都是类似的，从上面对人的描述可以看到，做出一个类来，从定义的角度分两部分：从静态上描述和从动态上描述。静态上的描述就是我们所说的属性，如人的姓名、性别、年龄、身高、体重、电话、家庭住址等。动态上的描述也就是对象的功能，如这个人可以开车，会说英语，可以使用电脑等。抽象成程序时，我们把动态的描述写成函数或者说是方法（函数和方法是一样的）。所以，所有类都是从属性和方法这两方面去写，属性又叫做这个类的成员属性，方法叫做这个类的成员方法。例如：

```
class 人{
成员属性：姓名、性别、年龄、身高、体重、电话、家庭住址
成员方法：可以开车，会说英语，可以使用电脑
}
```

☑ 属性：通过在类定义中使用关键字 var 来声明变量，即创建了类的属性，虽然在声明成员属性时可以给定初始值，但是在声明类时给成员属性初始值是没有必要的。比如，要是把人的姓名赋上"张三"，那么用这个类实例出几十个人，这几十个人都叫张三，所以没有必要。在实例出对象后给成员属性初始值即可，如 var $somevar;。

☑ 方法（成员函数）：通过在类定义中声明函数，即创建了类的方法。

```
function somefun(参数列表)
{ …… }
```

高等职业教育"十二五"规划教材

完整的代码如例 6.1 所示。

【例 6.1】

```php
<?php
class Person
{
//下面是人的成员属性
var $name;                        //人的姓名
var $sex;                         //人的性别
var $age;                         //人的年龄
//下面是人的成员方法
function say()                    //这个人可以说话的方法
{
echo "这个人在说话";
}
function run()                    //这个人可以走路的方法
{
echo "这个人在走路";
}
}
?>
```

上面就是一个类的声明，从属性和方法上声明出来一个类。需要注意，在声明时最好不要给成员属性初始的值，因为声明的类是一个描述信息，将来用它实例化对象，比如实例化出来 10 个人对象，那么这 10 个人，每一个人的姓名、性别、年龄都是不一样的，所以最好是对每个对象分别赋值。

用同样的办法可以做出想要的所有类，只要能用属性和方法描述出来的实体都可以定义成类，然后去实例化对象。

为了加强对类的理解，下面再做一个矩形类。

```
class  矩形
{
//矩形的属性
矩形的长；
矩形的宽；
//矩形的方法
矩形的周长；
矩形的面积；
}
```

【例 6.2】

```php
<?php
class Rect
{
var $kuan;
var $gao;
function zhouChang()
```

```
{
计算矩形的周长；
}
function mianJi()
{
计算矩形的面积；
}
}
?>
```

如果用这个类来创建出多个矩形对象，每个矩形对象都有自己的长和宽，就可以求出各矩形的周长和面积了。

2．实例化对象

"实例化"是一个术语，可以将其理解为"具体化"。通过上面的学习知道，类是抽象出来的一个逻辑单位，虽然用具体的代码书写出来了，这个类仍然只是某类事物的定义，而不是事物本身。要在程序中使用这类事物，首先要创建出这类事物的一个实体，这就是类的实例化。在面向对象的程序设计中将创建的实体称为对象。

当定义好类后，可以使用 new 关键字来生成一个对象。

$对象名称= new 类名称();

【例 6.3】

```
<?php
class Person
{
//下面是人的成员属性
var $name;                          //人的姓名
var $sex;                           //人的性别
var $age;                           //人的年龄
//下面是人的成员方法
function say()                      //这个人可以说话的方法
{
echo "这个人在说话";
}
function run()                      //这个人可以走路的方法
{
echo "这个人在走路";
}
}
$p1=new Person();
$p2=new Person();
$p3=new Person();
?>
$p1=new Person();
```

上述代码就是通过类产生实例对象的过程，$p1、$p2 和$p3 是实例出来的对象名称，可见，一个类可以实例出多个对象，每个对象都是独立的，上面的代码相当于实例出 3 个人，人与人之间是没有联系的，只能说明他们都是人类，每个人都有自己的姓名、性别和年龄的属性，都有说话和走路的方法，只要是类里面体现出来的成员属性和成员方法，实例化出来的对象里面就包含这些属性和方法。

对像在 PHP 里面和整型、浮点型一样，也是一种数据类，都用于存储不同类型数据，在运行时都要加载到内存中，那么对象在内存里面是怎么体现的呢？内存从逻辑上大体分为 4 段：栈空间段、堆空间段、代码段和初始化静态段，程序里面不同的声明放在不同的内存段里面，栈空间段是存储占用相同空间长度并且占用空间小的数据类型的地方，如整型 1、10、100、1000、10000、100000 等，在内存里面占用空间是等长的，都是 64 位 4 个字节。而数据长度不定长，而且占用空间很大的数据放在堆内存里面。栈内存是可以直接存取的，而堆内存是不可以直接存取的。上述代码的对象就是一种大的而且占用空间不定长的类型，所以说对象放在堆里面，但对象名称是放在栈里面的，这样通过对象名称就可以使用对象。

对于代码$p1=new Person();，$p1 是对象名称，在栈内存里面，new Person()是真正的对象，在堆内存里面，具体如图 6.1 所示。

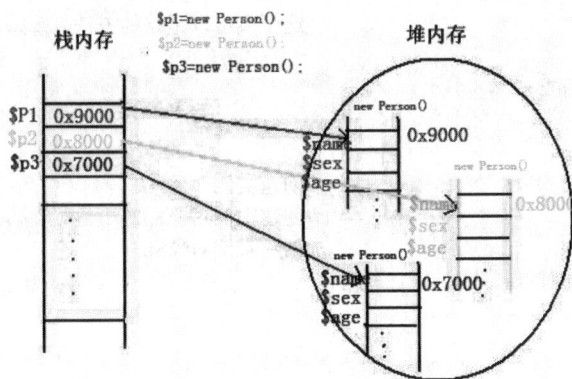

图 6.1 实例化对象图示

从图 6.1 可以看出，$p1=new Person();等号右边是真正的对象实例，是在堆内存里面的实体，图中共有 3 次 new Person()，所以会在堆里面开辟 3 个空间，产生 3 个实例对象，对象之间都是相互独立的，使用自己的空间。在 PHP 中，只要有一个 new 关键字出现，就会实例化出来一个对象，在堆里面开辟一块自己的空间。

堆里面的实例对象是用于存储属性的。例如，现在堆里面的实例对象中都存有姓名、性别和年龄，每个属性又都有一个地址。

$p1=new Person();等号左边是一个引用变量，通过赋值运算符"="把对象的首地址赋给$p1 这个引用变量，所以$p1 是存储对象首地址的变量，存放在栈内存中。$p1 相当于一个指针指向堆里面的对象，所以可以通过$p1 来操作对象，通常也称对象引用为对象。

3. 使用对象中的成员

PHP 对象中的成员有两种，一种是成员属性：一种是成员方法。前面讲解了对象的声明，怎么去使用对象的成员呢？要想访问对象中的成员，就要使用一个特殊的操作符"->"

来完成：

☑ 对象->属性，如$p1->name; $p2->age; $p3->sex;

☑ 对象->方法，如$p1->say(); $p2->run();

如下面的实例。

【例 6.4】

```php
<?php
class Person
{
//下面是人的成员属性
var $name;                          //人的姓名
var $sex;                           //人的性别
var $age;                           //人的年龄
//下面是人的成员方法
function say()                      //这个人可以说话的方法
{
echo "这个人在说话";
}
function run()                      //这个人可以走路的方法
{
echo "这个人在走路";
}
}
$p1=new Person();                   //创建实例对象$p1
$p2=new Person();                   //创建实例对象$p2
$p3=new Person();                   //创建实例对象$p3
//下面 3 行是给$p1 对象属性赋值
$p1->name="张三";
$p1->sex="男";
$p1->age=20;
//下面 3 行是访问$p1 对象的属性
echo "p1 对象的姓名是：".$p1->name. "<br>";
echo "p1 对象的性别是：".$p1->sex. "<br>";
echo "p1 对象的年龄是：".$p1->age. "<br>";
//下面两行访问$p1 对象中的方法
$p1->say();
$p1->run();
//下面 3 行是给$p2 对象属性赋值
$p2->name="李四";
$p2->sex="女";
$p2->age=30;
//下面 3 行是访问$p2 对象的属性
echo "p2 对象的姓名是：".$p2->name. "<br>";
echo "p2 对象的性别是：".$p2->sex. "<br>";
echo "p2 对象的年龄是：".$p2->age. "<br>";
//下面两行访问$p2 对象中的方法
$p2->say();
$p2->run();
```

```
//下面 3 行是给$p3 对象属性赋值
$p3->name="王五";
$p3->sex="男";
$p3->age=40;
//下面 3 行是访问$p3 对象的属性
echo "p3 对象的姓名是：".$p3->name. "<br>";
echo "p3 对象的性别是：".$p3->sex. "<br>";
echo "p3 对象的年龄是：".$p3->age. "<br>";
//下面两行访问$p3 对象中的方法
$p3->say();
$p3->run();
?>
```

从例 6.4 中可以看出，只要是对象里面的成员，就要使用"对象->属性"、"对象->方法"形式访问，没有其他方法。

4. $this 的使用

"对象->成员"是在对象的外部去访问对象中成员的形式，那么如果想在对象的内部，让对象里的方法访问本对象的属性，或是让对象中的方法去调用本对象的其他方法时该怎么办？因为对象里面的所有成员都要用对象来调用，包括对象的内部成员之间的调用，所以在 PHP 中提供了一个本对象的引用$this，每个对象里面都有一个对象的引用$this 来代表这个对象，完成对象内部成员的调用。this 的本意就是"这个"的意思，上面的实例中实例化 3 个对象，这 3 个对象里面各自存在一个$this 分别代表对象$p1、$p2、$p3。$this 的使用原理如图 6.2 所示。

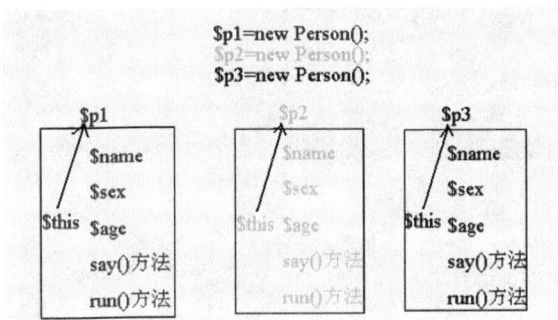

图 6.2 $this 的使用原理

通过图 6.2 可以看到，$this 就是对象内部代表该对象的引用，在对象内部调用本对象的成员和在对象外部调用对象成员所使用的方式是一样的。

☑ $this->属性，如$this->name; $this->age; $this->sex;

☑ $this->方法，如$this->say(); $this->run();

修改例 6.4，让每个人都说出自己的姓名、性别和年龄，如例 6.5 所示。

【例 6.5】

```
<?php
class Person
```

```
{
//下面是人的成员属性
var $name;                              //人的姓名
var $sex;                               //人的性别
var $age;                               //人的年龄
//下面是人的成员方法
function say()                          //这个人可以说话的方法
{
echo "我的名字叫："".$this->name." 性别："".$this->sex." 我的年龄是：
".$this->age."<br>";
}
function run()                          //这个人可以走路的方法
{
echo "这个人在走路";
}
}
$p1=new Person();                       //创建实例对象$p1
$p2=new Person();                       //创建实例对象$p2
$p3=new Person();                       //创建实例对象$p3
//下面3行是给$p1对象属性赋值
$p1->name="张三";
$p1->sex="男";
$p1->age=20;
//下面访问$p1对象中的说话方法
$p1->say();
//下面3行是给$p2对象属性赋值
$p2->name="李四";
$p2->sex="女";
$p2->age=30;
//下面访问$p2对象中的说话方法
$p2->say();
//下面3行是给$p3对象属性赋值
$p3->name="王五";
$p3->sex="男";
$p3->age=40;
//下面访问$p3对象中的说话方法
$p3->say();
?>
```

输出结果为：

我的名字叫：张三 性别：男 我的年龄是：20
我的名字叫：李四 性别：女 我的年龄是：30
我的名字叫：王五 性别：男 我的年龄是：40

分析一下以下方法：

```
function say()                          //这个人可以说话的方法
{
echo "我的名字叫："".$this->name." 性别："".$this->sex." 我的年龄是：
```

".$this->age."
";
}

在$p1、$p2 和$p3 这 3 个对象中都有方法 say()，$this 分别代表这 3 个对象，调用相应的属性，打印出属性的值，这就是在对象内部访问对象属性的方式，如果想在 say()方法中调用 run()方法，可以使用$this->run()的方式来完成调用。

5. 访问控制

由上面的几个例子可以看出，同一个类的成员可以在不同的场合以不同的方式调用。这看似是一种灵活性的表现，但是对于一个健壮的、安全的程序而言，这种随意的访问方式很容易带来负面问题，不妨举一个简单的例子。

【例 6.6】

```php
<?php
class getDate{
var $month;
var $day;
function setDate($m,$d){
$m = (int)$m;
$d = (int)$d;
if($m<1) $m=1;
if($d<1) $d=1;
if($m>12) $m=12;
if($d>31) $d=31;
$this->month = $m;
$this->day     = $d;
}
function showDate(){
return $this->month."月".$this->day."日<P>";
}
}
$day1 = new getDate();
//以正常参数调用方法
$day1->setDate(5,12);
echo $day1->showDate();
//以异常参数调用方法
$day1->setDate(14,34);
echo $day1->showDate();
//绕过方法直接操作变量
$day1->month = 14;
$day1->day = 34;
echo $day1->showDate();
?>
```

上面的程序中定义了类 getDate，类中有 2 个变量，分别表示月、日。定义了 setDate()方法来设置变量值，定义了 showDate()方法来格式化返回变量值。我们都知道月份不可能超过 12，日不可能超过 31。因此在 setDate()方法中对参数值进行了验证，如果出现了异常

的参数，则进行处理（至于如何处理可以根据程序需要自行编写）。最后通过 3 种方式来设置变量值并查看结果，运行结果如图 6.3 所示。

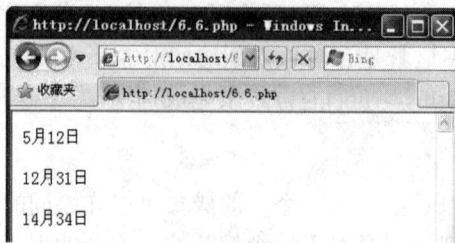

图 6.3 随意访问成员带来的混乱图示

通过运行结果可以看出，如果不经控制而随意存取一个类中的变量，则很容易导致数据异常，即提供的数据可能不在合法的范围内。程序运行时如果发生这样的情况，将对程序的执行带来难以预料的后果。

如何控制类的成员的访问权限呢？也就是说实现对某些成员随意访问，而对某些成员限制访问，这就是 PHP 中的访问控制。

在 PHP 中，对属性或方法的访问控制，是通过在前面添加关键字 public、protected 或 private 来实现的。由 public 所定义的类成员可以在任何地方被访问；由 protected 所定义的类成员则可以被其所在类及其子类访问（关于子类的概念将在本章的后面介绍）；而由 private 定义的类成员则只能被其所在类访问。下面再用一个实例来说明。

【例 6.7】

```php
<?php
class MyClass
{
public      $public = 'Public';
protected   $protected = 'Protected';
private     $private = 'Private';
function printHello()
{
echo $this->public;
echo $this->protected;
echo $this->private;
}
}
$obj = new MyClass();
echo $obj->public;                //这行能被正常执行
echo $obj->protected;             //这行会产生一个致命错误
echo $obj->private;               //这行也会产生一个致命错误
$obj->printHello();               //可以正常输出
?>
```

程序的第 4～6 行定义了 3 个变量，与以前的写法不同的是，在其前面增加了访问控制符。使用不同的访问控制符修饰的变量其访问权限也不同，从第 15～17 行的执行结果可以看出这种差异。第 15 行通过对象$obj 访问变量$public，由于该变量的访问控制为 public，

即任何地方都可以使用,因此此句执行成功。第 16 和 17 行会报错,是因为 protected 和 private 两种类型都不允许通过对象直接调用。但是第 19 行通过 printHello()方法来输出$protected 和$private 两个变量,就可以成功。这是因为 printHello()方法在类的内部定义,执行时相当于在所在类的内部调用两个变量,这是允许的。而通过对象直接访问就是错误的。

由此可见,在例 6.6 中只需要将$month 和$day 两个变量的声明部分作如下修改,即可防止通过外部直接赋值。

```
private $month;
private $day;
```

这样一来,试图直接通过$day1->month 来为其赋值就会报错,因而只能通过 setDate() 方法来赋值,这样就避免了数据不合法导致数据混乱的问题。

当然,这里所举的是两个非常简单的例子,实际应用中的程序要复杂得多,要特别注意每个成员的访问控制,将可能存在的危险降到最低。

学过了访问控制之后,就可以来澄清一个前面提到的问题了。在前面的内容中,定义类的变量时一般使用 var 作为关键字,实际上这是 PHP 4 中的写法,到了 PHP 5 中,虽然仍然保持兼容,但是推荐使用 public、protected 或 private 来修饰变量。

public、protected、private 关键字同样可以应用于方法,来实现对方法的访问控制。其控制原理与变量相同,因此不再给出具体例子,请读者自行设计一个程序来验证。

当一个方法没有使用访问控制修饰符修饰时,默认为 public。

练习

1．简述类与对象之间的关系。
2．类的定义方法。
3．$this 的作用。

任务 2　构造函数与析构函数

任务描述

大多数类都有一种称为构造函数的特殊方法。当创建一个对象时,它将自动调用构造函数,也就是使用 new 关键字来实例化对象时自动调用构造方法。构造函数(构造器)是面向对象编程中的一种重要机制,本任务将重点学习 PHP 中的构造函数与析构函数。

知识汇总

6.2.1　构造函数

所谓构造函数,是指类中的一个特殊方法。在 PHP 中,该方法以_ _construct()为方法名,而且此方法没有返回值。

构造函数的实质是类中的一个方法，也就是类的一个成员。只不过该方法和其他方法相比有其特殊性。其特殊性主要表现在以下几个方面。

（1）构造函数必须命名为__construct()。在 PHP 5 以前的版本中，构造函数名必须与类名一致，PHP 5 以后改为__construct()（注意，construct 前面是连续两条下划线）。

（2）构造函数在类被实例化时自动调用（用 new 创建对象时自动运行此方法）。

（3）构造函数没有返回值。

（4）构造函数一般不被显式调用。也就是说构造函数在创建对象时自动运行，而不需要人为去调用。

构造函数作为类的基本特性之一，必然有其用途。构造函数最主要的用途就是用来实现类的初始化，即创建一个对象的同时对这个对象进行一些初始化操作，而不是等到对象创建完成后再逐个设置。

构造函数的声明与其他操作的声明一样，只是其名称必须是__construct()，这是 PHP 5 中的变化。以前的版本中，构造函数的名称必须与类名相同，这在 PHP 5 中仍然可以沿用，但已经很少有人使用，这样做的好处是可以使构造函数独立于类名，当类名发生改变时不需要修改相应的构造函数名称。为了向下兼容，如果一个类中没有名为__construct()的方法，PHP 将搜索一个 PHP 4 中的写法，即与类名同名的构造方法。

格式：

function __construct ([参数]) { ... ... }

在一个类中只能声明一个构造方法，而在每次创建对象时都会调用一次构造方法，不能主动地调用该方法，所以通常用它执行一些有用的初始化任务，如对成员属性在创建对象时赋初值。

【例 6.8】

```php
<?php
//创建一个人类
class Person
{
//下面是人的成员属性
var $name;                          //人的姓名
var $sex;                           //人的性别
var $age;                           //人的年龄
//定义一个构造方法，参数为姓名$name、性别$sex 和年龄$age
function __construct($name, $sex, $age)
{
//通过构造方法传进来的$name 给成员属性$this->name 赋初始值
$this->name=$name;
//通过构造方法传进来的$sex 给成员属性$this->sex 赋初始值
$this->sex=$sex;
//通过构造方法传进来的$age 给成员属性$this->age 赋初始值
$this->age=$age;
}
//这个人的说话方法
```

```
function say()
{
echo "我的名字叫："".$this->name." 性别："".$this->sex." 我的年龄是：
".$this->age."<br>";
}
}
//通过构造方法创建 3 个对象$p1、$p2、$p3，分别传入 3 个不同的实参：姓名、性别和年龄
$p1=new Person("张三", "男", 20);
$p2=new Person("李四", "女", 30);
$p3=new Person("王五", "男", 40);
//下面访问$p1 对象中的说话方法
$p1->say();
//下面访问$p2 对象中的说话方法
$p2->say();
//下面访问$p3 对象中的说话方法
$p3->say();
?>
```

输出结果为：

```
我的名字叫：张三 性别：男 我的年龄是：20
我的名字叫：李四 性别：女 我的年龄是：30
我的名字叫：王五 性别：男 我的年龄是：40
```

6.2.2　析构函数

与构造函数相对的就是析构函数。析构函数是 PHP 5 新添加的内容，它允许在销毁一个类之前执行一些操作或完成一些功能，如关闭文件、释放结果集等。析构函数会在某个对象的所有引用都被删除或者当对象被显式销毁时执行，也就是对象在内存中被销毁前调用析构函数。与构造函数的名称类似，一个类的析构函数名称必须是_ _destruct()。析构函数没有参数和返回值。析构函数在对象被销毁时自动调用，一般不需要显式调用。

格式：

```
function _ _destruct () { … }
```

【例 6.9】

```
<?php
//创建一个人类
class Person
{
//下面是人的成员属性
var $name;                    //人的姓名
var $sex;                     //人的性别
var $age;                     //人的年龄
//定义一个构造方法，参数为姓名$name、性别$sex 和年龄$age
function _ _construct($name, $sex, $age)
{
```

```
//通过构造方法传进来的$name 给成员属性$this->name 赋初始值
$this->name=$name;
//通过构造方法传进来的$sex 给成员属性$this->sex 赋初始值
$this->sex=$sex;
//通过构造方法传进来的$age 给成员属性$this->age 赋初始值
$this->age=$age;
}
//这个人的说话方法
function say()
{
echo "我的名字叫: ".$this->name." 性别: ".$this->sex." 我的年龄是:
".$this->age."<br>";
}
//这是一个析构函数,在对象销毁前调用
function _ _destruct()
{
echo "再见".$this->name. "<br>";
}
//通过构造方法创建 3 个对象$p1、$p2、$p3,分别传入 3 个不同的实参:姓名、性别和年龄
$p1=new Person("张三", "男", 20);
$p2=new Person("李四", "女", 30);
$p3=new Person("王五", "男", 40);
//下面访问$p1 对象中的说话方法
$p1->say();
//下面访问$p2 对象中的说话方法
$p2->say();
//下面访问$p3 对象中的说话方法
$p3->say();
?>
```

输出结果为:

```
我的名字叫: 张三性别: 男我的年龄是: 20
我的名字叫: 李四性别: 女我的年龄是: 30
我的名字叫: 王五性别: 男我的年龄是: 40
再见张三
再见李四
再见王五
```

练习

1. 简述构造函数的特点。
2. 简述析构函数的特点。

任务3 类的基本应用

任务描述

了解类与对象的基本应用与特点,掌握类与对象的应用方法。

知识汇总

6.3.1　封装性

封装性是面向对象编程中的三大特性之一。所谓封装性，就是把对象的属性和服务结合成一个独立的相同单位，并尽可能隐蔽对象的内部细节，包含两个含义：一是把对象的全部属性和全部服务结合在一起，形成一个不可分割的独立单位（即对象）；二是信息隐蔽，即尽可能隐蔽对象的内部细节，对外形成一个边界（或者说形成一道屏障），只保留有限的对外接口使之与外部发生联系。

封装的原则在软件上的反应是：要求使对象以外的部分不能随意存取对象的内部数据（属性），从而有效地避免了外部错误对它的"交叉感染"，使软件错误能够局部化，大大减少查错和排错的难度。

例如，假设某个人的对象中有年龄和工资等属性，像这样涉及个人隐私的属性是不想让其他人随意获得的，使用封装之后，别人就没有办法获得封装的属性，除非你自己把它说出去。

一般使用 private 关键字来对属性和方法进行封装。

原来的成员：

```
var $sex;                          //声明人的性别
var $age;                          //声明人的年龄
function run(){… … .}
```

改成封装的形式：

```
private $name;                     //把人的姓名使用 private 关键字进行封装
private $sex;                      //把人的性别使用 private 关键字进行封装
private $age;                      //把人的年龄使用 private 关键字进行封装
private function run(){… … }       //把人的走路方法使用 private 关键字进行封装
```

📝 **注意**

只要是成员属性前面有其他的关键字，就要去掉原有的关键字 var。

通过 private 就可以把人的成员（成员属性和成员方法）封装上了。封装上的成员不能被类外面直接访问，只有对象内部可以访问。例 6.10 中的代码会产生错误。

【例 6.10】

```
class Person
{
//下面是人的成员属性
private $name;                     //人的姓名，被 private 封装上了
private $sex;                      //人的性别，被 private 封装上了
private $age;                      //人的年龄，被 private 封装上了
//这个人可以说话的方法
```

```
function say()
{
echo "我的名字叫：".$this->name." 性别：".$this->sex." 我的年龄是：
".$this->age."<br>";
}
//这个人可以走路的方法，被 private 封装上了
private function run()
echo "这个人在走路";
}
}
//实例化一个人的实例对象
$p1=new Person();
//试图去给私有的属性赋值，结果会发生错误
$p1->name="张三";
$p1->sex="男";
$p1->age=20;
//试图去打印私有的属性，结果会发生错误
echo $p1->name. "<br>";
echo $p1->sex. "<br>";
echo $p1->age. "<br>"
//试图去打印私有的成员方法，结果会发生错误
$p1->run();
```

输出结果为：

```
Fatal error: Cannot access private property Person::$name
Fatal error: Cannot access private property Person::$sex
Fatal error: Cannot access private property Person::$age
Fatal error: Cannot access private property Person::$name
Fatal error: Call to private method Person::run() from context
```

从例 6.10 可以看到，私有的成员是不能被外部访问的，因为私有成员只能在本对象内部访问，比如$p1 这个对象想把他的私有属性说出去，在 say()方法里面访问了私有属性，这样是可以的（没有加任何访问控制，默认为 public ，任何地方都可以访问）。

```
//这个人可以说话的方法，说出自己的私有属性，在这里也可以访问私有方法
function say()
{
echo "我的名字叫：".$this->name." 性别：".$this->sex." 我的年龄是：
".$this->age."<br>";
//在这里也可以访问私有方法
//$this->run();
}
```

因为成员方法 say()是公有的，所以在类的外部调用 say()方法是可以的，如例 6.11 所示，改变例 6.10 中的代码。

【例 6.11】

```
class Person
{
```

```
//下面是人的成员属性
private $name;                          //人的姓名，被 private 封装上了
private $sex;                           //人的性别，被 private 封装上了
private $age;                           //人的年龄，被 private 封装上了
//定义一个构造方法，参数为私有的属性姓名$name、性别$sex 和年龄$age 进行赋值
function __construct($name, $sex, $age)
{
//通过构造方法传进来的$name 给私有成员属性$this->name 赋初始值
$this->name=$name;
//通过构造方法传进来的$sex 给私有成员属性$this->sex 赋初始值
$this->sex=$sex;
//通过构造方法传进来的$age 给私有成员属性$this->age 赋初始值
$this->age=$age;
}
//这个人可以说话的方法，说出自己的私有属性，在这里也可以访问私有方法
function say()
{
echo "我的名字叫："".$this->name." 性别："".$this->sex." 我的年龄是：
".$this->age."<br>";
}
}
//通过构造方法创建 3 个对象$p1、$p2、$p3，分别传入 3 个不同的实参：姓名、性别和年龄
$p1=new Person("张三", "男", 20);
$p2=new Person("李四", "女", 30);
$p3=new Person("王五", "男", 40);
//下面访问$p1 对象中的说话方法
$p1->say();
//下面访问$p2 对象中的说话方法
$p2->say();
//下面访问$p3 对象中的说话方法
$p3->say();
```

输出结果为：

```
我的名字叫：张三 性别：男 我的年龄是：20
我的名字叫：李四 性别：女 我的年龄是：30
我的名字叫：王五 性别：男 我的年龄是：40
```

因为构造方法是默认的公有方法（构造方法不要设置成私有的），所以在类的外面可以访问到，这样就可以使用构造方法创建对象。另外，构造方法也是类里面的函数，所以可以用构造方法给私有的属性赋初值。say()方法是默认公有的，所以在外面也可以访问到，说出它自己的私有属性。

从上面的例子中可以看到，私有的成员只能在类的内部使用，不能被类外部直接来存取，但是在类的内部是有权限访问的，所以有时需要在类的外面给私有属性赋值和读取出来，也就是给类的外部提供一些可以存取的接口。例 6.11 中的构造方法就是一种赋值的形式，但是构造方法只是在创建对象时赋值，如果已经有一个存在的对象，想对其赋值，这时如果还使用构造方法传值的形式传值，那么就创建了一个新的对象，并不是这个已存在的对象了。所以要对私有的属性做一些可以被外部存取的接口，目的就是可以在对象存在

的情况下，改变和存取属性的值。但要注意，只有需要让外部改变的属性时才这样做，不想让外面访问的属性是不做这样的接口的，这样就能达到封装的目的，所有的功能都是对象自己来完成，给外面提供尽量少的操作。

如果给类外部提供接口，可以为私有属性在类外部提供设置方法和获取方法，来操作私有属性。下面举例说明。

【例 6.12】

```
private $age;                              //私有的属性年龄
function setAge($age)                      //为外部提供一个公有设置年龄的方法
{
if($age<0 || $age>130)                     //在给属性赋值时，为了避免非法值设置给属性
return;
$this->age=$age;
}
function getAge()                          //为外部提供一个公有获取年龄的方法
{
return($this->age);
}
```

上面的方法是为一个成员属性设置和获取值，当然也可以为每个属性用同样的方法进行赋值和取值操作，完成在类外部的存取工作。

6.3.2 __set()、__get()、__isset()、__unset()4 个方法的应用

一般来说，总是把类的属性定义为 private，这更符合现实的逻辑。但是，对属性的读取和赋值操作是非常频繁的，因此在 PHP 5 中，预定义了两个方法__get()和__set()来获取和赋值属性。另外，还有检查属性的方法__isset()和删除属性的方法__unset()。

6.3.1 节中，我们为每个属性做了设置和获取的方法，在 PHP 5 中为用户提供了专门为属性设置和获取值的方法——__set()和__get()，这两个方法不是默认存在的，而是需要手工添加到类中，像构造方法_ _construct()一样，在类中进行添加才会存在，可以按下面的方式来添加这两个方法，当然也可以按个人的风格来添加。

```
//__get()方法用来获取私有属性
private function __get($property_name)
{
if(isset($this->$property_name))
{
return($this->$property_name);
}else
{
return(NULL);
}
}
//__set()方法用来设置私有属性
private function __set($property_name, $value)
{
```

```php
$this->$property_name = $value;
}
```

1. __get()方法

__get()方法用来获取私有成员属性值，该方法有一个参数，用于传入要获取的成员属性的名称，返回获取的属性值。__get()方法不用手工调用，因为可以把其做成私有的方法，是在直接获取私有属性时对象自动调用的。因为私有属性已经被封装，是不能直接获取值的（如 echo $p1->name 这样直接获取是错误的），但是如果在类里面加上 get()方法，在使用 echo $p1->name 语句直接获取值时就会自动调用__get($property_name)方法，将属性 name 传给参数$property_name，通过该方法的内部执行，返回传入的私有属性的值。如果成员属性不封装成私有的，对象本身就不会去自动调用这个方法。

2. __set()方法

__set()方法用来为私有成员属性设置值，该方法有两个参数，第一个参数为要设置值的属性名，第二个参数是要给属性设置的值，没有返回值。该方法同样不用手工调用，它也可以做成私有的，是在直接设置私有属性值时自动调用的。同样，私有属性已经被封装，如果没有__set()方法，是不允许被赋值的，如$this->name='zhangsan'语句会出错，但是如果在类里面加上__set($property_name, $value)方法，在直接给私有属性赋值时，就会自动调用该方法，把属性（如 name）传给$property_name，把要赋的值 zhangsan 传给$value，通过这个方法的执行，达到赋值的目的。如果成员属性不封装成私有的，对象本身就不会去自动调用这个方法。为了不传入非法的值，还可以用这个方法给做一下判断。

【例 6.13】

```php
<?php
class Person
{
//下面是人的成员属性，都是封装的私有成员
private $name;                    //人的姓名
private $sex;                     //人的性别
private $age;                     //人的年龄
//__get()方法用来获取私有属性
private function __get($property_name)
{
echo "在直接获取私有属性值的时候，自动调用了这个__get()方法<br>";
if(isset($this->$property_name))
{
return($this->$property_name);
}e
lse
{
return(NULL);
}
}
//__set()方法用来设置私有属性
private function __set($property_name, $value)
{
```

```
echo "在直接设置私有属性值的时候，自动调用了这个__set()方法为私有属性赋值<br>";
$this->$property_name = $value;
}
}
$p1=new Person();
//直接为私有属性赋值的操作，会自动调用__set()方法进行赋值
$p1->name="张三";
$p1->sex="男";
$p1->age=20;
//直接获取私有属性的值，会自动调用__get()方法，返回成员属性的值
echo "姓名："."$p1->name."<br>";
echo "性别："."$p1->sex."<br>";
echo "年龄："."$p1->age."<br>";
?>
```

程序执行结果：

在直接设置私有属性值的时候，自动调用了这个__set()方法为私有属性赋值
在直接设置私有属性值的时候，自动调用了这个__set()方法为私有属性赋值
在直接设置私有属性值的时候，自动调用了这个__set()方法为私有属性赋值
在直接获取私有属性值的时候，自动调用了这个__get()方法
姓名：张三
在直接获取私有属性值的时候，自动调用了这个__get()方法
性别：男
在直接获取私有属性值的时候，自动调用了这个__get()方法
年龄：20

以上代码如果不加入__get()和__set()方法，程序就会出错，因为不能在类的外部操作私有成员，而上面的代码是通过自动调用__get()和__set()方法来帮助用户直接存取封装的私有成员的。

3. __isset()方法

在看这个方法之前先看一下 isset()函数的应用。isset()是测定变量是否被设定用的函数，传入一个变量作为参数，如果传入的变量存在则传回 TRUE，否则传回 FALSE。那么可不可以在一个对象外面使用 isset()函数去测定对象里面的成员是否被设定呢？分两种情况：如果对象里面成员是公有的，可以使用该函数来测定成员属性；如果是私有的成员属性，该函数就不起作用了。原因就是私有属性被封装了，在外部不可见。若想要在对象的外部使用 isset()函数来测定私有成员属性是否被设定，只要在类里面加上__isset()方法即可。当在类外部使用 isset()函数来测定对象里面的私有成员是否被设定时，就会自动调用类里面的__isset()方法来完成这样的操作。__isset()方法也可以做成私有的，在类里面加上下面的代码即可：

```
private function __isset($nm)
{
echo "当在类外部使用 isset()函数测定私有成员$nm 时，自动调用<br>";
return isset($this->$nm);
}
```

4.　__unset()方法

学习__unset()方法之前，先来看一下 unset()这个函数。unset()函数的作用是删除指定的变量且传回 TRUE，参数为要删除的变量。那么可不可以在一个对象外部使用 unset()函数删除对象内部的成员属性呢？也是分两种情况：如果一个对象里面的成员属性是公有的，就可以使用该函数在对象外面删除对象的属性；如果对象的成员属性是私有的，使用该函数就没有权限去删除。但同样，如果在一个对象里面加上__unset()方法，就可以在对象的外部删除对象的私有成员属性了。在对象里面加上__unset()方法之后，在对象外部使用 unset()函数删除对象内部的私有成员属性时，将自动调用__unset()方法来帮助我们删除对象内部的私有成员属性。该方法也可以在类的内部定义成私有的，在对象里面加上下面的代码即可：

```php
private function __unset($nm)
{
echo "当在类外部使用 unset()函数来删除私有成员时自动调用<br>";
unset($this->$nm);
}
```

下面来看一个完整的实例。

【例 6.14】

```php
<?php
class Person
{
//下面是人的成员属性
private $name;                    //人的姓名
private $sex;                     //人的性别
private $age;                     //人的年龄
//__get()方法用来获取私有属性
private function __get($property_name)
{
if(isset($this->$property_name))
{
return($this->$property_name);
}else {
return(NULL);
}
}
//__set()方法用来设置私有属性
private function __set($property_name, $value)
{
$this->$property_name = $value;
}
//__isset()方法
private function __isset($nm)
{
echo "isset()函数测定私有成员时，自动调用<br>";
```

```
return isset($this->$nm);
}
//__unset()方法
private function __unset($nm)
{
echo "当在类外部使用 unset()函数来删除私有成员时自动调用<br>";
unset($this->$nm);
}
}
$p1=new Person();
$p1->name="this is a person name";
//在使用 isset()函数测定私有成员时，自动调用__isset()方法帮我们完成，返回结果为 TRUE
echo var_dump(isset($p1->name))."<br>";
echo $p1->name."<br>";
//在使用 unset()函数删除私有成员时，自动调用__unset()方法帮我们完成，删除 name 私有属性
unset($p1->name);
//已经被删除了，所以这行不会有输出
echo $p1->name;
?>
```

输出结果为：

```
isset()函数测定私有成员时，自动调用
bool(true)
this is a person name
当在类外部使用 unset()函数来删除私有成员时自动调用
```

__set()、__get()、__isset()、__unset()这 4 个方法都是用户添加到对象里面的，在需要时可自动调用，来完成在对象外部对对象内部私有属性的操作。

6.3.3 类的继承

继承作为面向对象的三个重要特性的一个方面，在面向对象的领域有着极其重要的作用，所有面向对象的语言都支持继承。继承是 PHP 5 面向对象程序设计的重要特性之一，它是指建立一个新的派生类，从一个或多个先前定义的类中继承数据和函数，而且可以重新定义或加进新数据和函数，从而建立类的层次或等级。简单地说，继承性是子类自动共享父类的数据结构和方法的机制，这是类之间的一种关系。在定义和实现一个类时，可以在一个已经存在的类的基础之上来进行，把这个已经存在的类所定义的内容作为自己的内容，并加入若干新的内容。比如现在已经有一个"人"类，该类里面有两个成员属性（姓名和年龄）和两个成员方法（说话的方法和走路的方法），如果现在程序需要一个学生类，因为学生也是人，所以学生也有成员属性（姓名和年龄）以及成员方法（说话的方法和走路的方法），这时就可以让学生类来继承人这个类。继承之后，学生类就会把人类里面的所有属性都继承过来，省去了重新声明一遍这些成员属性和方法。因为学生类里面还有所在学校的属性和学习的方法，所以加上学生特有的所在学校属性和学习的方法，这样一个学生类就声明完成了。继承也可以叫做"扩展"，从上面的例子可以看出，学生类对人类

进行了扩展，在人类里原有两个属性和两个方法的基础上加上一个属性和一个方法就扩展出来一个新的学生类。

通过继承机制，可以利用已有的数据类型来定义新的数据类型。所定义的新的数据类型不仅拥有新定义的成员，而且还同时拥有旧的成员。我们称已存在的用来派生新类的类为基类，又称为父类或超类。由已存在的类派生出的新类称为派生类，又称为子类。

在软件开发中，类的继承性使所建立的软件具有开放性、可扩充性，这是信息组织与分类的行之有效的方法，它简化了对象、类的创建工作，增加了代码的可重性。采用继承性，提供了类的规范的等级结构。通过类的继承关系，使公共的特性能够共享，提高了软件的重用性。

在 PHP 和 Java 语言里面没有多继承，只有单继承。也就是说，一个类只能直接从一个类中继承数据。在 PHP 中，要实现继承，只需要在类定义时使用 extends 关键字，即可让该类继承自另外一个类，从而拥有它所继承的类的全部特征。下面看一个实例。

【例 6.15】

```php
<?php
class    Dog{
var $weight;
function go(){
echo "狗跑起来了～<br";
}
}
class shepherdDog extends Dog{                //用 extends 关键字声明本类自 Dog 类派生而来
var $speed;
function follow(){
echo "牧羊犬(体重".$this->weight.")在跟踪羊群..";
echo "(速度".$this->speed."km/h)<br>";
}
}
$dog = new shepherdDog();
$dog->weight=150;
$dog->speed =30;
$dog->go();
$dog->follow();
?>
```

下面来分析一下本程序。

第 2～7 行定义了一个狗类 Dog。

第 8～14 行定义了一个牧羊犬类 shepherdDog，并在类声明中使用 extends 关键字，声明本类是从 Dog 类继承而来，那么 shepherdDog 类就是 Dog 类的子类，Dog 类是父类。

第 15 行创建了一个 shepherdDog 类的对象$dog。

第 16～19 行分别调用$dog 对象的 2 个变量和 2 个方法。

虽然该程序并不复杂，但是足以表明继承的作用。如果 shepherdDog 类没有声明为继承自 Dog 类，那么该类就不可能拥有除了$speed 变量和 follow()方法之外的成员。但是本

例中，shepherdDog 类声明为继承自 Dog，那么 Dog 类的所有成员——$weight 变量和 go() 方法都被继承到了子类 shepherdDog 中，可以直接使用。

一旦使用 extends 关键字声明一个类 B 继承自另外一个类 A，那么类 B 就继承了类 A 的所有成员（父类中声明为 private 的除外）。其中包括类 A 从它的父类中继承下来的成员。这就是继承的核心特点。掌握了继承的概念，就可以在很多场合灵活运用，来解决编程中的实际问题。

最后需要说明的一点是，并不是所有的类都可以被其他类继承。如果一个类不希望被其他类继承，可以在声明此类时在前面增加 final 关键字。

```
final class BaseClass {              //此类声明为 final 最终类
    public function test() {
        echo "just a test";
    }
}
class ChildClass extends BaseClass {  //报错，因为声明为 final 的类不能被继承
}
```

如果子类中定义了和父类重名的成员，会有什么后果呢？这就是下一节将要讨论的问题——覆盖与重载。

6.3.4 覆盖与重载

1. 覆盖

一个类 B 继承另外一个类 A 时，如果 B 中定义的成员与 A 中定义的成员发生重名，则产生覆盖，即 B 中的成员覆盖 A 中的同名成员。

覆盖可以是变量，也可以是方法，故称又成员覆盖。

【例 6.16】

```
<?php
    class   Dog{
public $speed=60;
public $weight=100;                //变量名为$weight
public function go(){              //方法名为 go()
echo "狗跑起来了。";
}
}
class shepherdDog extends Dog{
public $weight=150;                //变量名重复
public function go(){             //方法名与父类发生重复
echo "牧羊犬在跟踪羊群..";
}
    }
$dog = new shepherdDog();
echo $dog->weight;
$dog->go();
?>
```

输出结果为：

150 牧羊犬在跟踪羊群..

由输出结果看出，当子类中的成员与父类中的成员重名时，子类中的成员覆盖掉父类中的成员。即当使用子类对象调用重名的成员时，实际调用的是子类的成员，子类虽然继承了父类的同名成员，但是父类中的成员被覆盖掉了。

本程序只是介绍了最基本的覆盖情况。方法的覆盖也有一些特殊情况，如声明为 private 的成员由于无法被继承，因此也不可能被覆盖。此外，子类的方法调用父类方法、父类方法调用自身方法等情况下，产生的覆盖问题也错综复杂。本书对这些问题不做深入讨论，对此感兴趣的读者可以参考 PHP 手册进一步研究。

2. 重载

重载（Overloading）是面向对象的编程语言三大特性之一——多态的重要表现形式。重载可以用一句话简单概括：在同一个类中出现同名的变量或方法。

实际上，纯粹的面向对象编程语言都对重载有良好的支持。PHP 作为一门 Web 编程语言，对重载的支持并不理想，甚至可以说 PHP 根本不支持真正的重载。因为 PHP 不允许一个类中出现两个同名的变量或者同名的方法，否则会报错。但是 PHP 通过几个所谓的"Magic methods（魔法方法）"实现了变相的重载。在 PHP 手册关于 PHP 5 面向对象编程的介绍中，就有重载一节。但是很明显，这种重载方法只是低层次的。

虽然采用一些方法可以实现一定意义上的重载，但由于 PHP 在重载方面并不成熟，在这里不再进行讨论。对此感兴趣的读者可以参阅 PHP 手册，或者进入 PHP 中国论坛，在里面可以找到一些有关重载方面的资料。

6.3.5　self、parent 与::关键字

在前面的编程中曾接触到 $this 变量。它出现在类中，具有特殊的含义，当一个类被实例化后，$this 便指向这个对象，可以认为是对类对象的引用。

实际上在 PHP 中，还有 self、parent 以及::（双冒号），它们在面向对象编程中都具有特殊的用途。

self 指向类本身，也就是 self 并不是指向已经实例化的对象。self 用来引用类中的静态（static）变量，普通变量无法用 self 引用。而且 self 在引用时后面不用"->"而是用双冒号操作符（::）。请看下面的例子。

【例 6.17】

```php
<?php
class myTest{
public static $x =10;
public $y;
function __construct(){
$this->y = self::$x;                    //正确，在类中用 self 加双冒号引用静态变量
}
```

```
}
echo myTest::$x;                        //正确，用类名加双冒号引用静态变量
$myObj = new myTest();
echo $myObj->y;                         //正确，用对象->变量名引用普通变量
echo myTest::$y;                        //错误，不能用::引用普通变量
echo $myObj->x;                         //错误，不能用对象->访问静态变量
?>
```

本程序运行后，第 9 行、第 11 行输出 10，第 12 行和第 13 行没有任何输出（报错）。通过上面的程序足以说明 self 和双冒号两个特殊关键字的作用。

parent 关键字表示对父类的引用。该关键字一般用在子类中，用来调用父类的构造函数，如下面的代码片段。

【例 6.18】

```
class Animal{
    public $name;
    //父类的构造函数
     public function _ _construct( $name ){
          $this->name = $name;
     }
  }
class Person extends Animal{
    public $personSex;
    public $personAge;

    //子类的构造函数
    function _ _construct( $personSex, $personAge )
    {
        parent::_ _construct( "张三" );          //用 parent 调用了父类的构造函数
        $this->personSex = $personSex;
        $this->personAge = $personAge;
    }
}
```

上面的代码片段中，首先定义了一个 Animal 类，该类有一个变量和一个构造函数。然后定义了子类 Person，该类有两个变量和一个构造函数。在创建 Person 类的对象时，子类中的构造函数会覆盖父类中的构造函数，因此无法直接给$name 变量赋值。这时可以在子类的构造器中调用 parent::_ _construct()，这样就会执行父类中的构造器。这样 3 个变量的赋值语句便都被执行了。

关于 PHP 中面向对象的知识，本书就介绍到这里。PHP 还是一门不断发展的语言，根据其发展趋势，面向对象也将是其重点发展目标。虽然目前 PHP 还不是一门纯粹的面向对象的语言，但是我们相信，随着 PHP 的不断进步，其面向对象特性也会逐步提高。

6.3.6 访问类型

类型的访问修饰符允许开发人员对类成员的访问进行限制，这是 PHP 5 的新特性，但

却是面向对象编程语言的一个好的特性，而且大多数面向对象编程语言都已支持此特性。PHP 5 支持如下 3 种访问修饰符：public（公有的、默认的）、private（私有的）和 protected（受保护的）。

1. public

公有修饰符，类中的成员没有访问限制，所有的外部成员都可以访问（读和写）该类成员（包括成员属性和成员方法）。在 PHP 5 之前的所有版本中，PHP 中类的成员都是 public，而且在 PHP 5 中如果类的成员没有指定成员访问修饰符，将被视为 public。例如：

```
public $name;
public function say(){};
```

2. private

私有修改符，被定义为 private 的成员对于同一个类里的所有成员是可见的，即没有访问限制，但对于该类的外部代码是不允许改变甚至读操作的，该类的子类也不能访问 private 修饰的成员。例如：

```
private $var1 = 'A';              //属性
private function getValue(){}      //函数
```

3. protected

保护成员修饰符，被修饰为 protected 的成员不能被该类的外部代码访问，但是对于该类的子类有访问权限，可以进行属性、方法的读及写操作，该子类的外部代码包括其子类都不具有访问其属性和方法的权限。例如：

```
protected $name;
protected function say(){};
```

3 种修饰符的访问限制如表 6.1 所示。

表 6.1　访问修饰符的访问限制

	private	protected	public
同一类中	√	√	√
类的子类中		√	√
所有的外部成员			√

练习

1. 简述封装性的含义。
2. 举例说明__set()、__get()、__isset()、__unset()4 个方法的应用。
3. 简述覆盖与重载的概念。
4. PHP 5 中访问修饰符有哪些？

项目 7
投票系统开发（PHP+MySQL）

知识点、技能点

- ➤ 系统的模块分析
- ➤ 系统流程图
- ➤ 数据库的建立与操作
- ➤ 模块的管理与实现

学习要求

- ➤ 掌握系统模块的分析
- ➤ 掌握数据库的建立与操作
- ➤ 掌握模块的管理与实现

教学基础要求

- ➤ 了解系统模块的分析
- ➤ 掌握数据库的建立与操作
- ➤ 掌握模块的管理与实现

投票系统是一般网站常用的一种系统。它是一种在网站上提出调查题目，由用户在线投票，然后对投票的结果进行统计并直接显示的调查工具。网站可以通过投票系统统计的数据来了解用户对一些热点问题的看法、对网站的态度、对网站服务的评价或对网站新推出产品或服务的反应等，从而对网站做出相应改进。

任务 1　系统分析

任务描述

本任务通过系统背景、系统模块分析和系统流程图 3 个方面来对系统进行分析。

知识汇总

7.1.1　系统背景

从国际互联网到校园网、企业局域网，各种网上投票系统随处可见。问卷调查、用户信息统计、经营情况调查等都可以作为投票的内容。网上投票系统凭借其方便、快捷等特点，已经成为互联网资源中不可缺少的一部分。

网上投票系统是网站搜集用户需求并有效地实施市场策略的重要手段之一。通过开展问卷调查，可以迅速了解不同行业、不同区域用户的需求，客观地搜集需求信息，及时调整网站的营销策略以满足不同的需求。随着网络技术的发展，网上投票系统的作用将会越来越大。

7.1.2　系统模块分析

为了更合理地设计投票系统，需要从以下 3 点进行分析。

1. 投票的形式

网上投票系统是网站搜集用户需求信息的一个途径，可以根据网站的需要设置一个或多个调查。不同的调查需要设置不同的选项和调查要求，选项的形式也是不同的（单选或多选），不同时间段又会有不同的调查。既然网站要通过投票系统搜集信息，那么投票就必须有结果和对用户信息的统计。

2. 投票的特点

由于互联网本身的开放性，使网上投票面临种种危险，也由此提出了相应的安全控制要求。

☑　信息保密性：投票者有保密的要求。如果用户名及投票内容被人获悉，就对用户的隐私权构成了侵害。因此网上投票系统一般均有匿名投票的要求。

☑　投票唯一性：一个投票者其投票次数应当只有一次。若投票者可进行多次投票，将对调查内容的可靠性构成严重的威胁。

有了这些特殊的要求，就需要对用户的信息和投票进行检查和处理，以保证投票的客观性和有效性。针对用户信息，如果无特殊的要求（如只允许注册会员参加），那么系统就只需要记录投票用户 IP、投票时间和所在区域。投票结果的显示也是非常重要的，一是用户希望自己的投票能够及时反映出来；二是用户希望以投票的结果作为参考。

3. 投票系统结构

根据投票系统对形式的需求和投票系统自身的特点，需要包含以下几个模块。

- ☑ 投票管理模块：该模块可以添加、编辑和删除调查选项，设置调查选项为多选或单选，设置调查的时间期限，设置此调查是否启用，以及统计显示调查结果。
- ☑ 调查显示模块：该模块的功能是显示已启用、未过期的调查。
- ☑ 投票处理模块：该模块需要对投票进行有效性检查，并将投票结果和用户信息写入数据库。
- ☑ 调查结果显示模块：该模块主要是计算每个调查选项统计结果的百分比并以图表的形式显示出来。
- ☑ 数据库操作的基础模块：该模块定义了连接数据库，表的查询，数据的插入、更新和删除操作。该模块作为一个通用模块将会在后面的内容用到。

7.1.3 系统流程图

根据以上分析，开发系统的流程如图 7.1 所示。在该流程中，网站管理员在投票管理模块添加调查数据，然后在调查显示模块显示出来。用户通过调查显示的"投票"按钮投票，数据被传递到投票处理模块，处理之后转到调查结果显示页面。用户也可以通过调查显示模块的"查看结果"按钮直接转到调查结果显示页面。

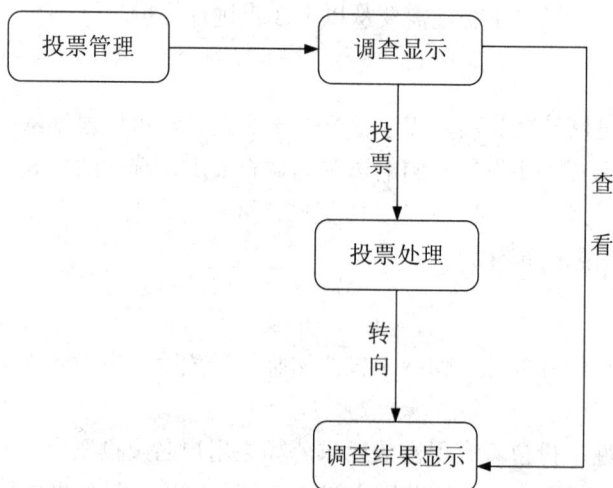

图 7.1　系统流程图

任务 2 数据库的建立与操作

任务描述

建立数据库文件并进行相应的操作。

知识汇总

7.2.1 数据库的建立

通过上面对投票系统功能的分析可知，需要存储的信息有调查信息、调查选项信息和用户信息。因此，本系统需要建立调查信息表、调查选项信息表和用户信息表。这几个表之间的关系如图 7.2 所示。

从图 7.2 可以看出，调查信息、调查选项信息和用户信息都是一对多的关系，并通过调查信息 ID 关联。构架的投票系统数据库 vote（采用 MySQL 数据库）如表 7.1～7.3 所示。

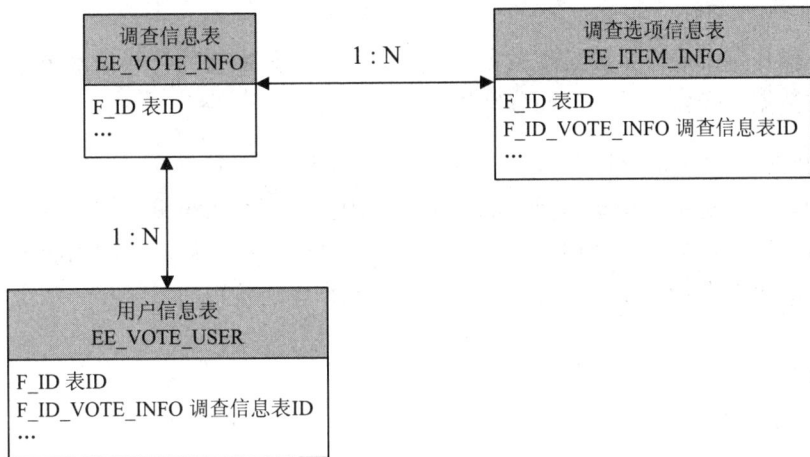

图 7.2 数据表关系图

表 7.1 调查信息表：EM_VOTE_INFO（用于存储调查内容）

字段名	类型（长度）	描述	主键	是否为空	默认值	备注
F_ID	INT(10)	表 ID（唯一）	是	否		自动增加
F_VOTE_TITLE	VARCHAR(255)	调查标题	否	否		
F_VOTE_START	INT(10)TIMESTAMP	调查开始时间	否	是		
F_VOTE_END	INT(10)TIMESTAMP	调查结束时间	否	是		
F_VOTE_ITEM_TYPE	TINYINT	调查选项类型	否	否	1	1 为单选（默认）2 为多选
F_VOTE_IS_DISPLAY	TINYINT	是否启用	否	否	1	1 为启用（默认）0 为禁用

表 7.2　调查选项信息表：EE_ITEM_INFO（用于存储调查的选项信息）

字段名	类型（长度）	描述	主键	是否为空	默认值	备注
F_ID	INT(10)	表 ID（唯一）	是	否		自动增加
F_ID_VOTE_INFO	INT(10)	调查表 ID	否	否		与调查表关联
F_ITEM_TITLE	VARCHAR(50)	选项标题	否	否		
F_ITEM_COUNT	INT(10)	统计数量	否	否	0	
F_ITEM_ORDER	TINYINT	选项排列顺序	否	否	0	1 为单选（默认）

表 7.3　用户信息表：EE_VOTE_USER（用于存储用户信息）

字段名	类型（长度）	描述	主键	是否为空	默认值	备注
F_ID	INT(10)	表 ID（唯一）	是	否		自动增加
F_ID_VOTE_INFO	INT(10)	调查表 ID	否	否		与调查表关联
F_USER_IP	INT(15)	用户 IP	否	否		
F_USER_TIME	INT(10)TIMESTAMP	统计时间	否	否		
F_USER_AREA	VARCHAR(20)	用户所在区域	否	否		

7.2.2　数据库操作基础模块

数据库操作基础模块主要实现数据库连接以及对数据库表的一些基本操作功能，包括配置文件和数据库操作文件。下面分别进行详细讲解。

1. 配置文件 config.inc.php

建立配置文件是系统构架需要考虑的重点。因为在一个系统里会有一些常用的参数在很多地方可以用到，如果到使用时才定义，那么需要修改的时候就会相当麻烦，而且容易出错，代码的可读性也很差。配置文件中主要是数据库连接用的参数和一些全局变量。代码如下：

```php
<?php
define("UserName", "root");                        //数据库连接用户名
define("PassWord", "root");                        //数据库连接密码
define("ServerName", "localhost");                 //数据库服务器的名称
define("DBName","Languagevote");                   //数据库名称
define("ERRFILE","err.php");                        //错误处理显示文件
define('ROOT_PATH', dirname(_FILE_) . '/');        //定义根目录路径
define('INCLUDE_PATH', ROOT_PATH . 'include/');    //定义包含文件目录路径
?>
```

2. 数据库操作文件 db.inc.php

PHP 是一种支持面向对象的编程的语言，数据操作文件主要用于建立一个类，该类的初始化构造函数可以连接数据库和表。其他的方法包括对表的查询，数据的插入、更新、删除操作和事务处理。事务处理是在执行多个更新或删除操作时为了保证数据完整性而使用的。把这些基本操作封装在一个模块里，对于代码的可读性、系统的扩展性和健壮性都有好处。代码如下：

```php
<?php
/**
* 功能：数据库的基础操作类
*/
class DBSQL{
    private $CONN = "";                            //定义数据库连接变量
    /**
     * 功能：初始化构造函数，连接数据库
     */
    public function _construct(){
        try {                                      //捕获连接错误并显示错误文件
            $conn = mysql_connect(ServerName,UserName,PassWord);
        }catch (Exception $e)
        {
            $msg = $e;
            include(ERRFILE);
        }
        try {                                      //捕获数据库选择错误并显示错误文件
            mysql_select_db(DBName,$conn);
        }catch (Exception $e)
        {
            $msg = $e;
            include(ERRFILE);
        }
        $this->CONN = $conn;
    }
    /**
     * 功能：数据库查询函数
     * 参数：$sql SQL 语句
     * 返回：二维数组或 FALSE
     */
    public function select($sql = ""){
        if (empty($sql)) return false;             //如果 SQL 语句为空则返回 FALSE
        if (empty($this->CONN)) return false;      //如果连接为空则返回 FALSE
        try{                                       //捕获数据库选择错误并显示错误文件
            $results = mysql_query($sql,$this->CONN);
        }catch (Exception $e){
            $msg = $e;
            include(ERRFILE);
        }
        if ((!$results) or (empty($results))) {    //如果查询结果为空则释放结果并返回 FALSE
            @mysql_free_result($results);
            return false;
        }

        $count = 0;
        $data = array();

        while ($row = @mysql_fetch_array($results)) { //把查询结果重组成一个二维数组
```

```
            $data[$count] = $row;
            $count++;
        }

        @mysql_free_result($results);

        return $data;
    }
/**
 * 功能：数据插入函数
 * 参数：$sql SQL 语句
 * 返回：0 或新插入数据的 ID
 */
public function insert($sql = ""){
    if (empty($sql)) return 0;                  //如果 SQL 语句为空则返回 FALSE
    if (empty($this->CONN)) return false;       //如果连接为空则返回 FALSE
    try{                                        //捕获数据库选择错误并显示错误文件
        $results = mysql_query($sql,$this->CONN);
    }catch(Exception $e){
        $msg = $e;
        include(ERRFILE);
    }
    if (!$results)                              //如果插入失败就返回 0，否则返回当前插入数据 ID
        return 0;
    else
        return @mysql_insert_id($this->CONN);
}


/**
 * 功能：数据更新函数
 * 参数：$sql SQL 语句
 * 返回：TRUE OR FALSE
 */
public function update($sql = ""){
    if(empty($sql)) return false;               //如果 SQL 语句为空则返回 FALSE
    if(empty($this->CONN)) return false;        //如果连接为空则返回 FALSE
    try{                                        //捕获数据库选择错误并显示错误文件
        $result = mysql_query($sql,$this->CONN);
    }catch(Exception $e){
        $msg = $e;
        include(ERRFILE);
    }
    return $result;
}
/**
 * 功能：数据删除函数
 * 参数：$sql SQL 语句
 * 返回：TRUE OR FALSE
 */
```

```php
public function delete($sql = ""){
    if(empty($sql)) return false;              //如果 SQL 语句为空则返回 FALSE
    if(empty($this->CONN)) return false;       //如果连接为空则返回 FALSE
    try{
        $result = mysql_query($sql,$this->CONN);
    }catch(Exception $e){
        $msg = $e;
        include(ERRFILE);
    }
    return $result;
}
/**
 * 功能：定义事务
 */
public function begintransaction()
{
    mysql_query("SET    AUTOCOMMIT=0");   //设置为不自动提交，因为 MySQL 默认立即执行
    mysql_query("BEGIN");                 //开始事务定义
}
/**
 * 功能：回滚
 */
public function rollback()
{
    mysql_query("ROOLBACK");
}
/**
 * 功能：提交执行
 */
public function commit()
{
    mysql_query("COMMIT");
}
}
?>
```

任务 3　模块管理

任务描述

- ☑ 投票管理模块
- ☑ 调查显示模块
- ☑ 投票处理模块
- ☑ 调查结果显示模块

知识汇总

7.3.1 投票管理模块

投票管理模块用于实现网站管理员对投票数据的管理，可以添加、编辑、删除调查选项，还可以查看调查统计的信息。该模块包括调查类文件、调查列表文件、添加调查文件、编辑调查文件、删除调查文件、用户统计文件以及添加和编辑调查选项文件、选项顺序设置文件、删除调查选项文件、用户统计信息列表文件、区域统计文件。下面分别进行讲解。

1. 调查类文件 vote.inc.php

该文件是一个类文件，其功能主要是对调查信息、调查选项信息和用户信息的操作，除一些基本操作外，在开发的过程中还可以根据需要添加其他操作。调查类文件作为一个包含文件被调用。代码如下：

```php
<?php
require_once(INCLUDE_PATH . 'db.inc.php');
class Vote extends DBSQL
{
    public $_name = 'EM_VOTE_INFO';            //定义调查表名称变量
    public $_item = 'EE_ITEM_INFO';            //定义调查选项表名称变量
    public $_user = 'EE_VOTE_USER';            //定义用户信息表名称变量
    public $_pagesize = 10;                    //定义每页提取记录数
    public $_type = array("1"=>"单选","2"=>"多选");     //定义选项类型
    public $_display = array("0"=>"禁用","1"=>"启用");  //定义调查启用显示
    private function _construct()
    {
        parent::_construct();
    }
    /**
    * 功能：提取调查列表
    * 返回：数组
    */
    public function getVoteList(){
        $sql = "SELECT * FROM " . $this->_name;
        return $this->select($sql);
    }
    /**
     * 功能：提取指定表的指定 ID 的记录
     * 参数：$id 表 ID，$name 表名称
     * 返回：数组
     */
    public function getInfo($id,$name)
    {
        $sql = "SELECT * FROM " . $name . " WHERE F_ID = $id";
        $r = $this->select($sql);
        return $r[0];
```

```
    }
/**
    * 功能：向指定表中插入数据
    * 参数：$name 表名称，$data 数组（格式：$data['字段名']=值）
    * 返回：插入记录 ID
    */
public function insertData($name,$data)
{
    $field = implode(',',array_keys($data));          //定义 SQL 语句的字段部分
    foreach($data as $key => $val)                    //组合 SQL 语句的值部分
    {
        $value .= "'" . $val . "'";
        if($key < count($data) - 1)                   //判断是否到数组的最后一个值
            $value .= ",";
    }
    $sql = "INSERT INTO " . $name . "(" . $field . ") VALUES(" . $value . ")";
    return $this->insert($sql);
}
/**
* 功能：更新指定表指定 ID 的调查表记录
* 参数：$name 表名称，$id 表 ID，$data 数组（格式：$data['字段名']=值）
* 返回：TRUE OR FALSE
*/
public function updateData($name,$id,$data){
    $col = array();
    foreach ($data as $key => $value)
    {
        $col[] = $key . "='" . $value . "'";
    }
    $sql = "UPDATE " . $name . " SET " . implode(',',$col) . " WHERE F_ID = $id";
    return $this->update($sql);
}
/**
* 功能：删除指定 ID 的调查表记录及相关表记录
* 参数：$id 调查表 ID
* 返回：TRUE OR FALSE
*/
public function delData($id){
    $this->begintransaction();
    try{
        $sql = "DELETE FROM " . $this->_item . " WHERE F_ID_VOTE_INFO = " . $id;
        $this->delete($sql);                          //删除调查选项里面的相关数据
        $sql = "DELETE FROM " . $this->_user . " WHERE F_ID_VOTE_INFO = " . $id;
        $this->delete($sql);                          //删除用户统计表里面的相关数据
        $sql = "DELETE FROM " . $this->_name . " WHERE F_ID = " . $id;
        $this->delete($sql);
    }catch(Exception $e){
        $this->rollback();
        return false;
    }
```

```
        $this->commit();
        return true;
}
/**
 * 功能：提取指定调查 ID 的选项
 * 参数：$vote_id 调查 ID
 * 返回：数组
 */
public function getItemList($vote_id)
{
    $sql = "SELECT * FROM " . $this->_item . " WHERE F_ID_VOTE_INFO = $vote_id";
    return $this->select($sql);
}
/**
 * 功能：删除指定 ID 的选项表记录
 * 参数：$id 表 ID
 * 返回：TRUE OR FALSE
 */
public function delItemData($id)
{
    $sql = "DELETE FROM " . $this->_item . " WHERE F_ID = $id";
    return $this->delete($sql);
    $sql .= "ORDER BY F_ITEM_ORDER";}
/**
 * 功能：提取指定调查 ID 的用户统计信息
 * 参数：$vote_id 调查 ID，$page 当前页码
 * 返回：数组
 */
public function getUserList($vote_id,$page=1)
{
    $start = ($page - 1) * $this->_pagesize;
    $sql = "SELECT * FROM " . $this->_user . " WHERE F_ID_VOTE_INFO = $vote_id";
    $sql .= " LIMIT $start,$this->_pagesize";
    return $this->select($sql);
}
/**
 * 功能：提取指定调查 ID 用户统计记录的条数
 * 参数：$vote_id 调查 ID
 * 返回：记录条数
 */
public function getUserCount($vote_id)
{
    $sql = "SELECT COUNT(F_ID) FROM " . $this->_user . " WHERE F_ID_VOTE_INFO = $vote_id";
    $r = $this->select($sql);
    return $r[0][0];
}
/**
 * 功能：删除指定 ID 的用户统计记录
 * 参数：$id 用户统计表 ID
 * 返回：TRUE OR FALSE
```

高等职业教育"十二五"规划教材

```
        */
    public function delUserData($id)
    {
        $sql = "DELETE FROM " . $this->_user . " WHERE F_ID = $id";
        return $this->delete($sql);
    }
}
?>
```

对单个表进行查询、插入、更新和删除时的代码很相似，唯一不同的是操作表的名称。这里可以把这些对单个表的基本操作放到基础类文件 db.inc.php 里面。代码如下：

```
/**
 * 功能：提取指定表的指定 ID 的记录
 * 参数：$id 表 ID，$name 表名称
 * 返回：数组
 */
public function getInfo($id,$name)
{
    $sql = "SELECT * FROM " . $name . " WHERE F_ID = $id";
    $r = $this->select($sql);
    return $r[0];
}
/**
 * 功能：向指定表中插入数据
 * 参数：$name 表名称，$data 数组（格式：$data['字段名']=值）
 * 返回：插入记录 ID
 */
public function insertData($name,$data)
{
    $field = implode(',',array_keys($data));    //定义 SQL 语句的字段部分
    $i = 0;
    foreach($data as $key => $val)              //组合 SQL 语句的值部分
    {
        $value .= "'" . $val . "'";
        if($i < count($data) - 1)               //判断是否到数组的最后一个值
            $value .= ",";
        $i++;
    }
    $sql = "INSERT INTO " . $name . "(" . $field . ") VALUES(" . $value . ")";
    return $this->insert($sql);
}
/**
 * 功能：更新指定表指定 ID 的调查表记录
 * 参数：$name 表名称，$id 表 ID，$data 数组（格式：$data['字段名'] =值）
 * 返回：TRUE OR FALSE
 */
public function updateData($name,$id,$data){
    $col = array();
    foreach ($data as $key => $value)
```

```
        {
            $col[] = $key . "='" . $value . "'";
        }
        $sql = "UPDATE " . $name . " SET " . implode(',',$col) . " WHERE F_ID = $id";
        return $this->update($sql);
    }


    /**
     * 功能：删除指定 ID 的表记录
     * 参数：$id 表 ID，$name 表名称
     * 返回：TRUE OR FALSE
     */
    public function delData($id,$name)
    {
        $sql = "DELETE FROM " . $name . " WHERE F_ID = $id";
        return $this->delete($sql);
    }
```

2. 调查列表文件 VoteList.php

该文件的功能是显示调查信息表中的数据列表。该文件包含调查类文件。提取列表的数据是通过调查类文件里面的提取列表方法来实现的。首先声明一个调查类 Vote 的对象，通过该对象来调用类的提取列表方法 getVoteList()。通过调查列表页面可以链接到添加、编辑、选项管理、用户统计及删除操作页面。调查列表界面如图 7.3 所示。

序号	调查标题	开始时间	结束时间	选项类型	是否过期	是否启用	操作
1	您对网站的满意程度？	2006-10-01	2006-10-20	单选	未过期	启用	编辑 [选项管理] [用户统计信息] [删除]
2	您对网站哪些版块比较满意？	2006-10-01	2006-10-20	多选	未过期	启用	编辑 [选项管理] [用户统计信息] [删除]
3	您获取本网站网址的途径？	2006-10-01	2006-10-20	单选	未过期	启用	编辑 [选项管理] [用户统计信息] [删除]
4	您的职业？	2006-10-01	2006-10-20	单选	未过期	禁用	编辑 [选项管理] [用户统计信息] [删除]
5	您所属行业？	2006-09-01	2006-09-20	单选	已过期	启用	编辑 [选项管理] [用户统计信息] [删除]
6	您的年龄？	2006-09-01	2006-09-20	单选	已过期	启用	编辑 [选项管理] [用户统计信息] [删除]

添加调查

图 7.3　调查列表

代码如下：

```php
<?php
require_once("config.inc.php");
require_once(INCLUDE_PATH . 'vote.inc.php');
$vote = new Vote();                        //声明一个对象$vote
$list = $vote->getVoteList();
$time = time();
?>
<form name="form1"   action="" method="post">
<table width="98%" border="0" align="center" cellspacing="0" class="l_table_1" id="table_1">
  <tr class="title">
    <td width="5%">序号</td>
    <td width="24%">调查标题</td>
    <td width="14%">开始时间</td>
    <td width="12%">结束时间</td>
    <td width="12%">选项类型</td>
```

```
              <td width="6%">是否过期</td>
              <td width="6%">是否启用</td>
              <td width="21%">操作</td>
      </tr>
<?php
if($list)                                   //如果有记录则循环显示
{
      foreach($list as $key => $value)
      {
?>
      <tr class="l_field">
      <td align="left"><?php echo ($key + 1)?></td>
      <td align="left"><?php echo $value['F_VOTE_TITLE']?></td>
      <td align="left"><?php echo date('Y-m-d',$value['F_VOTE_START'])?></td>
      <td align="left"><?php echo date('Y-m-d',$value['F_VOTE_END'])?></td>
      <td align="left"><?php echo $vote->_type[$value['F_VOTE_ITEM_TYPE']]?></td>
      <td align="left"><?php if($value['F_VOTE_END'] > $time) echo "未过期";else echo "已过期";?></td>
      <td align="left"><?php echo $vote->_display[$value['F_VOTE_IS_DISPLAY']]?></td>
      <td align="left"><a href="EditVote.php?id=<?php echo $value['F_ID']?>">[编辑]</a>
      <a href= "ItemList.php?id=<?php echo $value['F_ID']?>">[选项管理]</a>
      <a href="UserList.php?id=<?php echo $value['F_ID']?>">[用户统计信息]</a>
      <a href="DelVote.php?id=<?php echo $value['F_ID']?>">[删除]</a> </td>
      </tr>
<?php
      }
}
?>
      <tr>
      <td colspan="13" align="center"><input type="submit" name="Submit3" value=" 添 加 调 查 "
          onclick= "javascript:window.location='AddVote.php'" /></td>
      </tr>
</table>
</form>
```

3．添加调查文件 AddVote.php

该文件的功能是添加新调查，将数据写入调查信息表中。该文件由图 7.3 中调查列表页面的"添加调查"按钮连接过来。用户填写完表单后单击"提交"按钮进行处理。表单提交给自身，通过判断是否为提交操作进行数据处理。数据的处理通过调查类 Vote 的对象调用父类 DBSQL 的 insertData()方法实现。添加调查界面如图 7.4 所示。

图 7.4　添加调查

（1）主程序部分。

该部分代码用于实现提交数据的处理和操作界面的显示。代码如下：

```php
<?php
require_once('../config.inc.php');
require_once(INCLUDE_PATH . 'vote.inc.php');
$vote = new Vote();
list($year,$month,$day) = explode("-",date('Y-m-d'));
if($_SERVER['REQUEST_METHOD'] == 'POST')            //判断是否为提交请求，若是则添加数据
{
    $data['F_VOTE_TITLE'] = $_POST['title'];
    $data['F_VOTE_START'] = mktime(0,0,0,$_POST['start_m'],$_POST['start_d'],$_POST['start_y']);
    $data['F_VOTE_END'] = mktime(0,0,0,$_POST['end_m'],$_POST['end_d'],$_POST['end_y']);
    $data['F_VOTE_ITEM_TYPE'] = $_POST['type'];
    $data['F_VOTE_IS_DISPLAY'] = $_POST['display'];
    if($vote->insertData($vote->_name,$data))            //判断是否操作成功
        echo "操作成功";
    else
        echo "操作失败";
    echo "<a href='VoteList.php'>返回</a>";
    exit();
}
?>
<script language="javascript" src="../js/date.js"></script>
<form name="form1"    action="" method="post" onsubmit="javascript:return check();">
  <table width="60%" border="0" align="center" cellpadding="0" cellspacing="0" class="l_table">
    <tr class="title">
      <td colspan="2" align="left"> </td>
    </tr>
    <tr class="l_field">
      <td align="right">调查标题：</td>
      <td><input name="title" type="text" id="title" size="40" /></td>
    </tr>
    <tr class="l_field">
      <td align="right">所属类型：</td>
      <td><select name="type" id="type">
<?php
foreach ($vote->_type as $key => $value)            //循环显示类型选择下拉列表框
{
    echo "<option value=$key>$value</option>";
}
?>
      </select>        </td>
    </tr>
    <tr class="l_field">
      <td width="24%" align="right">开始时间：</td>
      <td width="76%">
      <select name="start_y" id="start_y">
<?php
```

```php
for($i=1;$i<=($year+1);$i++)                                //循环显示开始年份下拉列表框
{
    echo "<option value=$i";
    if($i == $year)                                         //设置默认选项
        echo " selected='selected'";
    echo ">$i</option>";
}
?>
        </select>
        年
        <select name="start_m" id="start_m" onchange="javascript:register_buildDay(this.value);">
<?php
for($i=1;$i<=12;$i++)                                       //循环显示开始月份下拉列表框
{
    if($i < 10)
        $i = '0' . $i;
    echo "<option value=$i";
    if($i == $month)                                        //设置默认选项
        echo " selected='selected'";
    echo ">$i</option>";
}
?>
        </select>
        月
        <select name="start_d" id="start_d">
<?php
echo "<option value='$day'>$day</option>";                 //列表
?>
        </select>
        日           </td>
    </tr>
    <tr class="l_field">
        <td align="right">结束时间：</td>
        <td>
<select name="end_y" id="end_y">
<?php
for($i=1;$i<=($year+1);$i++)                                //循环显示结束年份下拉列表框
{
    echo "<option value=$i";
    if($i == $year)                                         //设置默认选项
        echo " selected='selected'";
    echo ">$i</option>";
}
?>
</select>
年
<select name="end_m" id="end_m" onchange="javascript:register_buildDay(this.value);">
<?php
for($i=1;$i<=12;$i++)                                       //循环显示结束月份下拉列表框
```

```
{
    if($i < 10)
        $i = '0' . $i;
    echo "<option value=$i";
    if($i == $month)                         //设置默认选项
        echo " selected='selected'";
    echo ">$i</option>";
}
?>
</select>
月
<select name="end_d" id="end_d">
<?php
echo "<option value='$day'>$day</option>";
?>
</select>
日 </td>
    </tr>
    <tr class="l_field">
        <td align="right">是否启用：</td>
        <td><input name="display" type="radio" value="1" checked="checked" />
            启用
            <input type="radio" name="display" value="0" />
            禁用</td>
    </tr>
    <tr class="title">
        <td colspan="2" align="center"><input type="submit" name="Submit" value="提交" />
             
        <input type="reset" name="reset" value="重置" /></td>
    </tr>
</table>
<table align="center" border="0" cellpadding="0" cellspacing="0" width="98%">
<tbody><tr>
    <td> </td>
</tr>
</tbody></table>
</form>
```

（2）客户端程序（JavaScript）。

在主程序代码里，表单提交之前会用到客户端语言 JavaScript 来实现日期的选择和数据正确性、完整性检查。数据正确性、完整性检查是在添加和编辑数据页时必需的。必须检查那些在数据库里面不能为空的字段和有特殊格式的字段，保证它们的正确性和完整性。调用 JavaScript 是通过表单中的 onsubmit="javascript:return check();"实现的。该调用的意思是，如果返回 TRUE，就提交表单；否则不提交。check()函数的代码如下：

```
<script language="javascript">
//功能：检查日期格式是否是有效格式
function checkIsValidDate(str)
```

```
{
    if(str == "")                              //如果参数为空，则返回 FALSE
        return false;
    var arrDate = str.split("-");              //把参数用 split()函数分割成数组，它等同于 PHP 中的
                                               explode()函数
    if(parseInt(arrDate[0],10) < 100)          //如果年份小于 100，则表示是 21 世纪
        arrDate[0] = 2000 + parseInt(arrDate[0],10) + "";
    var date =  new Date(arrDate[0],(parseInt(arrDate[1],10) -1)+"",arrDate[2]);    //格式化为日期格式
    if(date.getYear() == arrDate[0]            //判断格式化后日期的年、月、日是否和参数的相等，相等
                                               则是有效格式
        && date.getMonth() == (parseInt(arrDate[1],10) -1)+""
        && date.getDate() == arrDate[2])
            return true;
    else
        return false;
}
//功能：检查开始日期是否小于结束日期
//参数：strStart 开始日期，strEnd 结束日期
function checkDateEarlier(strStart,strEnd)
{
    if(checkIsValidDate(strStart) == false || checkIsValidDate(strEnd) == false)
        return false;                          //检查日期格式是否有效
    if ((( strStart == "" ) || ( strEnd == "" ))   //检查日期是否为空
        return false;
    var arr1 = strStart.split("-");
    var arr2 = strEnd.split("-");
    var date1 = new Date(arr1[0],parseInt(arr1[1].replace(/^0/,""),10) - 1,arr1[2]);
    var date2 = new Date(arr2[0],parseInt(arr2[1].replace(/^0/,""),10) - 1,arr2[2]);
    if(arr1[1].length == 1)                    //将月份格式化为 00 这种形式
        arr1[1] = "0" + arr1[1];
    if(arr1[2].length == 1)                    //将日格式化为 00 这种形式
        arr1[2] = "0" + arr1[2];
    if(arr2[1].length == 1)                    //将月份格式化为 00 这种形式
        arr2[1] = "0" + arr2[1];
    if(arr2[2].length == 1)                    //将日格式化为 00 这种形式
        arr2[2]="0" + arr2[2];
    var d1 = arr1[0] + arr1[1] + arr1[2];      //将开始日期组合成一个字符串
    var d2 = arr2[0] + arr2[1] + arr2[2];      //将结束日期组合成一个字符串
    if(parseInt(d1,10) > parseInt(d2,10))      //将两个字符串转化成整数，如果 d1>d2 则开始日期大于
                                               结束日期

        return false;
    else
        return true;
}
//定义一个 javascript 的原形
String.prototype.len = function(){             //计算字符串的长度（一个双字节字符长度计 2，ASCII
                                               字符计 1）

    return this.replace(/[^\x00-\xff]/g,"aa").length;
}
```

```
    function check()
    {
        var Start = document.form1.start_y.value + "-" + document.form1.start_m.value + "-" + document.
form1.start_d.value;
        var End = document.form1.end_y.value + "-" + document.form1.end_m.value + "-" + document.
form1.end_d.value;

        if(document.form1.title.value == ")                //判断标题是否为空，为空则返回 FALSE
        {
            alert('请填写调查名称');
            document.form1.title.focus();
            return false;
        }
        if(document.form1.title.value.len() > 100)          //判断标题长度是否超过 100
        {
            alert('调查标题不能超过 100 个字')
            document.form1.title.focus();
            return false;
        }
        if(!checkDateEarlier(Start,End))                    //判断开始日期是否大于结束日期
        {
            alert('开始日期因不能小于结束日期');
            return false;
        }
    }
    </script>
```

日期处理 JavaScript 文件 date.js 的代码如下：

```
//功能：显示开始日期指定月份的天数
//参数：month  月份
function register_buildDay(month)
{
    var yearOb=document.getElementById('start_y');          //取得开始日期年份
    var dayOb=document.getElementById('start_d');           //取得开始日期天数

    document.getElementById('start_d').length = 0;
    var lastDay=register_getDay(yearOb.value,Number(month)); //取得当月的天数
    for(var i=1;i<=lastDay;i++)                              //循环输出下拉列表框
    {
        var dayOption=document.createElement("OPTION");
        dayOb.options.add(dayOption);
        dayOption.innerText=i;
        dayOption.value=i;
        dayOb.selectedIndex=0;
    }
}
//功能：重新设置开始日期的天数
function register_resetDay()
{
```

```
        var dayObject=document.getElementById('start_d');
        var dayLength=dayObject.length;

        for(var i=1;i<dayLength;dayLength--)                    //将开始日期天数的下拉列表框循环移出
        {
            dayObject.remove(i);
        }
    }
//功能：显示结束日期指定月份的天数
//参数：month 月份
function register_buildEndDay(month)
    {
        var yearOb=document.getElementById('end_y');            //取得结束日期的年份
        var dayOb=document.getElementById('end_d');             //取得结束日期的天数

        document.getElementById('end_d').length = 0;
        var lastDay=register_getDay(yearOb.value,Number(month));    //取得当月的天数
        for(var i=1;i<=lastDay;i++)                             //循环输出下拉列表框
        {
            var dayOption=document.createElement("OPTION");
            dayOb.options.add(dayOption);
            dayOption.innerText=i;
            dayOption.value=i;
            dayOb.selectedIndex=0;
        }
    }
//功能：重新设置结束日期天数
function register_resetEndDay()
    {
        var dayObject=document.getElementById('end_d');
        var dayLength=dayObject.length;

        for(var i=1;i<dayLength;dayLength--)                    //将结束日期天数的下拉列表框循环移出
        {
            dayObject.remove(i);
        }
    }
//功能：取得指定年份和月份的天数
//参数：Year 年份 Month 月份
function register_getDay(Year,Month)
    {
        var LastDay = 0;
        switch (Month)    //判断月份：1，3，5，7，8，10，12 月的天数为 31 天；4，6，9，11 月为 30 天
        {
            case 1:
            case 3:
            case 5:
            case 7:
            case 8:
```

```
            Month="0"+ Month;
        case 10:
        case 12:
            LastDay=31;
            break;
        case 4:
        case 6:
        case 9:
            Month="0"+ Month;
        case 11:
            LastDay=30;
            break;
        case 2:                            //判断是否为闰年，是则 2 月为 29 天，不是则为 28 天
            Month="0"+ Month;
            if ((Year%4==0&&Year%100!=0)||Year%400==0)
            {
                LastDay=29;
            }
            else
            {
                LastDay=28;
            }
            break;
        default:
            LastDay=0;
    }

    return LastDay;
}
```

4. 编辑调查文件 EditVote.php

该文件的功能是编辑调查信息。该文件由调查列表页面"操作"列的"[编辑]"超链接连接过来传递调查 ID 参数。用户编辑表单数据后单击"提交"按钮进行数据处理。表单数据提交给自身，通过判断是否为提交操作来处理数据。处理数据通过调查类 Vote 的对象来调用父类 DBSQL 的 updateData()方法实现。编辑调查界面如图 7.5 所示。

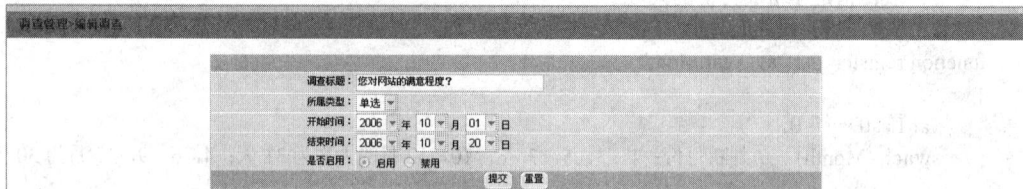

图 7.5　编辑调查

代码如下：

```php
<?php
require_once('../config.inc.php');
```

```php
require_once(INCLUDE_PATH . 'vote.inc.php');
$vote = new Vote();
$info = $vote->getInfo($_GET['id'],$vote->_name);
$year = date("Y");
list($start_year,$start_month,$start_day) = explode("-",date('Y-m-d',$info['F_VOTE_START']));
list($end_year,$end_month,$end_day) = explode("-",date('Y-m-d',$info['F_VOTE_END']));
if($_SERVER['REQUEST_METHOD'] == 'POST') //判断是否为提交请求
{
    $data['F_VOTE_TITLE'] = $_POST['title'];
    $data['F_VOTE_START'] = mktime(0,0,0,$_POST['start_m'],$_POST['start_d'],$_POST['start_y']);
    $data['F_VOTE_END'] = mktime(0,0,0,$_POST['end_m'],$_POST['end_d'],$_POST['end_y']);
    $data['F_VOTE_ITEM_TYPE'] = $_POST['type'];
    $data['F_VOTE_IS_DISPLAY'] = $_POST['display'];
    if($vote->updateData($vote->_name,$_POST['id'],$data)) //判断是否操作成功
        echo "操作成功";
    else
        echo "操作失败";
    echo "<a href='VoteList.php'>返回</a>";
    exit();        }
}
?>
<form name="form1"    action="" method="post" onsubmit="javascript:check();">
  <table width="60%" border="0" align="center" cellpadding="0" cellspacing="0" class="l_table">
    <tr class="title">
        <td colspan="2" align="left"> </td>
    </tr>
    <tr class="l_field">
        <td align="right">调查标题：</td>
        <td><input name="title" type="text" id="title" size="40" value="<?php echo
                $info['F_VOTE_TITLE']?>" /></td>
    </tr>
    <tr class="l_field">
        <td align="right">所属类型：</td>
        <td><select name="type" id="type">
<?php
foreach ($vote->_type as $key => $value)
{
    echo "<option value=$key";
    if($info['F_VOTE_ITEM_TYPE'] == $key)
        echo " selected='selected'";
    echo ">$value</option>";
}
?>
        </select>        </td>
    </tr>
    <tr class="l_field">
        <td width="24%" align="right">开始时间：</td>
        <td width="76%">
        <select name="start_y" id="start_y">
```

```php
<?php
for($i=1;$i<=($year+1);$i++)
{
    echo "<option value=$i";
    if($i == $start_year)
        echo " selected='selected'";
    echo ">$i</option>";
}
?>
        </select>
        年
        <select name="start_m" id="start_m" onchange="javascript:register_buildDay(this.value);">
<?php
for($i=1;$i<=12;$i++)
{
    if($i < 10)
        $i = '0' . $i;
    echo "<option value=$i";
    if($i == $start_month)
        echo " selected='selected'";
    echo ">$i</option>";
}
?>
        </select>
        月
        <select name="start_d" id="start_d">
<?php
echo "<option value='$start_day'>$start_day</option>";
?>
        </select>
        日  </td>
    </tr>
    <tr class="l_field">
        <td align="right">结束时间：</td>
        <td>
<select name="end_y" id="end_y">
<?php
for($i=1;$i<=($year+1);$i++)
{
    echo "<option value=$i";
    if($i == $end_year)
        echo " selected='selected'";
    echo ">$i</option>";
}
?>
</select>
年
<select name="end_m" id="end_m" onchange="javascript:register_buildDay(this.value);">
<?php
```

```
for($i=1;$i<=12;$i++)
{
    if($i < 10)
        $i = '0' . $i;
    echo "<option value=$i";
    if($i == $end_month)
        echo " selected='selected'";
    echo ">$i</option>";
}
?>
</select>
月
<select name="end_d" id="end_d">
<?php
echo "<option value='$end_day'>$end_day</option>";
?>
</select>
日  </td>
    </tr>
    <tr class="l_field">
        <td align="right">是否启用：</td>
        <td><input name="display" type="radio" value="1"<?php if($info['F_VOTE_IS_DISPLAY'] == 1)
                echo "checked='checked'";?> />
        启用
        <input type="radio" name="display" value="0"<?php if($info['F_VOTE_IS_DISPLAY'] == 0)
                echo "checked='checked'";?> />
        禁用</td>
    </tr>
    <tr class="title">
        <td colspan="2" align="center"><input type="submit" name="Submit" value="提交" />
         
        <input type="reset" name="reset" value="重置" />
        <input name="id" type="hidden" id="id" value="<?php echo $_GET['id']?>" /></td>
    </tr>
</table>
<table align="center" border="0" cellpadding="0" cellspacing="0" width="98%">
<tbody><tr>
    <td> </td>
</tr>
</tbody></table>
</form>
<script language="javascript">
function checkIsValidDate(str)
{
    if(str == "")
        return true;
    var arrDate = str.split("-");
    if(parseInt(arrDate[0],10) < 100)
        arrDate[0] = 2000 + parseInt(arrDate[0],10) + "";
```

```
        var date = new Date(arrDate[0],(parseInt(arrDate[1],10) -1)+"",arrDate[2]);
        if(date.getYear() == arrDate[0]
            && date.getMonth() == (parseInt(arrDate[1],10) -1)+""
            && date.getDate() == arrDate[2])
                return true;
        else
                return false;
    }
    function checkDateEarlier(strStart,strEnd)
    {
        if(checkIsValidDate(strStart) == false || checkIsValidDate(strEnd) == false)
                return false;
        if (( strStart == "" ) || ( strEnd == "" ))
                return true;
        var arr1 = strStart.split("-");
        var arr2 = strEnd.split("-");
        var date1 = new Date(arr1[0],parseInt(arr1[1].replace(/^0/,""),10) - 1,arr1[2]);
        var date2 = new Date(arr2[0],parseInt(arr2[1].replace(/^0/,""),10) - 1,arr2[2]);
        if(arr1[1].length == 1)
                arr1[1] = "0" + arr1[1];
        if(arr1[2].length == 1)
                arr1[2] = "0" + arr1[2];
        if(arr2[1].length == 1)
                arr2[1] = "0" + arr2[1];
        if(arr2[2].length == 1)
                arr2[2]="0" + arr2[2];
        var d1 = arr1[0] + arr1[1] + arr1[2];
        var d2 = arr2[0] + arr2[1] + arr2[2];
        if(parseInt(d1,10) > parseInt(d2,10))
                return false;
        else
                return true;
    }
    String.prototype.len = function(){
        return this.replace(/[^\x00-\xff]/g,"aa").length;
    }
    function check()
    {
        var Start = document.form1.start_y.value + "-" + document.form1.start_m.value + "-" + document.
form1. start_d.value;
        var End = document.form1.end_y.value + "-" + document.form1.end_m.value + "-" + document.
form1. end_d.value;

        if(document.form1.title.value == ")
        {
            alert('请填写调查名称');
            document.form1.title.focus();
            return false;
        }
```

```
if(document.form1.title.value.len() > 100)
{
    alert('调查标题不能超过 100 个字')
    document.form1.title.focus();
    return false;
}

if(!checkDateEarlier(Start,End))
{
    alert('开始日期因不能小于结束日期');
    return false;
}
}
</script>
```

比较添加调查和编辑调查文件，可以看出它们的代码很相似，不同的是在编辑时多了提取编辑信息的内容并显示出来。那么可以将添加调查和编辑调查文件合并处理，只需要增加一个判断即可。代码如下：

```
$vote = new Vote();
if($_GET['id'])                                              //判断是否有编辑信息的 ID
{
    $info = $vote->getInfo($_GET['id'],$vote->_name);        //提取编辑信息内容
}
…
if($_SERVER['REQUEST_METHOD'] == 'POST')
{
    $data['F_VOTE_TITLE'] = $_POST['title'];
    $data['F_VOTE_START'] = mktime(0,0,0,$_POST['start_m'],$_POST['start_d'],$_POST['start_y']);
    $data['F_VOTE_END'] = mktime(0,0,0,$_POST['end_m'],$_POST['end_d'],$_POST['end_y']);
    $data['F_VOTE_ITEM_TYPE'] = $_POST['type'];
    $data['F_VOTE_IS_DISPLAY'] = $_POST['display'];
    if($_POST['id'])                                         //判断是否有编辑信息的 ID
    {
        if($vote->updateData($vote->_name,$_POST['id'],$data))  //执行编辑操作
        {
            echo "操作成功";
            echo "<a href='VoteList.php'>返回</a>";
            exit();
        }
    }else
    {
        if($vote->insertData($vote->_name,$data))           //执行添加操作
        {
            echo "操作成功";
            echo "<a href='VoteList.php'>返回</a>";
            exit();
        }
```

```
    }
}
```

5. 删除调查文件 DelVote.php

该文件的功能是删除调查及相关数据。该文件由调查列表页面"操作"列的"[删除]"超链接连接过来传递调查 ID 参数。删除数据通过调查类 Vote 的对象调用父类 DBSQL 的 delData()方法来实现。代码如下：

```php
<?php
require_once('../config.inc.php');
require_once(INCLUDE_PATH . 'vote.inc.php');
$vote = new Vote();
if($vote->delData($_GET['id']))
{
    echo "操作成功<br>";
    echo "<a href=' VoteList.php'>返回</a>";
    exit();
}
else
{
    echo "操作失败<br>";
    echo "<a href=' VoteList.php'>返回</a>";
    exit();
}
?>
```

6. 调查选项列表文件 ItemList.php

该文件的功能是显示调查选项信息表中的数据列表。该文件由调查列表页面"操作"列的"[选项管理]"超链接连接过来传递调查 ID 参数。该文件通过类 Vote 的对象调用父类的 getItemList()方法实现。通过调查选项列表页面可以连接到添加、编辑、删除和设置选项顺序页面。调查选项列表界面如图 7.6 所示。

图 7.6　调查选项列表

代码如下：

```php
<?php
require_once('../config.inc.php');
require_once(INCLUDE_PATH . 'vote.inc.php');
$vote = new Vote();
$list = $vote->getItemList($_GET['id']);
?>
<table width="60%" border="0" align="center">
```

```
        $info = $vote->getInfo($_GET['id'],$vote->_name);
        <td>调查标题：<?php echo $info['F_VOTE_TITLE']?> </td>
    </table>
    <table width="60%" border="0" align="center" cellspacing="0" class="l_table_1" id="table_1">
        <tr class="title">
            <td width="10%">序号</td>
            <td width="50%">选项标题</td>
            <td width="19%">统计</td>
            <td width="21%">操作</td>
        </tr>
<?php
if($list)
{
        foreach($list as $key => $value)
        {
?>
    <tr class="l_field">
        <td align="left"><?php echo ($key + 1)?></td>
        <td align="left"><?php echo $value['F_ITEM_TITLE']?></td>
        <td align="left"><?php echo $value['F_ITEM_COUNT']?> 次 </td>
        <td align="left"><a href="EditItem.php?id=<?php echo $value['F_ID']?>&voteid=<?php echo
            '$value['F_ID_VOTE_INFO']?>">[编辑]</a><a href="DelItem.php?id=<?php echo $value['F_ID']?>
            &voteid=<?php echo $_GET['id']?>"> [删除]</a> </td>
    </tr>
<?php
        }
}
?>
    <tr>
        <td colspan="9" align="center"><input type="submit" name="Submit3" value="添加选项"onclick="javascript:
window.location='AddItem.php?voteid=<?php echo $_GET['id']?>'" /> <input type="button" name="Submit"
value="设置顺序"onclick="javascript:window. location= 'SetOrder.php? voteid=<?php echo $_GET['id']?>'" />
</td>
    </tr>
</table>
```

7. 添加、编辑调查选项文件 OperItem.php

该文件的功能是增加指定调查的选项和编辑指定调查选项的信息。添加调查选项界面如图 7.7 所示，该文件由调查选项列表页面中的"添加选项"按钮连接过来传递调查 ID 参数。编辑调查选项界面如图 7.8 所示，该文件由调查选项列表页面"操作"列的"[编辑]"超链接连接过来传递调查 ID 参数、选项 ID 参数。这里添加和编辑作为一个文件来处理。判断当有选项 ID 参数传递时为编辑状态，提取该选项信息并显示。用户编辑或添加完表单数据后单击"提交"按钮进行数据处理。数据处理通过调查类 Vote 的对象调用父类的 insertData() 方法实现，编辑通过调用 updateData() 方法实现。

图 7.7　添加调查选项

图 7.8　编辑调查选项

代码如下：

```php
<?php
require_once('../config.inc.php');
require_once(INCLUDE_PATH . 'vote.inc.php');
$vote = new Vote();
$title ="添加调查选项"
if($_GET['id'])                                      //判断是否有编辑选项 ID，有则提取记录
{
    $info = $vote->getInfo($_GET['id'],$vote->_item);
    $title ="编辑调查选项";
}
if($_SERVER['REQUEST_METHOD'] == 'POST')             //判断是否提交请求
{
    $data['F_ID_VOTE_INFO'] = $_POST['voteid'];
    $data['F_ITEM_TITLE'] = $_POST['title'];
    $data['F_ITEM_COUNT'] = 0;
    $data['F_ITEM_ORDER'] = 0;
    if($_POST['id'])                                 //有选项 ID 参数，则执行编辑操作
    {
        if($vote->updateData($vote->_item,$_POST['id'],$data))   //判断是否操作成功
        {
            echo "添加操作成功<br>";
            echo "<a href='ItemList.php?id={$_POST['voteid']}'>返回</a>";
            exit();
        }else{
            echo "添加操作失败<br>";
            echo "<a href='ItemList.php?id={$_POST['voteid']}'>返回</a>";
            exit();
        }
    }else{                                           //无选项 ID 参数，则执行添加操作
        if($vote->insertData($vote->_item,$data))    //判断是否操作成功
        {
            echo "编辑操作成功<br>";
            echo "<a href='ItemList.php?id={$_POST['voteid']}'>返回</a>";
            exit();
        }else{
```

```
            echo "编辑操作失败<br>";
            echo "<a href='ItemList.php?id={$_POST['voteid']}'>返回</a>";
            exit();
        }
    }
}
?>
<table width="100%" border="0" cellpadding="0" cellspacing="0">
  <tr>
    <td height="32" background="/images/lefttop.jpg" class="head">调查管理>{$title}</td>
  </tr>
</table>
<form name="form1"   action="" method="post" onsubmit="javascript:check();">
    <table width="60%" border="0" align="center" cellpadding="0" cellspacing="0" class="l_table">
      <tr class="title">
          <td colspan="2" align="left"> </td>
      </tr>
      <tr class="l_field">
          <td width="24%" align="right">调查标题：</td>
          <td width="76%">您对网站的满意程度？</td>
      </tr>
      <tr class="l_field">
          <td align="right">选项标题：</td>
          <td><input name="title" type="text" id="title" size="40" value="<?php echo $info['F_ITEM_TITLE']?>"
/></td>
      </tr>
      <tr class="title">
          <td colspan="2" align="center"><input type="submit" name="Submit" value="提交" />
             
          <input type="reset" name="reset" value="重置" />
          <input type='hidden' name="id" id="id" value="<?php echo $_GET['id']?>">
          <input type='hidden' name="voteid" id="voteid" value="<?php echo $_GET['voteid']?>">
          </td>
      </tr>
    </table>
    <table align="center" border="0" cellpadding="0" cellspacing="0" width="98%">
    <tbody><tr>
      <td> </td>
    </tr>
</tbody></table>
</form>
<script language="javascript">
function check()
{
    if(document.form1.title.value == "")              //判断标题是否为空，是则弹出提示框
    {
        alert('请填写选项标题');
        document.form1.focus();
        return false;
```

```
    }
    return true;
}
</script>
```

8. 选项顺序设置文件 SetOrder.php

该文件的功能是设置调查选项的显示顺序。该文件由调查选项列表页面中的"设置顺序"按钮连接过来传递调查 ID 参数。用户在顺序文本框中输入顺序数值后单击"提交"设置按钮进行数据处理。选项按数值顺序从大到小排列。数据提交到本页判断是否为提交操作并进行处理。数据的处理通过调查类 Vote 的对象调用父类的 setOrder() 方法实现。选项顺序设置界面如图 7.9 所示。

图 7.9   选项顺序设置

在调查类文件 vote.inc.php 中加入下列代码:

```
/**
 * 功能:设置指定调查的选项顺序
 * 参数:$id 选项 ID 数组,$order 选项顺序数组
 * 返回:TRUE OR FALSE
 */
public function setOrder($id,$order)
{
    if($id)
    {
        $this->begintransaction();
        try {
            foreach ($id as $key => $value)
            {
                $sql = "UPDATE " . $this->_item . " SET F_ITEM_ORDER = {$order[$key]} WHERE F_ID = $value";
                $this->update($sql);
            }
        }catch (Exception $e)
        {
            $this->rollback();
            return false;
        }
        $this->commit();
    }
    return true;
}
```

下面的代码定义了一个设置调查选项顺序的函数，该函数在选项顺序设置文件中被调用。代码如下：

```php
<?php
require_once('../config.inc.php');
require_once(INCLUDE_PATH . 'vote.inc.php');
$vote = new Vote();
$list = $vote->getItemList($_GET['voteid']);
$info = $vote->getInfo($_GET['voteid'],$vote->_name);
if($_SERVER['REQUEST_METHOD'] == 'POST')
{
    if($vote->setOrder($_POST['id'],$_POST['order']))
    {
        echo "操作成功<br>";
        echo "<a href='ItemList.php?id={$_GET['voteid']}'>返回</a>";'SetOrder.php?id={$_GET['voteid']}'
>返回</a>";
        exit();
    }else{
        echo "操作失败<br>";
        echo "<a href=' ItemList.php?id={$_GET['voteid']}'>返回</a>";'SetOrder.php?id={$_GET['voteid']}'
>返回</a>";
        exit();
    }
}
?>
<table width="100%" border="0" cellpadding="0" cellspacing="0">
  <tr>
    <td height="32" background="/images/lefttop.jpg" class="head">调查管理>调查选项顺序设置</td>
  </tr>
</table>
<form name="form1"    action="" method="post">
<table width="60%" border="0" align="center">
  <tr>
    <td>调查标题：<?php echo $info['F_VOTE_TITLE']?></td>
  </tr>
</table>
<table width="60%" border="0" align="center" cellspacing="0" class="l_table_1" id="table_1">
  <tr class="title">
    <td width="10%">序号</td>
    <td width="63%">选项标题</td>
    <td width="27%">顺序</td>
  </tr>
<?php
if($list)
{
    foreach ($list as $key => $value)
    {
?>
  <tr class="l_field">
```

```
<td align="left"><?php echo ($key+1)?>
    <input name="id[]" type="hidden" id="id[]" value="<?php echo $value['F_ID']?>" /></td>
<td align="left"><?php echo $value['F_ITEM_TITLE']?></td>
<td align="left"><input name="order[]" type="text" id="order[]" value="<?php echo $value['F_ITEM
_ORDER']?>" size="10" /></td>
    </tr>
<?php
    }
}
?>
    <tr>
        <td colspan="8" align="center"><input type="submit" name="Submit" value=" 提 交 设 置 " />
<input type= "hidden" name="voteid" id="voteid" value="<?php echo $_GET['id']?>"></td>
    </tr>
</table>
</form>
```

9. 删除调查选项文件 DelItem.php

该文件的功能是删除指定选项记录。该文件由调查选项列表页面"操作"列的"[删除]"超链接连接过来传递调查 ID 参数、选项 ID 参数。选项的删除通过类 Vote 的对象调用父类的 delItemData()方法来实现。代码如下：

```php
<?php
require_once('../config.inc.php');
require_once(INCLUDE_PATH . 'vote.inc.php');
$vote = new Vote();
if($vote->delItemData($_GET['id']))                    //判断是否操作成功
{
    echo "操作成功<br>";
    echo "<a href='ItemList.php?id={$_GET['voteid']}'>返回</a>";
    exit();
}else{
    echo "操作失败<br>";
    echo "<a href='ItemList.php?id={$_GET['voteid']}'>返回</a>";
    exit();
}
?>
```

10. 用户统计信息列表文件 UserList.php

该文件的功能是提取指定调查的用户统计信息列表。该文件由调查列表页面"操作"列的"[用户统计信息]"超链接连接过来传递调查 ID 参数。用户统计信息列表以分页显示，每页显示 10 条记录。分页的实现通过页码来计算每页提取记录的开始位置。计算公式为开始位置=(页码-1)×每页显示数量。用户统计信息列表界面如图 7.10 所示。

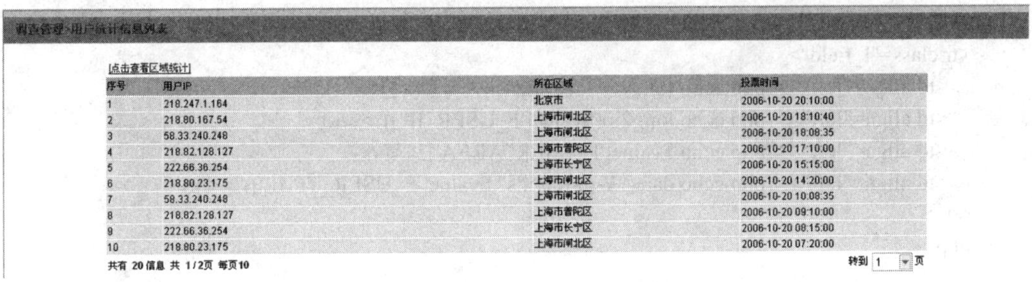

图 7.10 用户统计信息列表

代码如下：

```php
<?php
require_once('../config.inc.php');
require_once(INCLUDE_PATH . 'vote.inc.php');
$vote = new Vote();
$cur_page = $_GET['page'];                          //取得当前页码
if(!$cur_page)
$cur_page = 1;                                      //如果无页码，则默认为第一页
$list = $vote->getUserList($_GET['id'],$cur_page);
$count = $vote->getUserCount($_GET['id']);
$pagecount = ceil($count/$vote->_pagesize);         //计算总共的页数
if(!$pagecount)
$pagecount = 1;                                     //如果无总页数，则默认为 1
$url = "?id={$_GET['id']}&page=";                   //翻页跳转的地址
?>
<table width="100%" border="0" cellpadding="0" cellspacing="0">
  <tr>
    <td height="32" background="/images/lefttop.jpg" class="head">调查管理>用户统计信息列表</td>
  </tr>
</table>
<form name="form1"   action="" method="post">
<table width="80%" border="0" align="center">
  <tr>
    <td><a href="AreaList.php?id=<?php echo $_GET['id']?>">[点击查看区域统计]</a></td>
  </tr>
</table>
<table width="80%" border="0" align="center" cellspacing="0" class="l_table_1" id="table_1">
  <tr class="title">
    <td width="7%">序号</td>
    <td width="45%">用户 IP</td>
    <td width="25%">所在区域</td>
    <td width="23%">投票时间</td>
    </tr>
<?php
if($list)
{
    foreach ($list as $key => $value)
    {
```

```
    ?>
        <tr class="l_field">
            <td align="left"><?php echo ($key + 1)?></td>
            <td align="left"><?php echo long2ip($value['F_USER_IP'])?></td>
            <td align="left"><?php echo $value['F_USER_AREA']?></td>
            <td align="left"><?php echo date("Y-m-d,H:i:s",$value['F_USER_TIME'])?></td>
        </tr>
    <?php
            }
        }
    ?>
        <tr>
            <td colspan="9" align="center"><table width='100%' align='center' border='0' cellspacing='0'>
                <tr>
                    <td align="left"> 共有 <b><?php echo $count?></b> 信息共 <font color='#FF0000'>
<b><?php echo $cur_page?></b></font> / <b><?php echo $pagecount?></b>页 每页<strong><?php echo
$vote->_pagesize?> </strong></td>
                    <td width="30">转到</td>
                    <td width="50"><select name="page" style="width:50px" onchange="javascript:location.href=
document. getElementById('url')+this.options[selectedIndex].value">
                        <?php
                        for($i=1;$i<=$pagecount;$i++)
                        {
                            echo "<option value='$i'";
                            if($i == $cur_page)
                                echo " selected='selected'";
                            echo ">$i</option>";
                        }
                        ?>
                    </select>
                    <input type="hidden" name="url" value="<?php echo $url?>" /></td>
                <td width="15">页 </td>
            </tr>
        </table></td>
    </tr>
</table>
</form>
```

11. 区域统计文件 AreaList.php

在用户统计信息文件里显示了统计信息的列表，但该列表对信息的统计不能一目了然。区域统计文件的功能就是按区域统计用户的信息。该文件是由用户统计信息页面的 "[点击查看区域统计]" 超链接连接过来传递调查 ID 参数的。区域统计界面如图 7.11 所示。

序号	区域	次数
1	上海市闸北区	20
2	上海市普陀区	10
3	上海市长宁区	30
4	北京	40
5	重庆	30

图 7.11　区域统计

在调查类文件 vote.inc.php 中加入下列代码：

```php
/**
 * 功能：按区域统计用户信息
 * 参数：$id  调查 ID
 * 返回：数组
 */
public function areaList($id)
{
    $sql = "SELECT COUNT(F_ID) AS C,F_USER_AREA FROM " . $this->_user;
    $sql .= " WHERE F_ID_VOTE_INFO = $id GROUP BY F_USER_AREA";
    return $this->select($sql);
}
```

下面代码定义了按区域分组查询用户统计信息表的函数，该函数在区域统计文件中被调用。代码如下：

```php
<?php
require_once('../config.inc.php');
require_once(INCLUDE_PATH . 'vote.inc.php');
$vote = new Vote();
$list = $vote->areaList($_GET['id']);
?>
<table width="100%" border="0" cellpadding="0" cellspacing="0">
  <tr>
    <td height="32" background="/images/lefttop.jpg" class="head">调查管理>区域统计</td>
  </tr>
</table>
<form name="form1"  action="" method="post">
<table width="60%" border="0" align="center" cellspacing="0" class="l_table_1" id="table_1">
  <tr class="title">
    <td width="9%">序号</td>
    <td width="58%">区域</td>
    <td width="33%">次数</td>
  </tr>
<?php
if($list)
{
    foreach ($list as $key => $value)
    {
?>
    <tr class="l_field">
    <td align="left"><?php echo ($key + 1)?></td>
    <td align="left"><?php echo $value['F_USER_AREA']?></td>
    <td align="left"><?php echo $value['C']?></td>
    </tr>
<?php
    }
}
```

```
?>
</table>
</form>
```

7.3.2　调查显示模块

调查显示模块的功能是把符合条件的调查提取并显示出来。这里的条件包括是否启用和是否过期。调查显示界面如图 7.12 所示。

图 7.12　调查显示

这里需要调查类文件 vote.inc.php 中的一个按条件提取调查信息的方法，因此不需要新增方法，而只需要修改原来的 getVoteList()方法即可。代码如下：

```
/**
* 功能：提取调查列表
* 参数：$where 查询条件
* 返回：数组
*/
public function getVoteList($where = ''){
    $sql = "SELECT * FROM" . $this->_name;
    if($where)                              //如果参数有值，则加入查询条件
    {
        $sql .= "WHERE" . $where;
    }
    return $this->select($sql);
}
```

调查显示代码如下：

```
<?php
require_once("config.inc.php");
require_once(INCLUDE_PATH . "vote.inc.php");
$vote = new Vote();
$time = time();
$where = "F_VOTE_IS_DISPLAY = 1 AND F_VOTE_END < $time";
$list = $vote->getVoteList($where);
if($list)
```

```
    {
        foreach($list as $key => $value)                    //循环显示调查
        {
            $item = $vote->getItemList($value['F_ID']);      //提取指定调查的选项
?>
<form name="form_<?php echo $value['F_ID']?>" method="post" action="Deal.php">
    <table border="0" align="center" cellpadding="0" cellspacing="0">
        <tr>
            <td><strong><?php echo ($key+1)?>. <?php echo $value['F_VOTE_TITLE']?></strong></td>
        </tr>
        <tr>
            <td>
            <?php
            if($item)
            {
                foreach($item as $val)                        //循环显示调查选项
                {
                    if($value['F_VOTE_TYPE'] == 1)            //判断调查选项的形式，以不同方式显示
                        echo "<input type='radio' name='item' value='{$val['F_ID']}'>";
                    else
                        echo "<input name='item[]' type='checkbox' id='item[]' value='{$val['F_ID']}' />";
                    echo $val['F_ITEM_TITLE'] . "<br>";
                }
            }
            ?>
            </td>
        </tr>
        <tr>
            <td><input type="submit" name="Submit" value="提交">
            <input type="button" name="Submit2" value="查看结果">
            <input type="hidden" name="id" value="<?php echo $value['F_ID']?>">
            </td>
        </tr>
    </table>
</form>
<?php
        }
    }
?>
```

注意

> 由于可能会有几个调查同时满足条件，那么就会有多个表单，这些表单的名称不能相同。本例中的处理方法是将表单的名称写成 form_+调查 ID 的方式。

7.3.3 投票处理模块

投票处理模块的功能是对投票用户的信息进行合法性检查，把合法用户的投票数据写

入数据库。需要提取的用户信息是用户的 IP，通过 IP 来匹配用户所在区域。现在最流行的通过 IP 来匹配区域的方式就是利用 QQWry.dat 来检索区域，本例中直接调用该方法。代码如下：

```php
<?php
require_once("config.inc.php");
require_once(INCLUDE_PATH . "vote.inc.php");
require_once(INCLUDE_PATH . "ip.inc.php");
$vote = new Vote();
$ipclass = new Ip();
$ip = getenv("REMOTE_ADDR");
$ip1 = getenv("HTTP_X_FORWARDED_FOR");
$ip2 = getenv("HTTP_CLIENT_IP");
($ip1) ? $ip = $ip1 : null ;                       //$ip1 有值则赋给 ip
($ip2) ? $ip = $ip2 : null ;                       //$ip2 有值则赋给 ip
$longip = ip2long($ip);                            //将 IP 转化为整数
if(!isset($_POST['item']))                         //判断用户是否选择了选项
{
    echo "<script>alert('您未选择调查选项！');window.history.back();</script>";
    exit();
}
if($vote->checkIsValid($longip,$_POST['id']))      //判断用户是否合法
{
    $location = $ipclass-> ip2location getlocation($longip);   //匹配 IP 地址取得所在地区
    $vote->updateResult($_POST['item'],$_POST['id'],$longip,$location);  //更新数据库表
    header("Location:Result.php?id={$_POST['id']}");    //跳转到结果页面
}else{
    echo "<script>alert('您已经投过票了！'),windows.location='Result.php?id={$_POST['id']}'</script>";
                                              //不合法则提醒并跳转到结果页面
exit();
}
?>
```

上面代码在取得 IP 时用了 3 个预定义变量，分别是 REMOTE_ADDR、HTTP_X_FORWARDED_FOR 和 HTTP_CLIENT_IP。getenv("REMOTE_ADDR")用于取得客户端地址，如果客户端用的是代理（客户端 IP 为 127.0.0.1，代理 IP 为 61.135.150.76），那么该方法取得的地址为 127.0.0.1。getenv("HTTP_X_FORWARDED_FOR")可以取得代理地址，但是 HTTP_X_FORWARDED_FOR 是 HTTP 头协议的一部分，很容易伪造，所以这里用到了 HTTP_CLIENT_IP。

这段代码调用了 checkIsValid()方法来检查用户的合法性，调用 updateResult()方法来更新数据表，这是在 vote.inc.php 里面定义的。代码如下：

```php
/**
 * 功能：检查用户合法性
 * 参数：$ip 用户 IP，$voteid 调查 ID
 * 返回：TRUE OR FALSE
 */
```

```php
public function checkIsValid($ip,$voteid)
{
    $sql = "SELECT F_ID FROM " . $this->_user . " WHERE F_USER_IP = $ip AND F_ID_
        VOTE_INFO = $voteid";
    $r = $this->select($sql);
    if($r[0][F_ID] > 0)                     //如果该 IP 已经为该调查投过票，则返回 FALSE
    {
        return false;
    }else{
        return true;
    }
}
/**
 * 功能：处理投票数据和用户信息更新相关数据表
 * 参数：$item 调查选项 ID，$voteid 调查 ID，$ip 用户 IP，$location 用户所在区域
 * 返回：TRUE
 */
public function updateResult($item,$voteid,$ip,$location)
{
    if(is_array($item))                     //判断 item 是否为数组，是则为多选调查，循环处理数据
    {
        $this->begintransaction();          //开始事务处理
        try {
            foreach ($item as $value)
            {
                $sql = "UPDATE " . $this->_item . " SET F_ITEM_COUNT = F_ITEM_COUNT + 1
                    WHERE F_ID = $value";
                $this->update($sql);
            }
            $data = array();
            $data['F_USER_IP'] = $ip;
            $data['F_USER_TIME'] = time();
            $data['F_USER_AREA'] = $location;
            $data['F_ID_VOTE_INFO'] = $voteid;
            $this->insertData($this->_user,$data);
        }catch (Exception $e){              //出现异常，则回滚
            $this->rollback();
        }
        $this->commit();                    //正常提交
        return true;
    }else{
        $this->begintransaction();          //开始事务处理
        try {
            $sql = "UPDATE " . $this->_item . " SET F_ITEM_COUNT = F_ITEM_COUNT + 1
                WHERE F_ID = $item";
            $this->update($sql);
            $data = array();
            $data['F_USER_IP'] = $ip;
            $data['F_USER_TIME'] = time();
```

```
                $data['F_USER_AREA'] = $location;
                $data['F_ID_VOTE_INFO'] = $voteid;
                $this->insertData($this->_user,$data);
            }catch (Exception $e){          //出现异常，则回滚
                $this->rollback();
            }
            $this->commit();                //正常提交
            return true;
        }
    }
```

7.3.4 调查结果显示模块

调查结果显示模块的功能是把调查结果按比例显示。调查结果界面如图 7.13 所示，该页面是由投票处理页面跳转或单击调查显示页面中的“查看结果”按钮连接过来传递调查ID 参数的。比例计算是用单个选项的投票数除以所有投票数。比例柱图的显示长度就是每个选项的比例。

图 7.13 调查结果

代码如下：

```php
<?php
require_once("config.inc.php");
require_once(INCLUDE_PATH . "vote.inc.php");
$vote = new Vote();
if($_GET['id'])                         //判断是否有传递参数
{
    $info = $vote->getInfo($_GET['id'],$vote->_name);
    if(!isset($info[F_ID]))             //判断此 ID 的调查是否存在
    {
        echo "无此调查";
        exit();
    }
    $item = $vote->getItemList($_GET['id']);
    $sum = 0;
    foreach ($item as $value)           //计算总投票数
    {
        $sum += $value['F_ITEM_COUNT'];
    }
}else{                                  //无参数则提示
    echo "参数错误";
    exit();
```

```
    }
    ?>
    <table width="50%" border="0" align="center">
    <tr>
       <td><?php echo $info['F_VOTE_TITLE']?></td>
    </tr>
    </table>
    <table width="50%" border="0" align="center" cellpadding="3" cellspacing="2">
    <?php
    if($item)
    {
        foreach ($item as $value)
        {
            $percent = @number_format($value['F_ITEM_COUNT']/$sum,2);    //计算每个选项票数所占比例
            $length = $percent . "%";
    ?>
          <tr>
             <td width="27%"><font color="#000000"><?php echo $value['F_ITEM_TITLE']?></font></td>
             <td width="32%"><table height="12" cellspacing="1" cellpadding="0" width="<?php echo
                $length?>"
                        bgcolor="#000000" border="0">
                    <tr>
                       <td bgcolor="#FF0000"> </td>
                    </tr>
                 </table></td>
             <td width="41%"><span class="STYLE2"><?php echo $value['F_ITEM_COUNT']?></span>
    <font color="#000000"> <?php echo $length?></font></td>
          </tr>
    <?php
        }
    }
    ?>
    </table>
```

> ### 注意
>
> 　　判断传递参数的有效性及参数是否为空、是否有效。本例中就是判断传递的调查 ID
> 是否为空，该调查是否存在。还有一点就是计算每个选项所占比例时，需要加上@符号以
> 屏蔽错误提示。因为当总票数为 0 时，进行除法计算就会报错，这样会使浏览者感觉系统
> 容错性不好。

项目 8
支持多用户的博客系统开发

知识点、技能点

> 支持多用户的博客系统的分析
> 支持多用户的博客系统的实施步骤

学习要求

> 掌握支持多用户的博客系统的分析
> 动手实现支持多用户的博客系统的实施步骤

教学基础要求

> 了解支持多用户的博客系统的分析
> 动手实现支持多用户的博客系统的实施步骤

任务　多用户的博客系统开发

任务描述

通过项目 7 的学习，大家已经初步了解 PHP+MySQL 项目开发，本项目将大体讲解一下支持多用户的博客系统开发过程。

知识汇总

8.1.1　系统分析

本项目介绍一个支持多用户的博客系统开发过程。虽然这是一个比较简单的多用户博客系统，但是它基本囊括了一个博客系统应具备的所有基本功能，是一个有一定价值的系统。本项目将给出该系统的全部核心代码。其实，建议读者仅将给出的代码作为一个参考，自己亲自动手来编写相关代码。这样可以锻炼自己复杂代码的编写能力，为将来独立开发 PHP＋MySQL 的 Web 应用系统打下基础。

在支持多用户的博客系统中，可以分为 3 大类用户：注册用户、管理用户和浏览用户。

注册用户可以申请博客账号、添加博客分类、修改自己博客分类、添加博客内容、修改博客内容、对自己博客进行常规管理、修改本博客的友情链接、修改首页图片（banner 和博主头像）、修改博主的话等。

管理用户的功能非常简单，就是设置博客用户的状态以及删除用户。

浏览用户则可以访问博客用户的所有内容。

8.1.2　实施步骤

1. 博客功能设计

通过对多用户博客系统的分析，对博客系统的 3 大类用户的功能做如下设计。

注册用户：常规设置（博客页面的显示属性和标题、版权等）、友情链接管理（添加、编辑和删除自己的友情链接）、首页图片管理（banner 和博主形象图片）、博主的话、日志的分类（添加和修改）、日志的添加、日志的管理（编辑和删除）以及安全设置。

管理用户：设置注册用户的状态、删除现有的注册用户以及安全设置。

浏览用户：根据注册用户设置的常规设置的格式来访问注册用户添加的友情链接、首页图片、站长的话、日志分类、日志的具体内容等信息。

系统功能如图 8.1 所示。

2. 数据库与表设计

为了提高访问速度，本博客系统采用数据库和文件并存的方式，数据库存放博客的主体内容数据，而对于博客的页面属性，如边距、标题、版权等信息，则采用文件操作的方式。

存储博客主体内容数据的数据库名为 blog_db，含有 6 个数据表，各数据表之间的关系如图 8.2 所示。

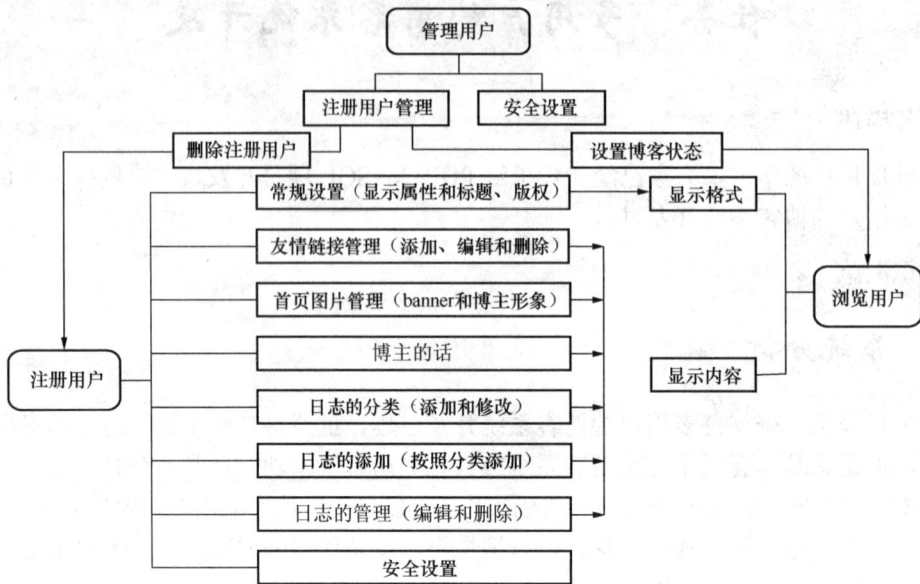

图 8.1　系统功能设计示意图

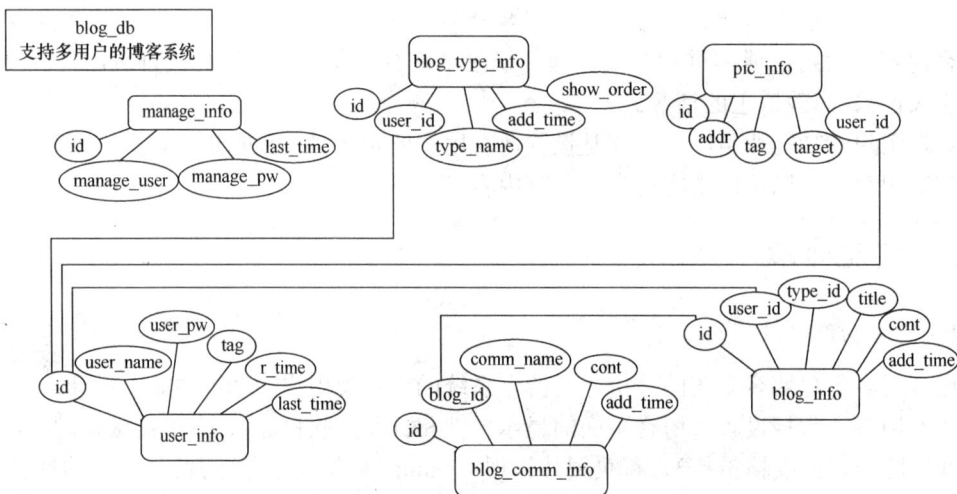

图 8.2　数据库设计及数据表间关系示意图

6 个数据表详细的字段设计分别如表 8.1～表 8.6 所示。

表 8.1　manage _info（管理用户信息数据表）

编　　号	字　段　名	类　　型	字　段　意　义
1	id	int	
2	manage_user	varchar(20)	管理用户名
3	manage_pw	varchar(32)	管理用户口令
4	last_time	datetime	最后登录时间

表 8.2 user_info（注册用户信息数据表）

编 号	字 段 名	类 型	字 段 意 义	备 注
1	id	int		
2	user_name	varchar (20)	用户名	
3	user_pw	varchar (32)	用户密码	
4	tag	char (2)	标志位	0：屏蔽该用户 1：正常
5	r_time	datetime	用户注册时间	
6	last_time	datetime	最后登录时间	

表 8.3 blog_type_info（blog 类型信息数据表）

编 号	字 段 名	类 型	字 段 意 义	备 注
1	id	int		
2	user_id	int	用户 ID	等同于表 user_info 中的 id
3	type_name	varchar (10)	类型名称	
4	add_time	datetime	添加时间	
5	show_order	int (10)	显示序号	

表 8.4 blog_info（博客信息数据表）

编 号	字 段 名	类 型	字 段 意 义	备 注
1	id	int		
2	user_id	int	用户 id	等同于表 user_info 中的 id
3	type_id	int	类型	等同于表 blog_type_info 中的 id
4	title	varchar (100)	博客标题	
5	cont	text	博客内容	
6	add_time	datetime	添加时间	

表 8.5 blog_comm_info（博客评论信息数据表）

编 号	字 段 名	类 型	字 段 意 义	备 注
1	id	int	自动编号	
2	blog_id	int (11)	博客 ID	等同于表 blog_info 中的 id
3	comm_name	varchar (32)	评论人	
4	cont	text	评论内容	
5	add_time	datetime	添加时间	

表 8.6 pic_info（系统图片信息数据表）

编 号	字 段 名	类 型	字 段 意 义	备 注
1	id	int	自动编号	
2	addr	varchar(32)	图片地址	
3	tag	char(2)	显示/隐藏标志位	0：隐藏 1：显示
4	target	char(2)	图片位置	1：顶部 banner 2：站长形象
5	user_id	int(11)	用户 id	等同于表 user_info 中的 id

文件操作采用存储变量的方法，使用时直接包含文件并使用相关变量即可，如页边距、背景颜色、友情链接、博主的话等均存放在 config 文件夹中的 config*.inc、link*.txt、sta_say*.txt 文件中，其中*为用户的 ID。例如，有一个用户注册，他的 id 为 1，用户进行基本的设置后在 config 文件夹中就会多出 config1.inc、link1.txt、sta_say1.txt 这 3 个文件。

3. 文件结构设计

真正开发系统时要把界面设计放在首位，设计完界面后，再进行代码的编写。在代码的编写过程中，首先对整个系统进行严格的文件结构设计，实现一步到位。

本项目的所有文件清单及存放路径如表 8.7 所示。

表 8.7　文件结构

根目录中的内容	子目录中的文件	说　　明	备　　注
config	config*.inc	存放网页布局参数、头信息和版权设置。*为注册用户的 id	文件夹：存放注册用户配置文件
	link*.txt	存放注册用户设置的友情链接信息。*为注册用户的 id	
	sta_say*.txt	存放注册用户的"博主的话"的内容。*为注册用户的 id	
	系统中每增加一个注册用户，本文件夹内会自动增加 3 个文件。本文件夹必须要有可写权限，否则程序运行就会报错		
inc	css.css	CSS 文件，系统显示格式定义	文件夹：存放被包含文件
	font.inc	CSS 文件，注册用户显示格式定义	
	foot.php	版权文件，系统版权显示	
inc	head1.php	头文件，注册用户网站头部显示	文件夹：存放被包含文件
	head2.php	头文件，管理员登录后系统头部显示	
	head.php	头文件，系统头部显示	
	myfoot.php	版权文件，注册用户博客版权显示	
	myfunction.php	函数类库文件	
	mysql.inc.php	数据类库文件	
manage	blog_add.php	日志添加文件	文件夹：注册用户后台管理文件
	blog_edit.php	日志编辑文件	
	blog_manage.php	日志管理文件	
	general.php	日志的常规设置文件	
	head.php	头文件，注册用户登录后系统头部显示	
	key.php	安全设置文件	
	link.php	友情链接管理文件	
	logout.php	注册用户管理退出登录文件	

续表

根目录中的内容	子目录中的文件	说　　明	备　　注
manage	menu.php	注册用户管理菜单文件	文件夹：注册用户后台管理文件
	module_add.php	日志分类添加管理文件	
	pic_add.php	图片管理文件	
	session.php	网站访问权限文件	
	sta_say.php	博主的话管理文件	
	user.php	注册用户管理的界面布局文件	
pic_sys			文件夹：存放本系统界面相关的图片和注册用户上传的 banner 和自己形象图片
super	index.php	管理员管理首页，注册用户管理文件	文件夹：存放管理员管理文件
	logout.php	管理员退出登录文件	
	session.php	管理员管理权限文件	
	super_key.php	管理员安全设置文件	
系统文档	数据库设计.doc	存放本系统详细的数据库设计	存放本系统有关的文档
	关系图.sdr	存放本系统数据库中数据表之间的关联关系的关系图	
	blog_db.sql	数据库导出文件	
	blog_comm.php	用户评论文件	
	day_blog.php	按天查看博主日志文件	
	index.php	系统首页文件	
	install.php	数据库安装文件（建议安装完成后删除该文件）	
	login1.php	注册用户登录文件	
	login.php	系统管理员登录文件	
	menu.php	注册用户博客菜单文件	
	myblog.php	注册用户博客首页文件	
	time.php	日历文件	
	type_blog.php	按日志分类访问日志的文件	

4. 算法与代码的实现

由于本系统较为复杂，所含的文件也比较多，如果一一写出其详细的算法需要非常大的篇幅。下面就 3 类不同用户的访问或操作流程简单地进行描述，如图 8.3～图 8.5 所示。

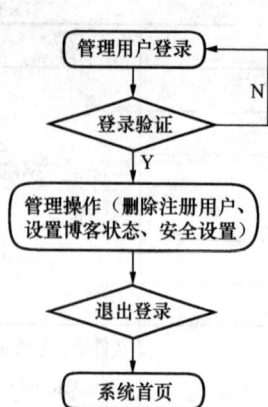

图 8.3 管理用户流程简图

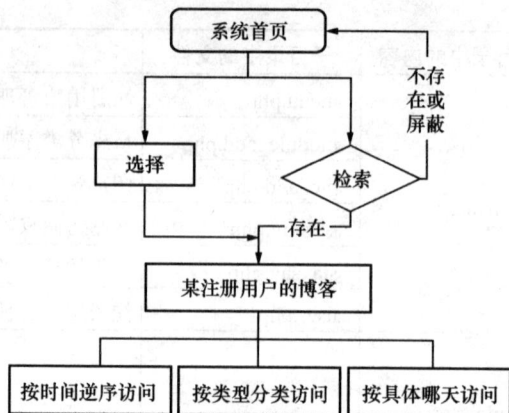

图 8.4 浏览用户流程简图

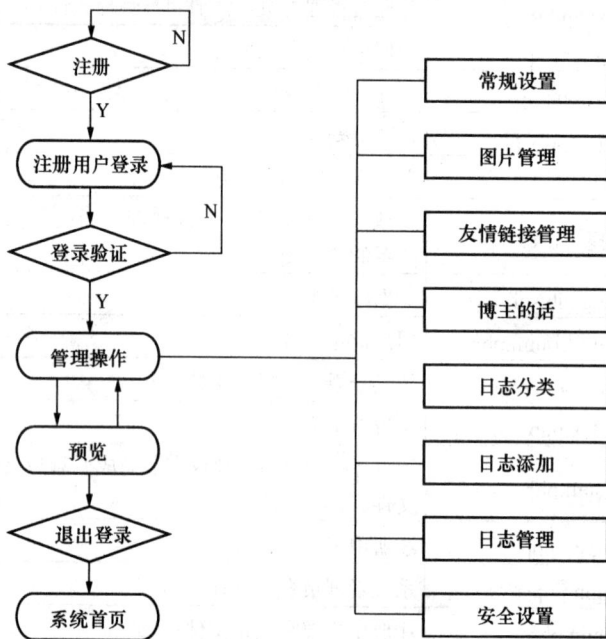

图 8.5 注册用户流程简图

有关数据的存储，本系统中不仅使用了数据库，还用到了文件，而文件存取数据的方法也用到以下两种。

（1）直接存放：使用 PHP 程序读取、写入文本文件的内容。

（2）在文本文件中存储变量：使用 PHP 程序包含该文件，并且在程序中直接使用变量。

数据库创建的方法有两种：

（1）从 phpmyadmin 的可视化操作界面创建数据库、数据表。

（2）在命令提示符下创建数据库和数据表，具体的 SQL 命令如下。

高等职业教育"十二五"规划教材

创建数据库：

```
CREATE DATABASE 'blog_db';
```

创建数据表 blog_comm_info：

```
CREATE TABLE IF NOT EXISTS 'blog_comm_info' (
  'id' int(11) NOT NULL auto_increment,
  'blog_id' int(11) default '0',
  'comm_name' varchar(32) NOT NULL,
  'cont' text NOT NULL,
  'add_time' datetime default '0000-00-00 00:00:00',
  UNIQUE KEY 'id' ('id')
);
```

创建数据表 blog_info：

```
CREATE TABLE IF NOT EXISTS 'blog_info' (
  'id' int(11) NOT NULL auto_increment,
  'user_id' int(11) NOT NULL,
  'type_id' int(11) NOT NULL,
  'title' varchar(100) NOT NULL,
  'cont' text NOT NULL,
  'add_time' datetime default '0000-00-00 00:00:00',
  UNIQUE KEY 'id' ('id')
) ;
```

创建数据表 blog_type_info：

```
CREATE TABLE IF NOT EXISTS 'blog_type_info' (
  'id' int(11) NOT NULL auto_increment,
  'user_id' int(11) NOT NULL,
  'type_name' varchar(10) NOT NULL,
  'add_time' datetime default '0000-00-00 00:00:00',
  'show_order' int(10) default '0',
  UNIQUE KEY 'id' ('id')
) ;
```

创建数据表 manage_info：

```
CREATE TABLE IF NOT EXISTS 'manage_info' (
  'id' int(11) NOT NULL auto_increment,
  'manage_user' varchar(20) NOT NULL,
  'manage_pw' varchar(32) NOT NULL,
  'last_time' datetime default '0000-00-00 00:00:00',
  UNIQUE KEY 'id' ('id')
) ;
```

创建数据表 pic_info：

```
CREATE TABLE IF NOT EXISTS 'pic_info' (
```

```
'id' int(11) NOT NULL auto_increment,
'addr' varchar(32) NOT NULL,
'tag' char(2) default '1',
'target' char(2) default '0',
'user_id' int(11) NOT NULL,
UNIQUE KEY 'id' ('id')
);
```

创建数据表 user_info：

```
CREATE TABLE IF NOT EXISTS 'user_info' (
'id' int(11) NOT NULL auto_increment,
'user_name' varchar(20) NOT NULL,
'user_pw' varchar(32) NOT NULL,
'tag' char(2) default '1',
'r_time' datetime default '0000-00-00 00:00:00',
'last_time' datetime default '0000-00-00 00:00:00',
UNIQUE KEY 'id' ('id')
);
```

下面按照类库文件、安装程序文件、注册用户文件、管理用户文件、浏览用户文件的顺序依次给出本系统的核心文件和代码。

（1）类库文件。

数据库服务器连接类库文件，即 inc 文件夹下 mysql.php 的具体代码如下：

☑ inc/mysql.inc.php

```
<! --文件 mysql.php-->
<?php
class mysql{
//连接服务器、数据库以及执行 SQL 语句的类库
public $database;
public $server_username;
public $server_userpassword;
function mysql()
{   //构造函数初始化所要连接的数据库
$this->server_username="root";
$this->server_userpassword="root";
}//end mysql()
function link($database)
{   //连接服务器和数据库
if ($database==""){
$this->database="news_manage";
}else{
$this->database=$database;
}
//连接服务器和数据库
if($id=mysql_connect('localhost',$this->server_username, $this-> server_
userpassword)){
if(!mysql_select_db($this->database,$id)){
```

```
echo "数据库连接错误!!! ";
exit;
}
}else{
echo "服务器正在维护中，请稍后重试!!! ";
exit;
}
}//end link($database)
function excu($query)
{        //执行 SQL 语句
if($result=mysql_query($query)){
return $result;
}else{
echo mysql_error();
echo "sql 语句执行错误!!! 请重试!!!";
exit;
}
} //end   exec($query)
} //end class mysql
?>
```

使用服务器数据库连接类库后，如果 MySQL 数据库服务器更换密码或系统移植到别的环境中，只需要更改第 10、11 行的用户和密码即可。

根据类可以复用的思想，上面的服务器数据库连接的类库文件一旦编写完成，以后再开发其他系统时就不需要再次编写，直接把该文件复制过去即可使用。

☑ inc/myfunction.php

```
<?php
class myfunction{
////////字符转换：向数据库中插入或更新时用//////////////////////////
      function str_to($str)
        {
         $str=str_replace(" "," ",$str);         //把空格替换成 html 的字符串空格
         $str=str_replace("<","&lt;",$str);           //把 html 的输出标志正常输出
         $str=str_replace(">","&gt;",$str);           //把 html 的输出标志正常输出
         $str=nl2br($str);                             //把回车替换成 html 中的<br>
         return $str;
        }
////////字符转换：从数据库中读出显示在表单文本框中用/////////////////////////
      function str_to2($str)
        {
         $str=str_replace(" "," ",$str);         //把空格替换成 html 的字符串空格
         $str=str_replace("<br />","",$str);          //把 html 的输出标志正常输出
         return $str;
        }
//JS 弹出信息框
      function js_alert($message,$url){
          echo "<script language=javascript>alert('";
          echo $message;
```

```
            echo "');location.href='";
            echo $url;
            echo "';</script>";
        }
//判断是否为整数
    function int_estimation($num){
        if (eregi("^[0-9]+$", $num)){
            return true;
        } else {
            return false;
        }
    }
//类型 id 返回类型名称
    function type_idto_name($type_id){
        $folie=new mysql;
$folie->link("");
        $query="select type_name from blog_type_info where id='$type_id'";
        $rst=$folie->excu($query);
        $info=mysql_fetch_array($rst);
        return $info["type_name"];
    }
//博客信息表中的类型 id 返回博客类型名称
    function blog_type_idto_name($type_id){
        $folie=new mysql;
        $folie->link("");
        $query="select * from blog_type_info where id='$type_id'";
        $rst=$folie->excu($query);
        $info=mysql_fetch_array($rst);
        return $info["type_name"];
    }
//////////分页函数 返回：首页上一页[1][2][...]下一页 尾页等超链接//////////
function page($query,$page_id,$add,$num_per_page){
    ////    include "mysql.inc";
    //////使用方法为:
    ///// $myf=new myfunction;
    ////// $query="";
        ////// $myf->page($query,$page_id,$add,$num_per_page);
    ////// $bb=$aa->excu($query);
        $bb=new mysql;
        global $query;                  //声明全局变量
        $bb->link("");
        $page_id=$_GET[page_id];         //接收 page_id
        if ($page_id==""){
            $page_id=1;
            }
        $rst=$bb->excu($query);
        $num=mysql_num_rows($rst);
        if ($num==0){
            echo "无相关记录！<br>";
            }else{
```

```
                        $page_num=ceil($num/$num_per_page);
            for ($i=1;$i<=$page_num;$i++){
                        if ($page_id==$i){
                                echo "[$i]";
                        }else{
                                echo " [<a href=?".$add."page_id= $i>".$i." </a>]";
                        }
            }
            if ($page_id==1){
                        $page_up=1;
            }else{
                        $page_up=$page_id-1;
            }
            if ($page_id==$page_num){
                        $page_down=$page_num;
            }else{
                        $page_down=$page_id+1;
            }
            if ($page_id<$page_num and $page_num>1){
                echo "<a href=?".$add."page_id=$page_down>下一页</a>";
            }
            if ($page_id>1 and $page_id<=$page_num){
                echo "<a href=?".$add."page_id=$page_up>上一页</a>";
            }
            echo "  第".$page_id."页,共".$page_num."页";
            $page_jump=$num_per_page*($page_id-1);
            $query=$query." limit $page_jump,$num_per_page";
```

（2）安装程序文件。

☑   install.php

```
<?php
include "inc/mysql.inc.php";
$aa=new mysql;
$bb=new mysql;
$aa->link("mysql");
$query="CREATE DATABASE 'blog_db'";
if($aa->excu($query)){
    echo "数据库创建成功！<br>";
}
$bb->link("blog_db");
//创建表：manage_user_info
$query="CREATE TABLE 'manage_info' (
    'id' int(11) NOT NULL auto_increment,
    'manage_user' varchar(20) NOT NULL,
    'manage_pw' varchar(32) NOT NULL,
    'last_time' datetime default '0000-00-00 00:00:00',
    UNIQUE KEY 'id' ('id')
    )";
$bb->excu($query);
```

```
echo "创建表：manage_info 成功！<br>";
//创建表：user_info
$query="CREATE TABLE 'user_info' (
    'id' int(11) NOT NULL auto_increment,
    'user_name' varchar(20) NOT NULL,
    'user_pw' varchar(32) NOT NULL,
    'tag' char(2) default '1',
    'r_time' datetime default '0000-00-00 00:00:00',
    'last_time' datetime default '0000-00-00 00:00:00',
    UNIQUE KEY 'id' ('id')
    )";
$bb->excu($query);
echo "创建表：user_info 成功！<br>";
//创建表：blog_type_info
$query="CREATE TABLE 'blog_type_info' (
    'id' int(11) NOT NULL auto_increment,
    'user_id' int(11) NOT NULL,
    'type_name' varchar(10) NOT NULL,
    'add_time' datetime default '0000-00-00 00:00:00',
    'show_order' int(10) default '0',
    UNIQUE KEY 'id' ('id')
    )";
$bb->excu($query);
echo "创建表：blog_type_info 成功！<br>";
//创建表：blog_info
$query="CREATE TABLE 'blog_info' (
    'id' int(11) NOT NULL auto_increment,
    'user_id' int(11) NOT NULL,
    'type_id' int(11) NOT NULL,
    'title' varchar(100) NOT NULL,
    'cont' text NOT NULL,
    'add_time' datetime default '0000-00-00 00:00:00',
    UNIQUE KEY 'id' ('id')
    )";
$bb->excu($query);
echo "创建表：blog_info 成功！<br>";
//创建表：blog_comm_info
$query="CREATE TABLE 'blog_comm_info' (
    'id' int(11) NOT NULL auto_increment,
    'blog_id' int(11) default '0',
    'comm_name' varchar(32) NOT NULL,
    'cont' text NOT NULL,
    'add_time' datetime default '0000-00-00 00:00:00',
    UNIQUE KEY 'id' ('id')
    )";
$bb->excu($query);
echo "创建表：blog_comm_info 成功！<br>";
//创建表：pic_info
$query="CREATE TABLE 'pic_info' (
    'id' int(11) NOT NULL auto_increment,
```

```
        'addr' varchar(32) NOT NULL,
        'tag' char(2) default '1',
        'target' char(2) default '0',
        'user_id' int(11) NOT NULL,
        UNIQUE KEY 'id' ('id')
        )";
$bb->excu($query);
echo "创建表：pic_info 成功！<br>";
//初始化管理员用户名和密码
$query="INSERT INTO 'manage_info' VALUES(1,'admin','admin','0000-00-00 00:00:00')";
if($bb->excu($query)){
    echo "初始化管理员用户名和密码：admin,admin<br>";
}
echo "OK!";
?>
```

（3）用户注册文件。

☑　login1.php

```
<?php
include "inc/mysql.inc.php";
include "inc/myfunction.php";
include "inc/head.php";
$folie=new mysql;
$crazy=new myfunction;
$folie->link("");
//接收变量
$register_tag=$_GET["register_tag"];
$up_register=$_POST["up_register"];
$up_login=$_POST["up_login"];

//验证用户登录信息
if($up_login==1){
    $user_name=$_POST["user_name"];
    $query="select * from user_info where user_name='$user_name' and tag ='1'";
    $rst=$folie->excu($query);
    if(mysql_num_rows($rst)>=1){
        $info=mysql_fetch_array($rst);
        $user_pw=$_POST["user_pw"];
        if($user_pw==$info["user_pw"]){
            $_SESSION["user_name"]=$user_name;
            $_SESSION["user_id"]=$info["id"];
            $_SESSION["user_tag"]="1";
            $today=date("Y-m-d H:i:s");
            $query = "update user_info set 'last_time'='$today' where 'id'='$info[id]'";
            //$query="insert into user_info('user_name', 'user_pw', 'last_time')
            //values('$user_name','$user_pw','$today')";
            $folie->excu($query);
            $crazy->js_alert("登录成功！","manage/user.php");
        }else {
```

```php
                    $crazy->js_alert("用户名或密码错误！","index.php");
                }
            }else {
                $crazy->js_alert("用户名或密码错误！","index.php");
        }
    }

    //判断用户注册信息，并写入数据库
    if($up_register==1){
        $user_name=$_POST["user_name"];
        if($user_name!=""){
        $query="select * from user_info where user_name='$user_name'";
        $rst=$folie->excu($query);
        if(mysql_num_rows($rst)<1){
            $user_pw1=$_POST["user_pw1"];
            $user_pw2=$_POST["user_pw2"];
            if($user_pw1==$user_pw2 and $user_pw1!=""){
                $r_time=date("Y-m-d H:i:s");
                $query="insert into user_info('user_name', 'user_pw', 'r_time')
    values('$user_name','$user_pw1','$r_time')";
                $rst=$folie->excu($query);
                if($rst){
                    $crazy->js_alert("注册成功！","index.php");
                }
                }else {
                $crazy->js_alert("两次输入的密码不一致，请重新输入！","index.php?re
    gister_tag=1");
            }
        }else {
            $crazy->js_alert("用户名已存在！","index.php?register_tag=1");
        }
        }
    }
    ?>
    <table width="752" border="0" cellpadding="0" cellspacing="0" style="border-collapse:collapse">
      <tr>
        <td width="1" bgcolor="#CCCCCC"></td>
        <td colspan="2" align="center" valign="top"><table width="490" border="0" cellpadding="0"
          cellspacing="0" bgcolor="#FFFFFF">
          <tr>
            <td align="center" valign="top">
            <!--系统说明表格，纯 HTML 代码，略-->
            <!--系统简介，用户登录 -->
            <?php
            if($register_tag!=1){
            ?>
            <!--用户登录表单、表格，纯 HTML 代码，略-->
            <?php
            }else {
            ?>
```

```
        <!--用户注册 -->
        <!--用户注册表单、表格，纯 HTML 代码，略-->
        <?php
        }
        ?><br></td>
      </tr>
    </table></td>
    <td width="1" bgcolor="#CCCCCC"></td>
  </tr>
  <tr>
    <td height="1" colspan="3" bgcolor="#CCCCCC"></td>
  </tr>
</table>
<?php
include "inc/foot.php";
?>
```

☑　manage/user.php

```
<?php
include "session.php";
include "../inc/mysql.inc.php";
include "../inc/myfunction.php";
include "head.php";
$folie=new mysql;
$crazy=new myfunction;
$folie->link("");
?>
<table width="752" border="0" cellpadding="0" cellspacing="0" style="border-collapse:collapse">
  <tr>
    <td width="1" height="199" bgcolor="#CCCCCC"></td>
    <td width="490" align="center" valign="top"><table width="490" border="0" cellpadding="0"
      cellspacing="0" bgcolor="#FFFFFF">
      <tr>
        <td height="400" align="center" valign="top">
        <br /><?php
        $target=$_GET["target"];
        if($target==""){
            echo "===欢迎您登录多用户博客管理后台！===<br>===单击右侧链接，进行相关操作。
===";
        }else{
            $target.=".php";
            include $target;
        }
        ?></td>
      </tr>
    </table></td>
    <td width="1" bgcolor="#CCCCCC"></td>
    <td width="257" align="center" valign="top"><?php include "menu.php"; ?></td>
    <td width="1" bgcolor="#CCCCCC"></td>
```

```
        </tr>
        <tr>
            <td height="1" colspan="3" bgcolor="#CCCCCC"></td>
            <td width="258" colspan="2" bgcolor="#CCCCCC"></td>
        </tr>
</table>
<?php
include "../inc/foot.php";
?>
```

☑   manage/general.php

```php
<?php
$config_tag=$_GET["config_tag"];
$name="config".$_SESSION["user_id"];
if ($config_tag==1){
    //接收变量
    $margin_top=$_POST["margin-top"];
    $margin_bottom=$_POST["margin-bottom"];
    $background_color=$_POST["background-color"];
    $title=$_POST["title"];
    $copy_right=$_POST["copy-right"];
    //构造字符串
    $str_in="<?php\n";
    $str_in.="global \$confg;\n";
    $str_in.="//网页布局参数\n";
    $str_in.="\$config['margin-top'] = \"".$margin_top."\";\n";
    $str_in.="\$config['margin-bottom'] = \"".$margin_bottom."\";\n";
    $str_in.="\$config['background-color'] = \"".$background_color."\";\n";
    $str_in.="\n";
    $str_in.="//头信息和版权设置\n";
    $str_in.="\$config['title'] = \"".$title."\";\n";
    $str_in.="\$config['copy-right'] = \"".$copy_right."\";\n";
    $str_in.="\n?>";
    //写入文件
    if ($fp=fopen("../config/$name.inc", "w")){
        fwrite($fp,$str_in);
        fclose($fp);
    }
    include "../config/$name.inc";
}
@include "../config/$name.inc";
?>
<br>
<h4>常 规 设 置</h4>
<form id="form1" name="form1" method="post" action="user.php?target=general&config_tag=1">
<table width="98%" border="0" align="center" cellpadding="0" cellspacing="1" bgcolor="#CCCCCC">
    <tr>
        <td width="20%" height="20" align="right" valign="middle" bgcolor="#FFFFFF">上边距：</td>
        <td width="80%" bgcolor="#FFFFFF"><input name="margin-top" type="text" value="<?php echo
            $config['margin-top']?>" size="4"/>
```

像素（在英文或中文半角下输入，否则不能生效）</td>
  </tr>
  <tr>
    <td height="20" align="right" valign="middle" bgcolor="#FFFFFF">下边距：</td>
    <td bgcolor="#FFFFFF"><input name="margin-bottom" type="text" value ="<?php echo
      $config['margin-bottom']?>" size="4" />
像素（在英文或中文半角下输入，否则不能生效）</td>
  </tr>
  <tr>
    <td height="20" align="right" valign="middle" bgcolor="#FFFFFF">网页背景颜色：</td>
    <td bgcolor="#FFFFFF"><input name="background-color" type="text" value="<?php echo
      $config['background-color']?>" size="10" />
输入以#开头的 6 位十六进制数的颜色值（在英文或中文半角下输入）</td>
  </tr>
  <tr>
    <td height="20" align="right" valign="middle" bgcolor="#FFFFFF"> </td>
    <td bgcolor="#FFFFFF"> </td>
  </tr>
  <tr>
    <td height="20" align="right" valign="middle" bgcolor="#FFFFFF">网站头名称：</td>
    <td bgcolor="#FFFFFF"><input name="title" type="text" value="<?php echo $config['title']?>"
      size="30" /></td>
  </tr>
  <tr>
    <td height="20" align="right" valign="middle" bgcolor="#FFFFFF">版权信息：</td>
    <td bgcolor="#FFFFFF"><input name="copy-right" type="text" id="copy-right" value="<?php echo
      $config['copy-right']?>" size="40"/></td>
  </tr>
  <tr>
    <td height="20" colspan="2" align="center" valign="middle" bgcolor ="#FFFFFF"><input
      type="submit" name="Submit" value="提交" />
      <input type="reset" name="Submit2" value="重置" /> </td>
  </tr>
</table>
</form>

☑ manage/link.php

```php
<?php
//编辑友情链接
if ($_GET["edit_tag"]==1){
    $name="link".$_SESSION["user_id"];
    if (!@$fp=fopen("../config/$name.txt","r")){
        echo "未创建！<br>";
        }else{
        $link_name=$_GET["link_name"];
        $link_name_new=$_POST["link_name_new"];
        $link_addr_new=$_POST["link_addr_new"];
        @$rst=fgets($fp,3000);       //读取
        $link=explode("|",$rst);
```

```
            for ($i=0;$i<count($link);$i++)
                {
                    if ($i%2==0){
                    $j=$i+1;
                        if ($link[$i]==$link_name){
                            $link[$i]=$link_name_new;
                            $link[$j]=$link_addr_new;
                        }
                    }
                }
            //构造新的字符串
            for ($i=0;$i<count($link);$i++){
                if ($i==0){
                $link_new=$link[$i];
                }else{
                    $link_new.="|".$link[$i];
                }
            //重新写入
            if ($fp=fopen("../config/$name.txt", "w")){
              fwrite($fp,$link_new);
            fclose($fp);
            }
            }
        }
}
//添加链接
if ($_GET["add_tag"]==1){
    $link_name_new=$_POST[link_name_new];
    $link_addr_new=$_POST[link_addr_new];
    if ($link_name_new!="" and $link_addr_new!=""){
        $name="link".$_SESSION["user_id"];
        @$fp=fopen("../config/$name.txt","r");
        @$rst=fgets($fp,3000);      //读取
        if ($rst==""){
        $rst.=$link_name_new;
        $rst.="|".$link_addr_new;
        }else{
        $rst.="|".$link_name_new;
        $rst.="|".$link_addr_new;
        }
    //重新写入
        if ($fp=fopen("../config/$name.txt", "w")){
          fwrite($fp,$rst);
        fclose($fp);
        }
    }
}
//删除链接
if ($_GET["del_tag"]==1){
    $link_name=$_GET["link_name"];
```

```php
$name="link".$_SESSION["user_id"];
if (!@$fp=fopen("../config/$name.txt","r")){
    echo "未创建！<br>";
}else{
@$rst=fgets($fp,3000);      //读取
$link=explode("|",$rst);
for ($i=0;$i<count($link);$i++)
    {
        if ($i%2==0){
            $j=$i+1;
                if ($link[$i]==$link_name){
                $link[$i]="";
                $link[$j]="";
                break;
                }
        }
    }
//构造字符串
for ($i=0;$i<count($link);$i++)
    {
        if ($link[$i]!=""){
            if ($i==0){
            $str_in=$link[$i];
            }else{
            $str_in.="|".$link[$i];
            }
        }
    }
    //重新写入
if ($fp=fopen("../config/$name.txt", "w")){
    fwrite($fp,$str_in);
fclose($fp);
    }
    }
}
?>
<br>
<h4>友情链接管理</h4>
<table width="500" border="0" cellpadding="0" cellspacing="0">
  <tr>
    <td colspan="5" bgcolor="#CCCCCC"></td>
  </tr>
  <tr align="center" valign="middle">
    <td height="26">序号</td>
    <td height="26">显示效果</td>
    <td>显示名称</td>
    <td height="26">链接网址</td>
    <td height="26">操作</td>
  </tr>
  <?php
```

```
//从../config/link.txt 中读出数据
$name="link".$_SESSION["user_id"];
if (!@$fp=fopen("../config/$name.txt","r")){
    echo "未创建！<br>";
    }else{
    @$rst=fgets($fp,3000);      //读取
    $link=explode("|",$rst);
    if ($rst!=""){
       for ($i=0;$i<count($link);$i++)
          {
                 if ($i%2==0){
                 $j=$i+1;
          ?>
<tr>
    <td height="1" colspan="5" bgcolor="#CCCCCC"></td>
</tr>
<tr align="center">
    <form id="form1" name="form1" method="post" action="user.php?target =link&edit_tag=1
      &link_name=<?php echo $link[$i]?>">
    <td height="30" valign="middle"><?php echo (ceil($i/2)+1)?></td>
    <td height="30" valign="middle"><?php echo "<a href=".$link[$j]." target
      =_blank>".$link[$i]."</a>";?></td>
    <td height="30" valign="middle"><input name="link_name_new" type ="text" size="10"
      maxlength="20" value="<?php echo $link[$i]?>" /></td>
    <td height="30" valign="middle"><input name="link_addr_new" type="text" size="20" maxlength="40"
      value="<?php echo $link[$j]?>" /></td>
    <td height="30" valign="middle"><input type="submit" name="Submit" value="修改"/>
  <a href="user.php?target=link&del_tag=1&link_name=<?php echo $link[$i]?>">删除
    </a></td>
    </form>
</tr>
<?php
             }
          }
       }
    }
    ?>
<tr align="center">
    <form id="form1" name="form1" method="post" action="user.php?target =link&add_tag=1">
    <td height="30" valign="middle"><?php echo ($i/2)+1?></td>
    <td height="30" valign="middle"> </td>
    <td height="30" valign="middle"><input name="link_name_new" type="text"  size="10"
      maxlength="20" /></td>
    <td height="30" valign="middle"><input name="link_addr_new" type="text" size="20"
      maxlength="40" /></td>
    <td height="30" valign="middle"><input type="submit" name="Submit" value ="添加"/></td>
    </form>
</tr>
<tr>
    <td height="1" colspan="5" bgcolor="#CCCCCC"></td>
```

```
    </tr>
</table>
```

☑   manage/pic_add.php

```php
<?php
include "session.php";
    $add_tag=$_POST["add_tag"];
    if ($add_tag==1){
        $target=$_POST["target"];
            if(!empty($_FILES['file_name']['name'])){
            //根据现在的时间产生一个随机数
            $rand1=rand(0,9);
            $rand2=rand(0,9);
            $rand3=rand(0,9);
            $filename=date("Ymdhms").$rand1.$rand2.$rand3;
            $oldfilename=$_FILES['file_name']['name'];
            $filetype=substr($oldfilename,strrpos($oldfilename,"."),strlen($oldfilename)- strrpos($oldfilename,"."));
            if(($filetype!='.jpg')&&($filetype!='.JPG')&&($filetype!='.GIF')&&($filetype!='.gif')
                &&($filetype!='.swf')&&($filetype!='.SWF')){
                echo "<script>alert('文件类型或地址错误');</script>";
                echo "<script>location.href='?up_id=".$up_id."&menu_id=".$menu_id."';</script>";
                exit;
                }
            if ($_FILES['file_name']['size']>2000000) {
                echo "<script>alert('文件太大，不能上传');</script>";
                echo "<script>location.href='?up_id=".$up_id."&menu_id=".$menu_id."';</script>";
                exit;
                }
            $filename=$filename.$filetype;
            $savedir="../pic_sys/".$filename;
            if(move_uploaded_file($_FILES['file_name']['tmp_name'],$savedir)){
                $file_name=basename($savedir);            //取得保存文件的文件名（不含路径）
                // echo "<br>文件上传成功！保存为：".$savedir;
                }else{
                    echo "<script language=javascript>";
                    echo "alert('错误，无法将附件写入服务器!\n 本次发布失败！');";
                    echo "<script>location.href='?up_id=".$up_id."&menu_id=".$menu_id."';</script>";
                    echo "</script>";
                    exit;
                }
            $query="insert into pic_info(`addr`,`tag`,`target`,`user_id`) values('$filename','1','$target',
                '$_SESSION[user_id]')";
            if ($folie->excu($query)){
            $crazy->js_alert("恭喜您，添加图片成功！请继续。","#");

            }
        }
    }
//删除图片操作
```

```
$del_id=$_GET["del_id"];
if($del_id!=""){
    $query="select * from pic_info where id='$del_id' and user_id='$_SESSION [user_id]'";
    $rst=$folie->excu($query);
    $info=mysql_fetch_array($rst);
    $pic_addr="../pic_sys/".$info["addr"];
    unlink($pic_addr);
    $query="delete from pic_info where id='$del_id' and user_id='$_SESSION [user_id]'";
    $rst=$folie->excu($query);
    echo "删除成功！";
}
//显示/隐藏图片
$show_tag=$_GET["show_tag"];
$pic_id=$_GET["pic_id"];
if($show_tag==1 and $pic_id!=""){
    $query="update pic_info set tag='0' where id='$pic_id'";
    $rst=$folie->excu($query);
}else if($show_tag==0 and $pic_id!=""){
    $query="update pic_info set tag='1' where id='$pic_id'";
    $rst=$folie->excu($query);
}
?>
<h4>图片管理</h4>
<form enctype="multipart/form-data" action="user.php?target=pic_add" method ="post" name="form1" id="form1">
<div align="center">
  <center>
  <table width="450" border="0" cellpadding="0" cellspacing="1" bordercolorlight="#cccccc" bordercolordark=
      "#CCCCCC" bgcolor="#CCCCCC" id="AutoNum ber1" style="border-collapse: collapse">
    <tr>
      <td height="31" colspan="2" align="center" valign="middle" bgcolor ="#CCCCCC">&lt;&lt;图片
        添加&gt;&gt;</td>
    </tr>
    <tr>
      <td width="20%" bgcolor="#FFFFFF" height="26" align="right">图片地址：   </td>
      <td width="80%" height="12" bgcolor="#FFFFFF"><input type="file" name="file_name" size="36" /></td>
    </tr>
    <tr>
      <td bgcolor="#FFFFFF" height="26" align="right">显示位置:</td>
      <td height="26" bgcolor="#FFFFFF"><select name="target">
        <option value="1">顶部 banner</option>
        <option value="2">博主形象</option>
      </select>         </td>
    </tr>
    <tr>
      <td width="123" bgcolor="#FFFFFF" height="27" align="right">添加人：</td>
      <td width="439" height="27" bgcolor="#FFFFFF"> <?php echo $SESSION["user_name"]?></td>
    </tr>
    <tr>
      <td bgcolor="#CCCCCC" height="31" align="right" colspan="2">
```

```
        <p align="center">
        <input type="submit" value="提交" name="B1">     
        <input type="reset" value="重置"name="B2"></td>
      </tr>
    </table>
    </center>
</div>
<input type="hidden" name="add_tag" value="1">
</form>
<!--显示图片-->
<?php
$query="select * from pic_info where user_id='$_SESSION[user_id]'";
$rst=$folie->excu($query);
if(mysql_num_rows($rst)>=1){
?>
<table width="100%" border="1" cellpadding="0" cellspacing="0" bordercolor ="#CCCCCC"
      style="border-collapse:collapse">
  <tr>
    <td width="5%" height="25" align="center">序号</td>
    <td width="79%" align="center">图片</td>
    <td colspan="2" align="center">操作</td>
  </tr>
  <?php
  $i=1;
  while($info=mysql_fetch_array($rst)){
  ?>
  <tr>
    <td width="5%" height="60" align="center"><?php echo $i;?></td>
    <td width="79%" align="center" valign="middle"><a href="../pic_sys /<?php echo $info["addr"];?>"
        target="_blank"><img src="../pic_sys/<?php echo $info["addr"];?>" height="50" border="0">
        </a></td>
    <td width="8%" align="center">
    <?php
    if($info["tag"]==1){
    ?>
    <a href="user.php?target=pic_add&pic_id=<?php echo $info["id"];?>&show tag=1">显示</a>
    <?php
    }else {
    ?>
    <a href="user.php?target=pic_add&pic_id=<?php echo $info["id"];?>&show tag=0">隐藏</a>
    <?php
    }
    ?></td>
    <td width="8%" align="center"><a href="user.php?target=pic_add&del_id =<?php echo $info["id"];?>">
        删除</a></td>
  </tr>
  <?php
  $i++;
  }
```

```php
    ?>
</table>
<?php
}
?>
```

☑   manage/sta_say.php

```php
<?php
//接收变量
$sta_say=$_POST["sta_say"];
$name="sta_say".$_SESSION["user_id"];
if ($sta_say!=""){
    $sta_say=str_replace(" "," ",$sta_say);
        //写入文件
        if ($fp=fopen("../config/$name.txt", "w")){
         fwrite($fp,$sta_say);
        fclose($fp);
        }
}
//读出文件
if ((@$fp=file("../config/$name.txt")){
for ($i=0;$i<count($fp);$i++){
    $str_out.=$fp[$i];
    }
}
@include "../config/$name.inc";
?>
<br><h4>博主的话</h4>
<table width="98%" border="0" cellpadding="0" cellspacing="0">
  <tr>
    <td height="1" bgcolor="#CCCCCC"></td>
  </tr>
  <tr>
    <td height="30" align="left" valign="middle">请在下面的表单中输出博主的话</td>
  </tr>
  <tr>
    <td height="1" bgcolor="#CCCCCC"></td>
</tr><form id="form1" name="form1" method="post" action="user.php?target=sta_say">
  <tr>
    <td height="200" align="center" valign="middle">
      <textarea name="sta_say" cols="40" rows="12"><?php echo $str_out;?></textarea></td>
  </tr>
  <tr>
    <td height="30" align="center" valign="middle"><input type="submit" name="Submit" value="提交" />
            
        <input type="reset" name="Submit2" value="重置"/></td>
  </tr></form>
  <tr>
    <td height="1" bgcolor="#CCCCCC"></td>
```

高等职业教育"十二五"规划教材

```
</tr>
</table>
```

☑　manage/module_add.php

```php
<?php
include "session.php";
$page_id=$_GET["page_id"];
$edit_tag=$_POST["edit_tag"];
$Submit=$_POST["Submit"];
//接收日志类型，并写入数据库
if($Submit=="提交"){
    $type_name=$_POST["type_name"];
    $show_order=$_POST["show_order"];
    if($crazy->int_estimation($show_order)){
    if($type_name!="" and $show_order!=""){
        $add_time=date("Y-m-d H:i:s");
        $query="insert into blog_type_info(`user_id`,`type_name`,`add_time`,`show_order`)
            values('$_SESSION[user_id]','$type_name','$add_time','$show_order')";
        $folie->excu($query);
        echo "<center><font color=#ff0000>分类添加成功！</font></center>";
    }else {
        $crazy->js_alert("类型名、序号都不能为空！ ","user.php?target=module_add");
    }
    }else {
        $crazy->js_alert("请输入一整数！ ","user.php?target=module_add");
    }
}
//接收编辑信息并写入数据库
$queren=$_POST["queren"];
if($queren=="确认"){
    $blog_id=$_POST["blog_id"];
    $edit_show_order=$_POST["edit_show_order"];
    $edit_type_name=$_POST["edit_type_name"];
    if($edit_show_order!="" and $edit_type_name!=""){
        $query="update blog_type_info set show_order='$edit_show_order',
            type_name='$edit_type_name' where id='$blog_id'";
        $folie->excu($query);
        echo "<font color=#ff0000>编辑成功！</font>";
    }
}
//删除日志类型
$del_id=$_GET["del_id"];
if($del_id!=""){
    $query="delete from blog_type_info where id='$del_id'";
    $folie->excu($query);
    echo "<font color=#ff0000>删除成功！</font>";
}
?>
<!--添加日志类型-->
```

```
<h4>日 志 分 类</h4>
<form action="user.php?target=module_add"method="post">
<table width="80%" border="1" cellpadding="0" cellspacing="0" bordercolor="#CCCCCC"
    style="border-collapse:collapse">
  <tr>
    <td height="30" colspan="2" align="center" bgcolor="#CCCCCC">&lt;&lt;日志分类添加&gt;&gt;</td>
  </tr>
  <tr>
    <td width="20%" height="30" align="right">日志类型：</td>
    <td width="80%"><input type="text" name="type_name"></td>
  </tr>
  <tr>
    <td height="30" align="right">序号：</td>
    <td><input type="text" name="show_order"></td>
  </tr>
  <tr>
    <td height="30"colspan="2" align="center"><input type="submit" name="Submit" value="提交">
         <input type="reset" name="Submit2" value="重置"></td>
  </tr>
</table>
</form>
<!--显示所有日志类型-->
<?php
$query="select * from blog_type_info where user_id='$_SESSION[user_id]' order by show_order";
$rst=$folie->excu($query);
if(mysql_num_rows($rst)>=1){
$add="user.php?target=module_add&";
$pagesize=3;
$crazy->pagination($query,$page_id,$add,$pagesize);
$rst=$folie->excu($query);
?>
<table width="70%" border="1" cellpadding="0" cellspacing="0" bordercolor ="#CCCCCC"
    style="border-collapse:collapse">
  <tr>
    <td height="25" colspan="3" align="center" bgcolor="#CCCCCC">&lt;&lt;日志类型管理&gt;&gt;</td>
  </tr>
  <tr>
    <td width="10%" height="25" align="center">序号</td>
    <td width="60%" align="center">类型名称</td>
    <td width="30%" align="center">操作</td>
  </tr>
  <?php
$i=1;
while($info=mysql_fetch_array($rst)){
?>
<form action="user.php?target=module_add&page_id=<?php echo $page_id;?>" method="post">
  <tr>
    <td width="10%" height="25" align="center">
    <?php
    if($edit_tag==$i){
```

```php
?>
<input type="text" name="edit_show_order" value="<?php echo $info ["show_order"];?>" size="5">
<?php
}else {
    echo $info["show_order"];
}?></td>
<td width="60%">
<?php
if($edit_tag==$i){
?>
<input type="text" name="edit_type_name" value="<?php echo $info ["type_name"];?>">
<?php
}else {
    echo $info["type_name"];
}?></td>
<td align="center"><table width="100%" border="0" cellspacing="0" cellpadding="0">
  <tr>
    <td width="50%" align="center">
    <?php
    if($edit_tag==$i){
    ?>
    <input type="submit" name="queren" value="确认" class="input2">
    <?php
    }else {
    ?>
    <input type="submit" value="编辑" class="input1">
    <?php }?></td>
    <td width="50%" align="center"><a href="user.php?target=module_add&page_id=<?php
        echo $page_id;?>&del_id=<?php echo $info["id"];?>">删除</a></td>
  </tr>
</table></td>
</tr>
<input type="hidden" value="<?php echo $i;?>" name="edit_tag">
<input type="hidden" name="blog_id" value="<?php echo $info["id"];?>">
</form>
<?php
$i++;
}
?>
</table>
<?php
}else {
    echo "暂无日志分类。";
}
?>
```

☑   manage/blog_add.php

```php
<?php
include "session.php";
```

```php
$submit=$_POST["submit"];
if($submit=="提交"){
    $type_name_id=$_POST["type_name_id"];
    $title=$_POST["title"];
    $cont=$_POST["content"];
    $cont=$crazy->str_to($cont);    //字符转换，使其支持空格和换行
    $add_time=date("Y-m-d H:i:s");
    if($type_name_id==""){
        $crazy->js_alert("请选择日志类型！","user.php?target=blog_add");
    }else if($title==""){
        $crazy->js_alert("标题为空！","user.php?target=blog_add");
    }else if($cont==""){
        $crazy->js_alert("日志内容为空！","user.php?target=blog_add");
    }else {
        $query="insert into blog_info(`user_id`,`type_id`,`title`,`cont`, `add_time`)
                values('$_SESSION[user_id]','$type_name_id','$title','$cont','$add_time')";
        $folie->excu($query);
        $crazy->js_alert("日志添加成功！","user.php?target=blog_add");
    }
}
?>
<br />
<h4>书写日志</h4>
<form id="form1" name="form1" method="post" action="user.php?target=blog_add">
<table width="450" border="0" cellpadding="0" cellspacing="1" bgcolor ="#CCCCCC">
  <tr>
    <td width="20%" align="right" valign="middle" bgcolor="#FFFFFF">选择日志类型：</td>
    <td width="80%" height="26" align="left" valign="middle" bgcolor="#FFFFFF">
    <select name="type_name_id">
     <option value="" selected="selected">请选择...</option>
     <?php
     $query="select * from blog_type_info where user_id='$_SESSION[user_id] ' order by show_order";
     $rst=$folie->excu("$query");
     if(mysql_num_rows($rst)>=1){
     while($info=mysql_fetch_array($rst)){
     ?>
     <option value="<?php echo $info["id"];?>"><?php echo $info["type_name"] ;?></option>
     <?php
     }
     }
     ?>
      </select></td>
  </tr>
  <tr>
    <td height="30" align="right" valign="middle" bgcolor="#FFFFFF">日志标题：</td>
    <td align="left" valign="middle" bgcolor="#FFFFFF"><input name="title" type="text" size="40"
        maxlength="60"/></td>
  </tr>
  <tr>
```

```
       <td align="right" valign="middle" bgcolor="#FFFFFF">日志内容：</td>
       <td align="left" valign="middle" bgcolor="#FFFFFF">
       <textarea name="content" cols="45" rows="15"></textarea></td>
     </tr>
     <tr>
       <td height="30" colspan="2" align="center" valign="middle" bgcolor ="#FFFFFF"><input
           type="submit" name="submit" value="提交" />     <input type="reset"
           name="Submit2" value="重置" /></td>
     </tr>
</table>
</form>
//======================= manage/blog_manage.php =======================
<?php
include "session.php";
$del_id=$_GET["del_id"];
$type_id=$_GET["type_id"];
//删除日志操作
if($del_id!=""){
     $query="delete from blog_info where id='$del_id' and user_id='$_SESSION [user_id]'";
     $folie->excu($query);
     echo"日志删除成功！ ";
}
?>
<h4>日 志 管 理<br>-<?php echo $crazy->type_idto_name($type_id);?></h4>
<?php
$query="select * from blog_info where type_id='$type_id' and user_id ='$_SESSION[user_id]' order by
       id desc";
$rst=$folie->excu($query);
if(mysql_num_rows($rst)>=1){
$add="user.php?target=blog_manage&type_id=".$type_id."&";
$pagesize=2;
$crazy->pagination($query,$page_id,$add,$pagesize);
$rst=$folie->excu($query);
?>
<table width="450" border="1" cellpadding="0" cellspacing="0" bordercolor ="#CCCCCC"
       style="border-collapse:collapse">
  <tr>
     <td width="8%" height="25" align="center">序号</td>
     <td width="62%" align="center">标题</td>
     <td colspan="2" align="center">操作</td>
  </tr>
  <?php
  $i=1;
  while($info=mysql_fetch_array($rst)){
  ?>
  <tr>
     <td width="8%" height="25" align="center"><?php echo $i;?></td>
     <td width="62%"><?php echo $info["title"];?></td>
     <td width="15%" align="center"><a href="user.php?target=blog_edit&type id=<?php echo
```

```
    $type_id;?>&blog_id=<?php echo $info["id"];?>">编辑</a></td>

    <td width="15%" align="center"><a href="user.php?target=blog_manage&t ype_id=<?php echo
        $type_id;?>&del_id=<?php echo $info["id"];?>">删除</a></td>
  </tr>
  <?php
  $i++;
  }
  ?>
</table>
<?php
}else {
    echo "该分类下暂无日志。";
}
?>
```

（4）管理用户文件。

☑   login.php

```
<?php
include "inc/mysql.inc.php";
include "inc/myfunction.php";
include "inc/head.php";
$folie=new mysql;
$crazy=new myfunction;
$folie->link("");
//接收变量
$submit=$_POST["submit"];
//用户登录验证
if($submit=="提交"){
    $user_name=$_POST["user_name"];
    $query="select * from manage_info where manage_user='$user_name'";
    $rst=$folie->excu($query);
    if(mysql_num_rows($rst)>=1){
        $info=mysql_fetch_array($rst);
        $user_pw=$_POST["user_pw"];
        if($user_pw==$info["manage_pw"]){
            $_SESSION["super_name"]=$user_name;
            $_SESSION["super_tag"]="1";
            $crazy->js_alert("登录成功！ ","super/index.php");
        }else {
            $crazy->js_alert("用户名或密码错误！ ","login.php");
        }
    }else {
        $crazy->js_alert("用户名或密码错误！ ","login.php");
    }
}
?>
<p> </p>
<!--用户登录表单、表格，纯 HTML 代码，略-->
```

```php
<?php
include "inc/foot.php";
?>
```

☑　super/index.php

```php
<?php
include "session.php";
include "../inc/mysql.inc.php";
include "../inc/myfunction.php";
include "../inc/head2.php";
$folie=new mysql;
$crazy=new myfunction;
$folie->link("");
$tag=$_GET["tag"];
$user_id=$_GET["user_id"];
if($tag==0){
    $query="update user_info set tag='$tag' where id='$user_id'";
    $rst=$folie->excu($query);
}else if($tag==1){
    $query="update user_info set tag='$tag' where id='$user_id'";
    $rst=$folie->excu($query);
}

//删除用户
$del_id=$_GET["del_id"];
if($del_id!=""){
    $query="delete from user_info where id='$del_id'";
    $name1 = "../config/config".$del_id.".inc";
    $name2 = "../config/sta_say".$del_id.".txt";
    $name3 = "../config/link".$del_id.".txt";
    @unlink($name1);
    @unlink($name2);
    @unlink($name3);
    $rst=$folie->excu($query);
}
?>
<table width="752" border="0" cellpadding="0" cellspacing="0" style= "border-collapse:collapse">
  <tr>
    <td width="1" height="199" bgcolor="#CCCCCC"></td>
    <td colspan="2" align="center" valign="top"><table width="90%" border ="0" cellpadding="0"
        cellspacing="0" bgcolor="#FFFFFF">
      <tr>
        <td align="center" valign="top">
        <!--显示所有用户  --><br>
        <?php
        $query="select * from user_info order by id desc";
        $rst=$folie->excu($query);
        if(mysql_num_rows($rst)>=1){
        $add="index.php?";
```

```php
$pagesize=10;
$crazy->pagination($query,$page_id,$add,$pagesize);
$rst=$folie->excu($query);
?>
<table width="98%" border="1" cellpadding="0" cellspacing="0" bordercolor="#CCCCCC"
        style="border-collapse:collapse">
    <tr>
        <td width="8%" height="25" align="center">序号</td>
        <td width="14%" align="ccnter">昵称</td>
        <td width="30%" align="center">注册时间</td>
        <td width="30%" align="center">最后登录时间</td>
        <td width="9%" align="center">状态</td>
        <td width="9%" align="center">操作</td>
    </tr>
    <?php
    $i=1;
    while($info=mysql_fetch_array($rst)){
    ?>
    <tr align="center" valign="middle">
        <td height="25"><?php echo $i;?></td>
        <td><?php echo $info["user_name"];?></td>
        <td><?php echo $info["r_time"];?></td>
        <td><?php echo $info["last_time"];?></td>
        <td><?php
        if($info["tag"]==1){
        ?><a href="index.php?user_id=<?php echo $info["id"];?>&tag=0">显示</a><?php
        }else {?><a href="index.php?user_id=<?php echo $info["id"];?> &tag=1">隐藏</a><?php
        }
        ?></td>
        <td><a href="index.php?del_id=<?php echo $info["id"];?>">删除</a></td>
    </tr>
    <?php
    $i++;
    }
    ?>
</table>
<?php
}else {
    echo "暂无用户注册。";
}
?>
    </td>
</tr>
</table></td>
<td width="1" bgcolor="#CCCCCC"></td>
</tr>
<tr>
<td height="1" colspan="3" bgcolor="#CCCCCC"></td>
</tr>
</table>
```

```php
<?php
include "../inc/foot.php";
?>
```

☑　super/session.php

```php
<?php
if($_SESSION["super_name"]=="" or $_SESSION["super_tag"]==""){
    header("location:../index.php");
}
?>
```

（5）浏览用户文件。

☑　index.php

```php
<?php
include "inc/mysql.inc.php";
include "inc/myfunction.php";
$folie=new mysql;
$crazy=new myfunction;
$folie->link("");
include "inc/head.php";
//搜索用户提交的用户名是否存在，存在直接跳转到其博客主页，不存在弹出提示信息
$search_tag = $_GET["search_tag"];
if($search_tag == "1"){
    $user_name = $_POST["user_name"];
    $query = "select * from user_info where user_name = '$user_name'";
    $rst = $folie->excu($query);
    if(mysql_num_rows($rst)>=1){
        $info2 = mysql_fetch_array($rst);
        //echo "<script>location.href='http://www.baidu.com';</script>";
        echo "<script>window.open('myblog.php?user_id=$info2[id]');</script>";
    }else {
        echo "<script>alert('无此用户');</script>";
    }
}
?>
<table width="752" border="0" align="center" cellpadding="0" cellspacing="0"
        style="border-collapse:collapse">
  <tr>
    <td width="1" height="199" bgcolor="#CCCCCC"></td>
    <td colspan="2" align="center" valign="top"><table width="100%" border="0" cellspacing="0"
        cellpadding="0">
        <tr>
          <td height="25" align="center"><table width="98%" border="0" cellspacing="0"
            cellpadding="0">
          <form action="index.php?search_tag=1" method="post">
            <tr>
              <td width="10%" align="right" valign="middle">用户名：</td>
              <td width="90%"><input type="text" name="user_name" />
```

```
  <input type="submit" name="Submit" value="搜索" /></td>
    </tr>
        </form>
    </table></td>
</tr>
<tr>
    <td align="center">
    <?php
    $query = "select * from user_info where tag = '1' order by r_time desc";
    $rst = $folie->excu($query);
    if(mysql_num_rows($rst) >= 1){
    ?>
    <table width="94%" border="0" cellspacing="0" cellpadding="0">
    <tr>
        <td height="26" align="left" valign="middle"><?php
        $crazy->pagination($query,$page_id,"?",10);
        $rst = $folie->excu($query);
        ?></td>
    </tr>
</table>

<?php
while($info = mysql_fetch_array($rst)){
?>
<table width="94%" border="1" cellpadding="0" cellspacing="0" bordercolor="#666666"
        style="border-collapse:collapse;">
    <tr>
        <td width="180" height="170" align="center"><?php
        $query_ph = "select * from pic_info where user_id = '$info [id]' and target = '2' and tag = '1'";
        $rst_ph = $folie->excu($query_ph);
        if(mysql_num_rows($rst_ph) == 1){
            $info_ph = mysql_fetch_array($rst_ph);
            echo "<a href=myblog.php?user_id=".$info["id"]." target ='_blank'><img
                    src=pic_sys/".$info_ph["addr"]." width='150' height='150' bor der='0'></a>";
        }else {
            echo "无";
        }
        ?></td>
        <td width="519" align="center" valign="top"><table width="98%" border="0"
            cellspacing="0" cellpadding="0">
        <tr>
            <td width="15%" height="30" align="right" valign="middle"> 博主昵称：</td>
            <td width="85%" align="left" valign="middle"><a href= myblog.php?
                user_name=<?php echo $info["user_name"];?> target='_blank'><?php echo
                $info["user_name"];?></a></td>
        </tr>
        <tr>
            <td height="30" align="right" valign="top">博主的话：</td>
            <td valign="top"><?php
```

```php
//输出博主的话
$name="sta_say".$info["id"];
if (!@$fp=file("config/$name.txt")){
    echo "无！<br>";
    }else{
        for ($i=0;$i<count($fp);$i++){
        $sta_say.=$fp[$i];
        }
    echo $sta_say;
    }
?></td>
                </tr>
            </table></td>
        </tr>
    </table>
    <br />
    <?php
    }
    }else {
        echo "无注册用户。";
    }
    ?></td>
    </tr>
</table></td>
<td width="1" bgcolor="#CCCCCC"></td>
</tr>
<tr>
<td height="1" colspan="3" bgcolor="#CCCCCC"></td>
</tr>
</table>
<?php
include "inc/foot.php";
?>
```

☑　myblog.php

```php
<?php
include "inc/mysql.inc.php";
include "inc/myfunction.php";
$folie=new mysql;
$crazy=new myfunction;
$folie->link("");
$user_id=$_GET["user_id"];
$query="select * from user_info where id='$user_id'";
$rst=$folie->excu($query);
if (mysql_num_rows($rst)==0){
    echo "===您要访问的用户的博客已经被系统管理员删除或根本就不存在!===";
    exit;
}
$info=mysql_fetch_array($rst);
```

```php
if ($info["tag"]==0){
echo"===该用户的博客已经被系统管理员屏蔽!===";
exit;
}
include "inc/head1.php";
?>
<table width="752" border="0" cellpadding="0" cellspacing="0" style ="border-collapse:collapse">
   <tr>
      <td width="1" height="199" bgcolor="#CCCCCC"></td>
      <td width="488" align="center" valign="top"><table width="490" border ="0" cellpadding="0"
         cellspacing="0" bgcolor="#FFFFFF">
      <tr>
         <td height="660" align="center" valign="top"><br />
         <!--显示日志内容  --><div align="left"><?php
         $query="select * from blog_info where user_id='$user_id' order by add_time desc";
         $rst=$folie->excu($query);
         if(mysql_num_rows($rst)>=1){
         $add="myblog.php?user_id=$user_id&";
         $pagesize=6;
         $crazy->pagination($query,$page_id,$add,$pagesize);
         $rst=$folie->excu($query);
         while($info_blog=mysql_fetch_array($rst)){
         ?></div>
         <table width="98%" border="0" cellspacing="0" cellpadding="5">
            <tr>
               <td height="30" class="title1"><?php echo $info_blog["title"];? ></td>
            </tr>
            <tr>
               <td class="cont"><?php echo $info_blog["cont"];?></td>
            </tr>
            <tr>
               <td height="30"><table width="100%" border="0" cellspacing="0" cellpadding="0">
                  <tr>
                     <td width="20%" align="center" class="title2"><a href="blog comm.php?user_id=
                     <?php echo $user_id;?>&blog_id=<?php echo $info_blog["id"];?> ">发表评论
                     </a></td>
                     <td width="30%" class="title2">分类: <?php echo $crazy->blog type_idto_name
                     ($info_blog["type_id"]);?></td>
                     <td width="50%" class="title2">时间: <?php echo $info_blog ["add_time"];?> 
                       <a href="blog_comm.php?user_id=<?php echo $user_id; ?>&blog_id=<?php
                     echo $info_blog["id"];?>">查看全文</a></td>
                  </tr>
               </table></td>
            </tr>
         </table>
         <hr/>
         <?php
         }
         }
         ?></td>
```

```
      </tr>
    </table></td>
    <td width="1" bgcolor="#CCCCCC"></td>
    <td width="257" align="center" valign="top"><?php include "menu.php";?> </td>
    <td width="1" bgcolor="#CCCCCC"></td>
  </tr>
  <tr>
    <td height="1" colspan="3" bgcolor="#CCCCCC"></td>
    <td width="258" colspan="2" bgcolor="#CCCCCC"></td>
  </tr>
</table>
<?php
include "inc/myfoot.php";
?>
```

☑ type_blog.php

```
<?php
include "inc/mysql.inc.php";
include "inc/myfunction.php";
//include "inc/head.php";
$folie=new mysql;
$crazy=new myfunction;
$folie->link("");
$user_id=$_GET["user_id"];
$type_id=$_GET["type_id"];
include "inc/head1.php";
?>
<table width="752" border="0" cellpadding="0" cellspacing="0" style="bor der-collapse:collapse">
  <tr>
    <td width="1" height="199" bgcolor="#CCCCCC"></td>
    <td width="488" align="center" valign="top"><table width="490" border ="0" cellpadding="0"
      cellspacing="0" bgcolor="#FFFFFF">
    <tr>
      <td height="660" align="center" valign="top"><br/>
      <!--显示日志内容 --><div align="left">
      <?php
    $query="select * from blog_info where type_id='$type_id' and user_id='$user_id' order by add_time desc";
    $rst=$folie->excu($query);
    if(mysql_num_rows($rst)>=1){
    $add="type_blog.php?user_id=$user_id&type_id=$type_id&";
    $pagesize=3;
    $crazy->pagination($query,$page_id,$add,$pagesize);
    $rst=$folie->excu($query);
    while($info_blog=mysql_fetch_array($rst)){
    ?></div>
    <table width="98%" border="0" cellspacing="0" cellpadding="5">
      <tr>
        <td height="30" class="title1"><?php echo $info_blog["title"];?> </td>
      </tr>
```

```
        <tr>
          <td class="cont"><?php echo $info_blog["cont"];?></td>
        </tr>
        <tr>
          <td height="30"><table width="100%" border="0" cellspacing="0" cellpadding="0">
            <tr>
              <td width="20%" align="center" class="title2"><a href="blog_comm.php?user_id=
                <?php echo $user_id;?>&blog_id=<?php echo $info_blog["id"];?>">发表评论
                </a></td>
              <td width="30%" class="title2">分类：<?php echo $crazy->blog _type_idto_name
                ($info_blog["type_id"]);?></td>
              <td width="50%" class="title2">时间：<?php echo $info_blog ["add_time"];?></td>
            </tr>
          </table></td>
        </tr>
      </table>
        <hr />
        <?php
        }
        }else {
             echo "<br><br>该分类下暂无日志。";
        }
        ?></td>
    </tr>
  </table></td>
  <td width="1" bgcolor="#CCCCCC"></td>
  <td width="257" align="center" valign="top"><?php include "menu.php";?> </td>
  <td width="1" bgcolor="#CCCCCC"></td>
  </tr>
  <tr>
    <td height="1" colspan="3" bgcolor="#CCCCCC"></td>
    <td width="258" colspan="2" bgcolor="#CCCCCC"></td>
  </tr>
</table>
<?php
include "inc/foot.php";
?>
```

☑ day_blog.php

```
<?php
include "inc/mysql.inc.php";
include "inc/myfunction.php";
$folie=new mysql;
$crazy=new myfunction;
$folie->link("");
//接收变量
$user_id=$_GET["user_id"];
include "inc/head1.php";
$type_id=$_GET["type_id"];
```

```
$day=$_GET["day"];
?>
<table width="752" border="0" cellpadding="0" cellspacing="0" style="border-collapse:collapse">
  <tr>
    <td width="1" height="199" bgcolor="#CCCCCC"></td>
    <td width="488" align="center" valign="top"><table width="490" border="0" cellpadding="0"
       cellspacing="0" bgcolor="#FFFFFF">
      <tr>
        <td height="660" align="center" valign="top"><br />
        <!--显示日志内容  --><div align="left">
        <?php
        $query="select * from blog_info where add_time like '$day%' and user_id='$user_id'";
        if ($type_id!=""){
            $query.=" and type_id='$type_id'";
        }
        $query.=" order by add_time desc";
        $rst=$folie->excu($query);
        if(mysql_num_rows($rst)>=1){
        $add="day_blog.php?user_id=$user_id&type_id=$type_id&day=$day&";
        $pagesize=3;
        $crazy->pagination($query,$page_id,$add,$pagesize);
        $rst=$folie->excu($query);
        while($info_blog=mysql_fetch_array($rst)){
        ?></div>
        <table width="98%" border="0" cellspacing="0" cellpadding="0">
          <tr>
            <td> </td>
          </tr>
        </table>
        <table width="98%" border="0" cellspacing="0" cellpadding="5">
          <tr>
            <td height="30" class="title1"><?php echo $info_blog["title"]; ?></td>
          </tr>
          <tr>
            <td class="cont"><?php echo $info_blog["cont"];?></td>
          </tr>
          <tr>
            <td height="30"><table width="100%" border="0" cellspacing="0" cellpadding="0">
              <tr>
                <td width="20%" align="center" class="title2"><a href="blog_ comm.php?user_id=
                    <?php echo $user_id;?>&blog_id=<?php echo $info_blog["id"];? >">发表评论
                    </a></td>
                <td width="30%" class="title2">分类：<?php echo $crazy->blog_ type_idto_name
                    ($info_blog["type_id"]);?></td>
                <td width="50%" class="title2">时间：<?php echo $info_blog ["add_time"];?></td>
              </tr>
            </table></td>
          </tr>
        </table>
```

```
            <hr />
            <?php
            }
            }else {
                echo "<br><br>该分类下暂无日志。";
            }
            ?></td>
        </tr>
    </table></td>
    <td width="1" bgcolor="#CCCCCC"></td>
    <td width="257" align="center" valign="top"><?php include "menu.php";?> </td>
    <td width="1" bgcolor="#CCCCCC"></td>
  </tr>
  <tr>
    <td height="1" colspan="3" bgcolor="#CCCCCC"></td>
    <td width="258" colspan="2" bgcolor="#CCCCCC"></td>
  </tr>
</table>
<?php
include "inc/foot.php";
?>
```

5. 运行测试

最后要对本系统进行运行测试，读者可以通过安装测试、注册用户测试、管理用户测试、浏览用户测试等自己动手进行测试。

参考文献

1. 潘凯华，刘中华．PHP 从入门到精通．第 2 版．北京：清华大学出版社，2010
2. （澳）威利，（澳）汤姆森．武欣，等译．PHP 和 MySQL Web 开发．北京：机械工业出版社，2009
3. 丛书编委会．PHP+MySQL 开发实例教程．北京：中国电力出版社，2008
4. 刘剑云，马晨阳．PHP+MySQL 网站开发应用从入门到精通．北京：中国铁道出版社，2010
5. 姚一永，吕峻闽．SQL Server 2008 数据库实用教程．北京：电子工业出版社，2012
6. 汤承林，吴文庆．SQL Server 数据库应用基础．第 2 版．北京：电子工业出版社，2011
7. http://wenku.baidu.com/view/6d0837224b35eefdc8d333e5.html
8. http://wenku.baidu.com/view/f3a814ecf8c75fbfc77db2b2.html
9. http://www.php100.com/